U0145869

我向来喜欢看到事物以简单清楚的面貌出现，在为自己尽量简化事物的过程中，我学会了如何深入浅出地向别人讲述它们。

——乔治·伽莫夫

从一到无穷大

科学中的事实和臆测

纪念版

ONE TWO THREE...
INFINITY

〔美〕乔治·伽莫夫　著

暴永宁　译

吴伯泽　校

科学出版社

北　京

图字：01-2002-2466 号

内 容 简 介

《从一到无穷大》是当今世界最有影响的科普经典名著之一，20 世纪 70 年代末由科学出版社引进出版后，曾在国内引起很大的反响，直接影响了众多的科普工作者。本书根据原书最新版进行了修订，书中以生动的语言介绍了 20 世纪以来科学中的一些重大进展。先漫谈一些基本的数学知识，然后用一些有趣的比喻，阐述了爱因斯坦的相对论和四维时空结构，并讨论了人类在认识微观世界（如基本粒子、基因）和宏观世界（如太阳系、星系等）方面的成就。全书图文并茂、幽默生动、深入浅出，适合中等以上文化水平的广大读者阅读。

ONE，TWO，THREE…INFINITY
Facts and Speculations of Science by George Gamow
Copyright©1947, 1961 by George Gamow.
Copyright©renewed 1974 by Barbara Gamow.
本书根据 1988 年 Dover Publication 版本翻译。

图书在版编目（CIP）数据

从一到无穷大：科学中的事实和臆测：纪念版/（美）乔治·伽莫夫（George Gamow）著；暴永宁译. —北京：科学出版社，2024.6
书名原文：One,Two,Three.Infinity
ISBN 978-7-03-068646-6

Ⅰ.①从…　Ⅱ.①乔…②暴…　Ⅲ.①自然科学-普及读物　Ⅳ.①N49

中国版本图书馆 CIP 数据核字（2021）第 071641 号

特邀策划人：刘 兵
责任编辑：侯俊琳 张 莉 / 责任校对：韩 杨
责任印制：师艳茹 / 封面设计：有道文化

科 学 出 版 社 出版
北京东黄城根北街 16 号
邮政编码：100717
http://www.sciencep.com
北京九天鸿程印刷有限责任公司印刷
科学出版社发行 各地新华书店经销
*
2024 年 6 月第 一 版　开本：720×1000　1/16
2024 年 6 月第一次印刷　印张：24 1/4
字数：316 000
定价：58.00 元
（如有印装质量问题，我社负责调换）

乔治·伽莫夫（George Gamow, 1904—1968）（张武昌绘）

本书译者暴永宁（右）与校者吴伯泽

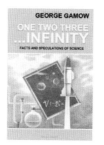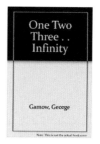

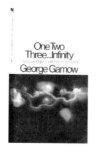

《从一到无穷大》部分其他版本封面

第三章 空间的不寻常的特质

一 维数和坐标

大家都知道什么叫空间。不过，如果要抠抠这个词的准确意义，恐怕又会说不出个所以然来。你大概会这样说：空间乃包含万物，可供其在其中上下、前后、左右运动着也。三个互相垂直的独立方向的存在，描述了我们所处的物理空间的最基本的性质之一；我们说，这个空间是三个方向的，即三维的。空间的任何位置都可利用这三个方向来确定。如果我们到了一座不熟悉的城市，想找某一家有名商号的办事处，旅店服务员就会告诉你："向南走过五个街区，然后往右拐，再过两条马路，上第七层楼。"五、二、七这三个数一般称为坐标。在这个例子里，坐标确定了大街、楼的层数和出发点（旅店前厅）的关系。显然，从其他任何地方来判别同一目标的方位时，只要采用一套能正确表达新出发点和目标之间关系的坐标就行了。并且，只要知道新、老坐标系统的相对位置，就可以通过简单的数学运算，用老坐标来表示出新坐标。这个过程叫坐标变换。这里得说明一句，三个坐标不一定非得是表示距离的数不可。在某些情况下，用角度当坐标要方便得多。

举例来说，在纽约，位置往往用街和马路表示，这是直角坐标；在莫斯科则要换成极坐标，因为这座城是围绕克里姆林宫中心修建筑起来的；从城里辐射出若干街道，环城里又有若干条同心的干路。这时，如果说某座房子位于克里姆林宫正东北方向的第二十条马路上，当然会很便当。

图12绘出了几种用三个坐标表示空间中某一点位置的方法，其中有的坐标是距离，有的坐标是角度。但不论什么系统，都需要三个数。因为我们研究的是三维空间。

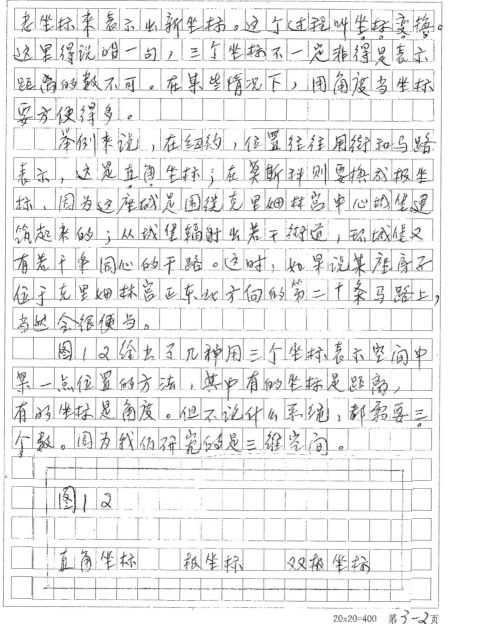

图12

直角坐标　　极坐标　　双极坐标

对于我们这些具有三维空间概念的人来说，要想象比三维多的多维空间是困难的，而想象比三维少的低维空间则是容易的。一个平面，一个球面，或不管什么面，都是二维空间。因为对于面上的任意一点，只要用两个数就可以描述。同理，线——直线或曲线——是一维的，因为只需一个数便可以描述线上各点的位置。我们还可以说点是零维的，因为在一个点上没有第二个不同的位置。可是话要说回来，谁会对点感兴趣呢！

　　作为一种三维的生物，我们觉得很容易理解线和面的几何性质，这是因为我们能"从外面"观察它们。但是，对三维空间的几何学性质，就不那么容易了，因为我们是这个空间的一部分。这个原因解释了为什么我们不费什么事就理解了曲线和曲面的概念，而一听说有弯曲的三维空间就大吃一惊。

　　不过，在讨论弯曲的三维空间之前，还是先来做几个有关一维曲线、二维曲面和普通三维空间的脑子体操吧。

二 不量尺寸的几何学

诸君在学校里早就与几何学搞得很熟了。在你的记忆中，这是一门量度的科学，它的大部分内容，是一大堆叙述长度和角度的各种数值关系的定理（例如，毕达哥拉斯定理就是叙述直角三角形三边长度的关系的）。然而，空间的许多最基本的性质，却根本用不着测量长度和角度。几何学中有关这一类内容的分支叫做拓扑学。

现在举一个简单的拓扑学的典型例子。设想有一个封闭的几何面，比如说一个球面。它被一些线段分成许多区域。我们可以这样做：在球面上任选一些点，用不相交的线段把它们连接起来。那么，这些点的数目、连线的数目和区域的数目之间有什么关系呢？

首先，十分明显的一点，是如果把这个圆球挤成南瓜样的扁球，或拉成黄瓜那样的长条，那么，点、线、块的数目显然还和圆球时的数目一样。事实上，我们可以取任何形状的闭曲面，就像随意拉挤龙捏一个气球时所能得到的

暴永宁《从一到无穷大》译文手稿

乔治·伽莫夫

（George Gamow, 1904—1968）

世界著名物理学家和天文学家，科普界一代宗师

1904 年生于俄国敖德萨市。1928 年获苏联列宁格勒大学物理学博士学位。先后在丹麦哥本哈根大学和英国剑桥大学（师从著名物理学家玻尔和卢瑟福），以及列宁格勒大学、法国居里研究所、密歇根大学、乔治·华盛顿大学、加利福尼亚大学伯克利分校、科罗拉多大学从事研究和教学工作。1968 年卒于美国科罗拉多州的博尔德。

伽莫夫兴趣广泛，曾在核物理研究中取得出色成绩，并与勒梅特一起最早提出了天体物理学的"大爆炸"理论，还首先提出了生物学的"遗传密码"理论。他也是一位杰出的科普作家，正式出版 25 部著作，其中 18 部是科普作品，多部作品风靡全球，《从一到无穷大》更是他最著名的代表作，启迪了无数年轻人的科学梦想。1956 年荣获联合国教科文组织颁发的卡林加科普奖。

暴永宁

（1944— ）

著名翻译家

1944 年生于天津。1968 年毕业于北京大学物理系。在中学任教多年，1981 年获中国科学技术大学理学硕士学位。1976 年来一直业余从事科学与科普著作的翻译工作，译作有《从一到无穷大》《尼尔斯·玻尔》《寄语青年科学家》《物理科学及其现代应用》《量子物理学》《爱因斯坦的空间与梵高的天空》《艺术与物理学》《卡尔·萨根——展演科学的艺术家》《自然规律中蕴蓄的统一性》等，在《科学年鉴》《科学美国人》等著名科普杂志发表多篇译文，并将相当一批中国科学家的学术专著译为英文，介绍给国际学术界。

吴伯泽

（1933—2005）

著名翻译家，科普作家

1933 年生于福建泉州。1953 年毕业于厦门大学物理系，1955 年毕业于哈尔滨外国语专科学校俄语专业，同年任北京大学物理系俄语翻译员。1957 年调科学出版社工作。1956 年开始从事翻译工作，共发表译作约 500 万字，如苏联科学院院长布洛欣采夫的专著《量子力学原理》等。在其科普译作中，最受欢迎的除《物理世界奇遇记》以外，还有已故华裔美国"电脑大王"王安的自传《教训》等。1978 年开始科普创作，发表作品 50 多篇，其中影响较大的有《移居太空，势在必行》《隐形人》等。曾任中国翻译工作者协会理事、中国科普作家协会外国作品研究会委员、中国物理学会会员。

经典的纪念

近些年来，国内一些出版社对一些畅销的图书，陆续推出了像"插图版""珍藏版""豪华版"之类印刷更加精美、内容更加丰富、更具有收藏价值的版本。就《从一到无穷大》这样一部既是畅销书又是经典之作的科普著作来说，专门推出"纪念版"，是一件更有意义的事情。

其重要意义包括许多方面。例如，在这样的纪念版中，加入了涉及该书的一些历史材料，包括文字和图片，为一部本来只有具体内容和极为简要介绍的图书补充更多背景信息，可以让读者更多地了解该书的作者和译者、出版历程、社会影响等。这些元素的加入，也有助于读者更好地理解该书的内容，更加意识到其特殊的价值和重要性。

纪念，是人类常见的一类活动。"纪念"一词本来就是用来形容对人或物的一种留恋和怀念的情绪，因而，也就必然地包含了历史的要素。而纪念品，更是用于纪念的物质依托。图书的纪念版，则既包含了这种物质意义上的留恋和怀念的含义，也包含了对于图书所产生的精神、文化影响的追忆，更是派生出图书特有的收藏价值。《从一到无穷大》这本书，从它在中国出版开始，就对几代人产生了不可磨灭的深刻影响，成为其记忆中深藏的烙印。即使那些没有这种阅读历史的新读者，拥有这样一本与众不同的精美图书，也会更加感受到图书的吸引力，在核心的阅读收获的价值之外，体会那种在如今的数字时代已经所剩不多却更加珍稀的图书收藏的乐趣。

在这本纪念版中，编者收入了一些珍贵的历史图像，像原著不同版本的封面、译者手稿等；收入了一些带有丰富历史信息的文字材料，如作者在中文不同版本中的序言；收入了对作者和译者的评论性、纪念性、回忆性文字；也收入了一些读者的反馈感言；如此等等。相信这些内容会大大地增加该书的附加价值。另外，我们校正了原书和前几版中文版中的一些错误，对个别数据重新进行了更新和计算，这使得该书的出版价值更大。

最后，也是最重要的，还在于这是一部经典之作，而一部经典之作的"纪念版"，会在图书出版史上占有特殊的一席之地。

科学史家、清华大学教授

2021 年 3 月 27 日

于北京清华园荷清苑

姹紫嫣红中忆早春

看书是我的爱好，也就爱屋及乌地喜欢逛书店。

这些年来，我去书店的次数是越来越频繁了，经济条件有限只好以"蹭"代买固然是原因之一，但主要是因为书的种类越来越多，内容也日趋多样化，制作更是越来越精美。检索查找的现代化也是重要的吸引因素。除了隔段时间必会造访的营业面积广达几层楼的大型书城，小而精的专业化书店、藏金纳玉的旧书店和出版社特设的门市也是我频繁光顾之处。近来又涌现出了一批有特色的书店，有 24 小时营业的，有附设咖啡座的，有播放背景音乐的，有提供读者沙发席的……越发令我流连忘返了。

看着书店中密密如林的书册，看着穿梭般的顾客，看着蹲在角落里认真看书似乎忘掉周围一切的老少"书虫"，看着忙得不亦乐乎的店员，我时常会回想起半个世纪前中国的书店。

那个时候，在很长的一段时期里，中国所有的书店——统一都叫新华书店，里面固然都摆满了书，册数虽众，却不用看也知道其实只有五种——"四大一小"，后来又加了马克思和列宁的几种，如此而已。门市里基本上没有顾客，偶尔也会热闹一阵子，接龙地开来一辆又一辆卡车，成捆地拉走一批又一批——而且不能说买，要说"请"（尽管"请"在过去一向是用于购买佛像之类场合的，绝对属于当"破"的"四旧"之列），而后又回归为店员们无聊得呵欠连连的冷清，致使有个小学生向往地表示，最希望将来能在书店工作——境界可是比当今表示将来要"当官"的小学生不可同日而语喽。

就是在这样的环境中，我在北京大学里读了两年书再加四年运动后"被毕业"，来到东北山乡的一所中学当老师，当上了"来咱山沟里的第二拨戴眼镜的人"（第一拨是在 1957 年）中的一个。

这里没有电，水得自己挑，吃的是玉米面和高粱米，不但没有肉，就连食油都被每月强行"节约"二两，外带每月被粮库领命代存一斤"战备粮"，再将定量口粮配给标准中的一斤标准面粉改为全麦粉（现在叫健康食品了，还火得很，可在当时的那种饮食大环境下，我还是同意当地人的说法——"锉肠面"）。不过比这更令我不适应的，是没有文化生活。没有图书，没有杂志；没有文化程度相当的人交谈；下象棋找不到相当的对手，更没有人与我下围棋。除了听一听收音机里不停播放、连我都会唱出全本的样板戏外，我的精神就只能凭着自己打在行李卷里带来的几十本书支撑着。我的英语，也是在这个时候，靠着一本郑易里的《英华大辞典》（我的收藏中最昂贵的一本）获得了长足提高。尽管是不自愿的心无旁骛，尽管也不知道将来能否致用，但学习效果倒确实不低，真是应了塞翁的那句名言！

不过时间一长，我便认识到，文化不单单是像我这样的"臭老九"需要的，人之所以为人，就是文化的存在。尽管华夏大地都覆盖着"横扫一切"的冰雪，但下面仍然不绝地淌着文化的潜流。农民家里仍保存着种种"演义"，下放干部之间悄悄相互传看着中外文学名著，学生家长会告诉我许多当地的史实，就连二人转的俚词和农民们一边下五子棋一边说笑的言谈里，也时时闪现着民众智慧的积淀。更公开地表现出民众对文化的渴求的，是每当县里的剧团来山乡演出时，虽然只是"移植样板戏"，水平又远远无法与"正宗"相比，但农民们还是成群结队地翻山越岭去看，而且不是看一两遍，剧团换地方，他们还会追着去看，看完就会起劲地议论，包括演出中出的纰漏（而且是最隽永的部分），往往会议论到盼来下一轮下乡演出时。

年轻学生们对文化更是渴求。他们虽生长在闭塞的山沟里，但对外面的世界充满好奇与向往。他们既然"喝了些文化水"，自然便急切地想要通过语言文字满足文化上的需求。他们中流传着种种手抄本小说，哪个同学有机会得到了什么"不是大路货"的信息，也会悄悄告诉相契的同窗。面对种种杂乱无章、莫衷一是，有时又超出他们知识范围的信息，如"阿波罗"登月、尼克松被弹劾、泥石流、高速公路、噪声污染时，他们便到我这里来"调研"。我也尽可能在大环境许可的范围内满足他们。一来二去，我在老乡家里借宿的住处，便俨然成了一处"裴多菲俱乐部"，一到晚上，便有三三两两的学生，带着地里出产的种种"零食"来到我这里，环围灶台而坐，一边炒黄豆、烤玉米，一边海阔天空，然后意犹未尽地带着兴奋的头脑和乌黑的嘴圈回去；而我也在他们的急切发问和发亮眼神中，意识到自己作为教师和民众中的一员，不该只想着浇个人心中块垒，而是负有努力满足他人对文化需求的义务，作为物理专业的学生，我更有着传递科学知识的责任。我想，自己再去钻研物理的可能性已经越来越小了，利用本人的英语能力翻译一些科学著述和科普著作介绍给广大青年，倒还比较现实。

1973 年恢复中断多年的高考，给多少青年人带来了希望。但没隔多久，便出了白卷大王张铁生的轩然大波，浇灭了千百万青年的希望之火，也给我翻译书的热望泼了一盆冷水。但我从不久前多少人向我借阅我当年用过的教科书和笔记准备应考的热情中，看出文化终将堂堂正正地回归华夏大地。

几年后，实现这一抱负的愿望，终于得到了实现的机会。这就是我将一本科普名著翻译成中文，在 1978 年介绍给了广大读者特别是年轻人。这本书就是《从一到无穷大》。

我于 1974 年回到家乡天津，在一所中学任教。回到大城市后，我越发起劲地自我补偿，在"上穷碧落下黄泉"地到处找书看时，机缘巧合地见到了这本内容既出色、英文程度又恰好与我的英语水平大体相当的好书。当时适逢天时地利，尘封多年的公共图书馆也有条件地向公众开放。我便利用天津图书馆向各学校发放的借书证，从几乎无人问津的外文部借来了这本书，开始翻译起来。借书证是公用的，不设借期，这给我带来的方便和快乐真是可想而知。

我是在 1976 年秋开始动手笔译的。当时唐山发生大地震，天津被严重波及。我白天上课，晚上回到临建棚里，在棚外人们打扑克、下象棋的喧哗声中，在临时发电机忽明忽暗的灯光下和断电时应急的摇曳烛光下翻译，以致纸上会不时滴上蜡泪。就这样，总算在一个冬日完成了初稿。

译书时我倒是一心扑在文字上，没有多想别的，而一旦译毕，面对厚厚的一沓译稿，我并没有轻松起来：去哪里投稿呢？当时虽然多家出版社已陆续恢复运作，但我属意的科学普及出版社仍没有动静，天津人民出版社也答复说当务之急是出些教材和人文类书籍。思来想去，觉得只有去已经恢复出版科学类著作的科学出版社碰碰运气，尽管我觉得自己的这本东西未必能入这家中国科学出版界最高机构的"法眼"。

意想不到的是，就在将此译稿（写在白纸上的，因为我不懂出版社对稿件的格式要求，也弄不到"爬格子"所需的稿纸）送出不久，便收到科学出版社的来信，信是由该社编译室的吴伯泽先生寄来的。他在信中以热情和中肯的语气告诉我，我的译稿已经纳入科学出版社的出版计划，还肯定说"经过认真修改，可以达到出版水平"，并邀我在方便时前去面谈，还随信寄来厚厚几本稿纸和一本《编译者手册》。吴先生还好心地提醒我，由于稿酬制度早已在 1966 年废止，这本书虽然能出版，但到时能否有稿酬，尚是未知之数。

当年的科学出版社位于北京市朝阳门内，原来是清朝的一座王府，有着与北京大学一样气派的三座大红门（前些年又搬到新址，听说原来是格格府，"级别"虽然降低，但出门便是绿叶修竹加上雕塑的皇城根遗址公园，文化气息倒显得更加浓厚）。编译组在社内最内一进位置，由于是古建筑，窗子不大，又有窗棂挡着光线，大白天也开着灯，不大的房间里摆满了书桌，桌上和地上都是书，散发着油墨的香气。

吴伯泽先生热情地接待了我，在场的还有编译室的负责人李崇惠女士和鲍建成先生。看到他们放下手中的工作接待我，我很不安，便扼要地说明自己译书的初衷，就是作为教师知道青年人对知识的需求，而这本书从知识面到文字都对知识如饥似渴的青年人再适合不过，对我个人有无稿酬其实无所谓。对方也告诉我，他们十分理解国人对书籍的迫切需要，虽然都刚从湖北的干校回来，健康状态也都不是很乐观，个人生活又都尚未安顿好，但全想到要争取赶快组织出版一批好的译著，以解无米之炊。我送去的译稿，正与他们的出版设想两下凑到了一起。他们对我的译稿提出了几点非常中肯的修改要求。共同的目标，使我们迅速贴心起来。

回家后，我便认真遵照他们的要求，并参照那本《编译者手册》，对原稿进行了修改。这一"按图索骥"，令我体会到了自己的种种不足。最令我近于气馁的，是觉得对书中涉及的非自然科学知识的译文经不起推敲。我虽然平素也颇以"杂家"自居，但一旦较起真来，往往又觉得并无把握。这使我意识到写作与翻译的不同：作家在写作过程中能绕开自己不熟悉的东西另辟蹊径，而译者却必须做到与原作者的知识面相合，躲不过，删不得，更不能篡改。这本书虽然是谈科学，但有关生活、宗教、哲学的内容比比皆是，特别是宗教，我在这方面可以说是"白丁"。面对如许困难，我深感在当时积重难返之后"补课"的不易。这种困难，今天到处可以上网查找资料的青年人怕是难以设身处地地体会到的。

两个月后，我将修改过的稿子送到科学出版社，并特别说明自己在知识面上的不足，希望在这方面能特别得到帮助。吴先生也答允会负责认真地审订。很快地，我在 1978 年年初收到吴先生作为此书责任编辑寄来的校样。对照原文、原译文和校样的定稿，不啻得到了手把手的指点，既发现了自己的具体努力方向，也获得了踏实的自信。

我心悦诚服地接受了吴伯泽先生的建议，将我原来直译的书名《1，2，3……无穷》，改为更适合中文风格的《从一到无穷大》。此书于同年秋出了初版，印数居然为 55 万册！当我拿到印好的书，又看到青年人踊跃排队购买，还收到不少读者的来信，并听说这本书成了大学里教授们向学生推荐的读物时，体验到了一生中最强烈的欢愉。当年接到北京大学录取通知书时我固然兴奋，但体验到的只是模糊憧憬的快感；两个月前得知考取研究生时自然也高兴，但又夹杂了对岁月蹉跎的伤感。唯有在此时，我不但为看到自己的成果得以出版兴奋，为毕竟不曾在逆境中沉沦庆幸，但更为自己的工作走出小课堂进入大社会并得到认同鼓舞。就是在这时，我决定以科普翻译为自己的毕生事业。

从此，我个人也以这本书为"从一到……"，在业余时间里翻译了一本又一本的科学与科普著述。"双肩挑"固然会使我时感劳累，但通过翻译得到的知识层面上的提高，给了我很大程度的强心。常听人说，去西藏旅游，会感到心灵的净化。我不曾有这样的幸运，但我觉得，将心扑在自己喜欢又对社会有益的工作上，同样会带来心灵上的净化。前几年有朋友告诉我，在一档叫作《读书》的电视节目上，当主持人问一些中学生最喜欢看什么书时，一位同学没有说武侠小说，没有道言情作品，没有提连环漫画，而是报出了《从一到无穷大》的书名。在网络游戏、手机冲浪的大环境下，还有认真读书并有欣赏能力与鉴别水平的青年读者，这令我感动，也令我欣慰。中国有这样一批人，科学技术跨入世界前列就指日可待。我并不主张所有的人都去搞科学技术，但还是认为，大家都应当读些适合自己知识和接受程度的科普著作。有科学技术，未必能实现国富民强，但在当今的时代，没有科学技术，国富民强就只能是空想。对科学知识有所领悟，不但能充实个人的生活，也会成为支持科技发展的可靠背景力量。希望读者们在书城中漫步时，不要忘记时不时地去科普部走上一走。

高尔基说过："我扑到书籍上，就像饥饿的人扑到面包上。"唯愿有更多的国人，会"扑到科学与科普书籍上，就像饥饿的人扑到馒头上"！

著名翻译家、本书译者

2018 年 4 月 1 日

我的科学启蒙

在美国核物理学家、宇宙学家乔治·伽莫夫的众多科普作品中，我对《从一到无穷大》情有独钟。如今，我虽然当了大学校长，成了中国工程院院士，还是会偶尔翻一翻。在我看来，该书以生动的语言介绍了 20 世纪以来科学中的一些重大进展，是一本特别适合中学生阅读的科普名著。

虽然这本书阐述的理论看上去十分"高大上"，包括爱因斯坦的相对论和四维时空结构，以及人类世界在认识基因、太阳系等微观和宏观世界方面的成就，但在表述上却十分幽默，运用了很多有趣的比喻。比如，书中第七章"现代炼金术"第二点"原子的'心脏'"中这样描述道："但是，千万别忘了，化学反应在几百度的温度下就很容易进行，而相应的核转变却往往在达到几百万度时还未引发哩！正是这种引发核反应的困难，说明了整个宇宙眼下还不会有在一声巨爆中变成一大块纯银的危险，因此大家尽管放心好了。"

除了语言的幽默与形象，书中运用的大量例子，也令人印象深刻，

"可不要学马克·吐温所说的那个例子啊！他在一篇故事里讲到，有人曾把一支无液气压计放到煮豌豆汤的锅里。这样做非但根本不能判断出任何高度，这锅汤的滋味还会被气压计上的铜氧化物弄坏。"从低温到高温再到极高温，书中都讲得非常系统。

伽莫夫站的角度非常不一样，开启了我对自然科学的兴趣，书中包含的内容十分庞杂，有天文的、物理的、化学的、信息的，哪个方面不懂，都可以从中找到对应的讲解，"激发人类的好奇心，并且带动你的兴趣，它不需要很多的专业知识"。

中国工程院院士、电子科技大学校长

2017 年 10 月

科普经典，名著名译

在伽莫夫的科普名著《从一到无穷大》于 1978 年首次在中国出版了中译本的 20 多年后，根据该书新版修订的中文版终于得以重新问世，这确实是中国科普出版界的一件大好事。

其实，现在国内每年都有大量原创与翻译的科普著作出版，其中虽然确有许多平平之作，但也不乏优秀作品，不过与那些作品的出版相比，《从一到无穷大》这本书的重新修订出版仍然有着与众不同的意义。这部分地是由于这本科普名作特殊的质量，也部分地是因为它在中国科普出版史上的特殊地位。

我第一次读到这本书的中译本，还是 1978 年刚上大学一年级的时候。当时，刚刚恢复高考，但即使对于像北京大学物理系这样的地方，可以让学生们自由阅读的课外读物也少得可怜。记得还是在上高等数学课的时候，一位教微积分的数学老师认真地向我们推荐了这本刚刚出版了中译本的科学名著，并对之赞不绝口，建议我们最好都能找来读一读。在老师的推荐下，我开始阅读此书。现在，已经记不清当时究竟是从图书馆借来的还是从书店买来的了,反正后来在我的书架上一直保留着这本书。不过,现在在我脑海中印象依然清晰的是,当时没有想到一本科普书竟会如此吸引人,我几乎就像是在读侦探小说一般,在一个晚上就手不释卷地一口气将此书匆匆地读了一遍。当然,对于这样一本好读而且引人入胜的书,只读一遍显然是不够的,甚至于许多地方还看不太懂,于是后来又读过几遍。

也许是因为当时可以得到的书籍太贫乏,也许是因为第一次读到优秀科普著作带来的兴奋感太强烈,至今,我仍然认为《从一到无穷大》这本书是我所读过的最好的一本科普书。不过,除去个人色彩,这本书无论从其作者的身份、背景来说,还是从其自身的水准来说,在诸多的科普著作中,也都可以说是超一流的,连译者的文笔也颇为流畅,极有文采。

伽莫夫,系俄裔美籍科学家,在原子核物理学和宇宙学方面成就斐然,如今在宇宙学中影响最为巨大的"大爆炸"理论,就有他的重要贡献,甚至于在生物遗传密码概念的提出上,他也是先驱者之一。早年在哥本哈根跟随玻尔学习时,他就在玻尔的弟子当中以幽默机智著称,从他的著作中,我们也可以看出其深厚的科学修养和人文修养。除了科学研究之外,他的科普写作虽然远远没有像阿西莫夫那样的科普作家数量那么多,但却本本都有其自身的特色,并且长年拥有大量的读者。

在相当长的一段时间中,我们的科普界似乎有一种很流行的观念,即认为好的科普著作,就在于以通俗的语言准确地向普通读者讲清科学道理。当然,这也是一种类型的科普,但绝不是唯一类型的科普,更不是科普的最高境界。作为一本优秀的科普著作,语言的通俗和科学概念的准确只是最起码的必要条件,甚至于连趣味性都可归入此列。除了这些基本要求之外,真正优秀的科普著作应该能向读者传达一种精神、一种思考的方法，能带给读者一种独特的视角，以及一种科学的品位，一种人文的观念。要达到这些标准，就对科普作家提出了更高的要求。在《从一到无穷大》这本书中，我们完全可以看到这些特征。

在《从一到无穷大》这本很有个性和特色的书中，与其他常见的按主题分类来写作的科普著作不同，伽莫夫完全是一种大家的写作风格，把数学、物理乃至生物学的许多内容有机地融合在一起，仿佛作者是想到哪说到哪，对叙述的内容信手拈来，事实上，仔细思考，就会感觉到其中各部分内容之间内在的紧密关系。按照某种分类，这本书或许可以算作"高级科普"，也就是说，要完全读懂它并不那么容易，需要读者具有某种程度的知识储备，还需要在阅读时随着作者的叙述自己动很多的脑筋来进行思考。记得我在上大学一年级初次读这本书时，就没有完全读懂，特别是其中讲述拓扑概念的那部分，也包括一部分数学内容的叙述。虽然后来听说在最初的中译本中存在一些数学公式上的错误，这也许是我没有读懂的部分原因，但绝不是全部的原因。其实，我们在读一本好书时，未必需要在一开始就读懂所有的内容细节。更重要的，是能不能从中体会到一种新的观念，获得对科学和数学的一种新的理解。多年以后，当我对《从一到无穷大》这本书中的大部分具体内容记忆已经有些模糊了的时候，但在初次阅读时的那种感受却仍然记忆犹新。正像一位物理学家曾有些开玩笑般地讲的那样，所谓素质，就是当你把所学的具体知识都忘记后所剩下的东西。确实，如果你在阅读时能够真正动些脑筋，能够体会到作者写作的匠心，能够意会到一种独特的东西，感觉到一种魅力，那么，即使没有百分之百地读懂《从一到无穷大》这本书，也仍然会有很大的收获，甚至于比读懂或背下了一些迟早会淡忘或过时的具体科学知识收获更大。

对中国的读者来说，《从一到无穷大》这本书的另外一个与众不同的背景,是当它的中译本首次问世时,虽然已是英文初版问世后 30 多年,却正值中国刚刚恢复高考,许多大学生迫切地需要科普读物而又无书可读。在这个背景下,《从一到无穷大》这本科普名著的中译本恰恰成为雪中送炭之作。如今,问起许多在那个时候上大学的朋友,发现他们普遍都对这本书印象深刻,情有独钟。可以说,作为科学修养的重要滋养品,它曾经伴随了一代人的成长。即使考虑到因当时出版物的匮乏而使得图书印数很高,但中译本初版 55 万册的印数还是很能说明问题的。

从中译本初版的问世到现在,转眼又有 20 多年过去了。以现在的观点来看,这本科普名著并未过时。但令人遗憾的是,在这期间,由于各种原因,包括出版的低谷和版权的原因,除了 1986 年重印了区区 2000 册之外,《从一到无穷大》这本佳作的中译本再未有机会重版,使得众多新一代的读者无缘领略其魅力。现在,在版权问题解决之后,由于原译者暴永宁先生移居加拿大,工作较忙,无暇再度修改译文,他便委托吴伯泽先生(伽莫夫另一本科普名著《物理世界奇遇记》的译者)据原书 1988 年新版进行校订修改,并在若干地方增添了必要的注释。此书的中文版终于能以新的面貌重新问世,考虑到前面所谈的理由和背景,这实在是我国科普出版的一件喜事。

在国内出版的科普译作中,此书完全可以当之无愧地说是名著名译的典型代表。

科学史家、清华大学教授

2002 年 4 月

1961 年版作者前言

　　所有的科学著作都很容易在出版几年后就变得过时，尤其是那些属于正在迅速发展的分支学科的作品更是如此。从这个意义上说，我这本在 13 年前出版的《从一到无穷大》倒是很走运的。它是在科学刚刚取得许多重大进展以后写成的，并且已经把这些进展都写了进去，所以只需要对它进行相对来说不算太多的修改和补充，就可以赶上时代的潮流了。

　　这些年来的一个重大的进展，就是已经成功地以氢弹的形式利用热核反应释放出大量的原子核能，并且正在虽然缓慢却坚持不懈地朝着通过受控热核过程和平利用核能的目标稳步前进。由于热核反应的原理及其在天体物理学中的应用已经在本书第一版第十一章里讨论过了，所以关于人们朝着同一个目标行进的过程，只需要简单地在第七章的末尾补充一些新资料就可以照顾到了。

另外一些变动是利用加利福尼亚州帕洛马山上那台新的 200 英寸*海尔望远镜进行探测的结果，已经把宇宙的既定年龄从二三十亿年增加到五十亿年以上**，并且修正了天文距离的尺度。

生物化学新近的进展要求我重新绘制图 101 和修改同它有关的文字，并且在第九章末尾补充一些关于合成简单的生命有机体的新资料。在第一版（第 266 页）里我曾经写道："是的，在活的物质与非活的物质之间肯定存在过渡的一步。要是有一天——也许就在不久的将来，有一位天才的生物化学家能够用普通的化学元素合成一个病毒分子，他就有权向全世界宣布说：'我刚刚已经给一块死的物质注入了生命的气息!'"实际上，几年前在加利福尼亚州就做到了（或者应该说是差不多做到了）这一点，读者可以在第九章末尾找到这项工作的简短介绍。

还有另外一项变动：我在本书第一版提到过我的儿子伊戈尔（Igor）一心想当个牛仔，于是有许多读者便写信来问我，想知道他是不是真的成了牛仔。我的回答是：不! 他现在正在大学里攻读生物学，明年夏天毕业，并且计划以后从事遗传学方面的工作。

G.伽莫夫

1960 年 11 月于科罗拉多大学

---

* 本书中经常使用英制长度单位，如英里、英尺、英寸等，它们与公制的换算关系如下：

　　　　1 英里 ≈ 1.609 千米，

　　　　1 英尺 = 30.48 厘米，

　　　　1 英寸 = 2.54 厘米。

读者们对这种单位要多加以注意，另外，英制单位的进位也较复杂（如 1 英尺=12 英寸），因此也须加以注意。——译者

** 最新的研究成果表明，宇宙的年龄应该是在 130 亿年至 140 亿年之间。——校者

1947 年版作者前言

原子、恒星和星云是怎样构成的? 熵和基因又是什么东西? 究竟能不能使空间发生弯曲? 为什么火箭在飞行时会缩短?……事实上, 现在我们就是要在这本书里循序渐进地讨论所有这些问题, 以及其他许多同样有趣的事物。

我写这本书的出发点, 是想尽力收集现代科学中最有意义的事实和理论, 并且按照宇宙呈现在今天科学家眼前的模样, 从微观方面和宏观方面为读者们提供一幅宇宙的总的图景。在执行这个广泛的计划时, 我丝毫也不想从头至尾、仔仔细细地讨论各种问题, 因为我知道, 任何想这样做的意图都必定会把本书写成一套许多卷的百科全书。但是与此同时, 我选来进行讨论的各种课题却简单扼要地覆盖了基本科学知识的整个领域, 不留下什么死角。

由于书中的课题是根据其重要性和趣味性, 而不是根据其简单性选出来的, 在介绍它们时就难免出现某些参差不齐的情况, 因此, 书中有些章节简单得连小孩也能读懂, 而另一些章节却要多费点劲、集中精力去阅读才能完全理解。不过我希望, 即使是那些还没有跨进科学大门的读者在阅读本书时也不会碰到太大的困难。

大家将会注意到, 本书最后讨论"宏观宇宙"那部分要比介绍"微观宇宙"的篇幅短得多。这主要是因为同宏观宇宙有关的许许多多问题，我已经在《太阳的生和死》和《地球自传》*这两本书中仔细地讨论过了，如果在这里进一步详细讨论，就会因重复太多而让读者感到厌烦。因此在这一部分，或只限于一般地提一提行星、恒星和星云世界里的各种物理事实与事件，以及控制它们的物理规律，只有对那些因最近三五年科学知识的进展而放出新的光芒的问题，才进行比较详细的讨论。按照这个原则，我特别注意下面两个方面的新进展：第一个是新近提出的，认为巨大的恒星爆发（即所谓"超新星"）是由物理学中已知为最小粒子（即所谓"中微子"）引起的观点；第二个是新的行星系形成理论，这个理论摒弃了过去被普遍接受的、认为各个行星之诞生是太阳与某个别的恒星相碰撞的结果的观点，从而重新确立了康德和拉普拉斯的几乎被人遗忘了的旧观点。

我得感谢许多运用拓扑学变形法作画的画家和插图家，他们的作品给了我很大的启迪，并成为本书许多插图**的基础（见第三章第二节）。我还想提一提我的青年朋友玛丽娜·冯·诺伊曼（Marina von Neumann），她曾大言不惭地宣称说，在所有的问题上，她都比她那出名的父亲***懂得更透彻。当然，数学是个例外，她说，在数学方面，她只能同她父亲打个平手。她读了本书某些章节的手稿后对我说，里面有许多东西是她过去无法理解的。这本书，我原来是打算写给我那刚满 12 岁、一心想当个牛仔的儿子伊戈尔和他的同龄人看的，可是听了玛丽娜的话以后，我考虑再三，终于决定不再以孩子们为对象，而是写成现在这个样子。因此，我要特别对她表示感谢。

G.伽莫夫

1946 年 12 月 1 日

---

* 这两本书分别于 1940 年和 1941 年由纽约的海盗出版社出版。
** 本书的全部插图都是作者本人绘制的。——校者
*** 这里指的是约翰·冯·诺伊曼（John von Neumann，1903—1957），美国数学家，对策论的创始人。——校者

目录

part 1 ## 做做数字游戏

part 2 ## 空间、时间与爱因斯坦

ONE TWO THREE ... INFINITY

做做数字游戏

第一章 大 数

一、你能数到多少?

有这么一个故事,说的是两个匈牙利贵族决定做一次数数游戏——谁说出的数字最大谁赢。

"好,"一个贵族说,"你先说吧!"

另一个贵族绞尽脑汁想了好几分钟,最后说出了他所能想到的最大数字:"3"。

现在轮到第一个贵族动脑筋了。苦思冥想了一刻钟以后,他表示弃权说:"你赢啦!"

这两个贵族的智力当然是不很发达的。再说,这很可能只是一个挖苦人的故事而已。然而,如果上述对话是发生在原始部族中,这个故事大概就完全可信了。有不少非洲探险家证实,在某些原始部族里,不存在比 3 大的数字。如果问他们当中的一个人有几个儿子,或杀死过多少敌人,那么,要是这个数字大于 3,他就会回答说:"许多个。"因此,就计数这项技能来说,这些部族的勇士们可要败在我们幼儿园里的娃娃们的手下了,因为这些娃娃们竟有一直数到 10 的本领呢!

现在,我们都习惯地认为,我们想把某个数字写成多大,就能写得多大——战争经费以分为单位来表示啦,天体间的距离用英寸来表示啦,等等——只要在某个数字的后面接上一串零就是了。你可以一直这样写下去，直到手腕发酸为止。这样，尽管目前已知的宇宙*中所有原子的数目已经很大，等于 300 000 000 000 000 000 000 000 000 000 000 000 000 000 000 000 000 000 000 000 000 000 000 000 000 000 000，但是，你还可以写出比这更大的数字来。

上面这个数可以改写得短一些，即写成

$$3 \times 10^{74},$$

在这里，10 的右上角的小号数字 74 表示应该写出多少个 0。换句话说，这个数字意味着 3 要用 10 乘上 74 次。

但是在古代，人们并不知道这种简单的"算术简示法"。这种方法是距今不到两千年的某位佚名的印度数学家发明的。在这个伟大发明——这确实是一项伟大的发明，尽管我们一般意识不到这一点——出现之前，人们对每个数位上的数字，是用专门的符号反复书写一定次数的办法来表示的。例如，数字 8732 在古埃及人写来是这样的：

𓂻𓂻𓂻𓂻𓂻𓂻𓂻𓂻 ℰℰℰℰℰℰℰ ∩∩∩

而在恺撒**的衙门里，他的办事员会把这个数字写成

MMMMMMMMDCCXXXII

这后一种表示法你一定比较熟悉，因为这种罗马数字直到现在还有些用场——表示书籍的卷数或章数啦，表示各种表格的栏次啦，等等。不过，古代的计数很难得超过几千，因此，也就没有发明比 1000 更高的数位表示符号。一个古罗马人，无论他在数学上是何等训练有素，如果让他写一下"100 万"，他也一定会不知所措。他所能用的最好的办法，只不过是接连不断地写上 1000 个 M，这可要花费几个钟点的艰苦劳动啊（图 1）。

---

* 这是指截至本书英文版出版时用最大的望远镜所能探测到的那部分宇宙。

** 恺撒（Julius Caesar，公元前 100—前 44 年）是古罗马帝国的统治者。——译者

图 1　恺撒时代的一个古罗马人试图用罗马数字来写"100 万"，
墙上挂的那块板恐怕连"10 万"也写不下

在古代人的心目中，那些很大的数字，如天上星星的颗数、海里游鱼的条数、沙滩上沙子的粒数等，都是"不计其数"，就像"5"这个数字对原始部族来说也是"不计其数"，只能说成"许多"一样。

阿基米德（Archimedes），公元前 3 世纪大名鼎鼎的科学家，曾经开动他那出色的大脑，想出了书写巨大数字的方法。在他的论文《计沙法》中这样写着：

有人认为，无论是在叙拉古*，还是在整个西西里岛，或者是在世界所有有人烟和无人迹之处，沙子的数目是无穷大的。也有人认为，这个数目不是无穷大的，然而想要表达出比地球上沙粒数目还要大的数字是做不到的。很明显，持有这种观点的人会更加肯定地说，如果把地球想象成一个大沙堆，并在所有的海洋和洞穴里装满沙子，一直装到与最高的山峰相平，那么，这样堆起来的沙子的总数是无法表示出来的。但是，我要告诉大家，用我的方法，不但能表示出占地球那么大地方的沙子的数目，甚至还能表示

---

* 叙拉古是古代的城邦国家，位于意大利西西里岛东南部。——译者

出占据整个宇宙空间的沙子的总数。

阿基米德在这篇著名的论文中所提出的方法，同现代科学中表达大数字的方法相类似。他从当时古希腊算术中最大的数"万"开始，然后引用一个新数"万万"（亿）作为第二阶单位，然后是"亿亿"（第三阶单位）、"亿亿亿"（第四阶单位），等等。

写个大数字，看来似乎不足挂齿，没有必要专门用几页的篇幅来谈论。但在阿基米德那个时代，能够找到写出大数字的办法，确实是一项伟大的发现，使数学向前迈出了一大步。

为了计算填满整个宇宙空间所需的沙子总数，阿基米德首先得知道宇宙的大小。按照当时的天文学观点，宇宙是一个嵌有星星的水晶球。阿基米德的同时代人，著名天文学家，萨摩斯*的阿里斯塔克斯**求得从地球到天球面的距离为 10 000 000 000 斯塔迪姆***，即约为 1 000 000 000 英里。

阿基米德把天球和沙粒的大小相比，进行了一系列足以把小学生吓出梦魇症来的运算，最后他得出结论说：

很明显，在阿里斯塔克斯所确定的天球内所能装填的沙子粒数，不会超过一千万个第八阶单位****。

这里要注意，阿基米德心目中的宇宙的半径要比现代科学家所观察到的小得多。10 亿英里，这只不过刚刚超过从太阳到土星的距离。以后我们

---

* 萨摩斯是希腊的一个岛。——译者

** 阿里斯塔克斯（Aristarchus）是公元前 3 世纪的古希腊天文学家。——译者

*** 斯塔迪姆是古希腊的长度单位。1 斯塔迪姆为 606 英尺 6 英寸，或 188 米。

**** 用我们现在的数学表示法，这个数字是：

一千万　　　第二阶　　　第三阶　　　　第四阶

(10 000 000)×(100 000 000)×(100 000 000)×(100 000 000)×

第五阶　　　第六阶　　　第七阶　　　　第八阶

(100 000 000)×(100 000 000)×(100 000 000)×(100 000 000)

也可以简写成

$$10^{63}$$（即在 1 的后面有 63 个 0）。

将看到，在望远镜里，宇宙的边缘是在 5 000 000 000 000 000 000 000 英里的地方，要填满这样一个已被观测到的宇宙，所需要的沙子数超过

$$10^{100} 粒（即 1 的后面有 100 个 0）。$$

这个数字显然比前面提到的宇宙间的原子总数 3×10^{74} 大多了，这是因为宇宙间并非塞满了原子。实际上，在 1 立方米的空间内，平均才只有 1 个原子。

要想得到大数字，并不一定要把整个宇宙倒满沙子，或进行诸如此类的剧烈活动。事实上，在很多乍一看似乎很简单的问题中，也常会遇到极大的数字，尽管你原先决不会想到，其中会出现大于几千的数字。

有一个人曾经在大数字上吃了亏，那就是古印度的舍罕王（Shirham）。根据古老的传说，舍罕王打算重赏象棋*的发明人和进贡者——宰相西萨·班·达依尔（Sissa Ben Dahir）。这位聪明大臣的胃口看来并不大，他跪在国王面前说："陛下，请您在这张棋盘的第一个小格内，赏给我一粒麦子；在第二个小格内给两粒，第三个小格内给四粒，照这样下去，每一小格内都比前一小格加一倍。陛下啊，把这样摆满棋盘上所有 64 格的麦粒，都赏给您的仆人吧！"

"爱卿，你所求的并不多啊！"国王说道，心里为自己对这样一件奇妙的发明所许下的慷慨赏诺不致破费太多而暗喜。"你当然会如愿以偿的。"说着，他令人把一袋麦子拿到宝座前。

计数麦粒的工作开始了。第一格内放一粒，第二格内放两粒，第三格内放四粒……还没到第二十格，袋子已经空了。一袋又一袋的麦子被扛到国王面前来。但是，麦粒数一格接一格地增长得那样迅速，很快就可以看出，即便拿来全印度的粮食，国王也兑现不了他对西萨·班·达依尔许下的诺言

---

* 这里的象棋指的是国际象棋。整个棋盘是由 64 个小方格组成的正方形。双方的棋子（每方 16 个，包括王一枚、王后一枚、相两枚、马两枚、车两枚、兵八枚）在格内移动，以消灭对方的王为胜。棋盘的形状可参见图 2。——译者

图 2 机敏的数学家西萨·班·达依尔宰相正在向印度的舍罕王请求赏赐

了，因为这需要有 18 446 744 073 709 551 615 粒麦粒*呀！

这个数字不像宇宙间的原子总数那样大，不过也已经够可观了。1 蒲式耳**小麦约有 5 000 000 粒，照这个数，那就得给西萨·班·达依尔拿来 4 万亿蒲式耳才行。这位宰相所要求的，竟是全世界在 2000 年内所生产的全部小麦！

这么一来，舍罕王发觉自己欠了宰相好大一笔债。怎么办？要么是忍受西萨·班·达依尔没完没了的讨债，要么是干脆砍掉他的脑袋。据我猜想，国王大概选择了后面这个办法。

另一个由大数字当主角的故事也出自古印度，它是和"世界末日"的问

---

* 这位聪明的宰相所要求的麦粒数可写为

$$1+2+2^2+2^3+2^4+\cdots+2^{62}+2^{63}。$$

在数学上，这类每一个数都是前一个数的固定倍数的数列叫作几何级数（在我们这个例子里，这个倍数为 2）。可以证明，这种级数所有各项之和，等于固定倍数（在本例中为 2）的项数次方幂（在本例中为 64）减去第一项（在本例中为 1）所得到的差除以固定倍数与 1 之差。这就是

$$\frac{2^{64}-1}{2-1}=2^{64}-1，$$

直接写出结果来就是

$$18\ 446\ 744\ 073\ 709\ 551\ 615。$$

** 蒲式耳是欧美的容量单位（计算谷物专用）。1 蒲式耳约合 35.2 升。——译者

题有关的。偏爱数学的历史学家鲍尔（Ball）是这样讲述这个故事的*：

在世界中心贝拿勒斯**的圣庙里，安放着一块黄铜板，板上插着三根宝石针。每根针高约 1 腕尺（1 腕尺大约合 20 英寸），像韭菜叶那样粗细。梵天***在创造世界的时候，在其中的一根针上从下到上放下了由大到小的 64 片金片。这就是所谓梵塔。不论白天黑夜，都有一个值班的僧侣按照梵天不渝的法则，把这些金片在三根针上移来移去：一次只能移一片，并且要求不管在哪一根针上，小片永远在大片的上面。当所有 64 片都从梵天创造世界时所放的那根针上移到另外一根针上时，世界就将在一声霹雳中消灭，梵塔、庙宇和众生都将同归于尽。

图 3 是按故事的情节所作的画，只是金片少画了一些。你不妨用纸板代表金片，用长钉代替宝石针，自己搞这么一个玩具。不难发现，按上述规

图 3　一个僧侣在大佛像前解决"世界末日"的问题。
为了省事起见，这里没有画出 64 片金片来

---

* 引自 W.W.R.Ball, *Mathmatical Recreations and Essays*（《数学拾零》）（The Macmillan Co., New York, 1939）。
** 贝拿勒斯是佛教的圣地，位于印度北部。——译者
*** 梵天是印度教的主神。——译者

则移动金片的规律是：不管把哪一片移到另一根针上，移动的次数总要比移动上面一片增加一倍。第一片只需一次，下一片就按几何级数加倍。这样，当把第 64 片也移走后，总的移动次数便和西萨·班·达依尔所要求的麦粒数一样多了*！

把这座梵塔全部 64 片金片都移到另一根针上，需要多长时间呢？一年有约 31 558 000 秒。假如僧侣们每一秒钟移动一次，日夜不停，节假日照常干，也需要将近 58 万亿年才能完成。

把这个纯属传说的寓言和按现代科学得出的推测对比一下倒是很有意思。按照现代的宇宙进化论，恒星、太阳、行星（包括地球）是在大约 30 亿年前由不定型物质形成的。我们还知道，给恒星，特别是给太阳提供能量的"原子燃料"还能维持 100 亿—150 亿年（见"'创世'的年代"一章），因此，太阳系的整个寿命无疑要短于 200 亿年，而不像这个印度传说中所宣扬的那样长！不过，传说毕竟只是传说啊！

在文学作品中所提及的最大数字，大概就是那个有名的"印刷行数问题"了。

假设有一台印刷机可以连续印出一行行文字，并且每一行都能自动换一个字母或其他印刷符号，从而变成与其他行不同的字母组合。这样一台机器包括一组圆盘，盘与盘之间像汽车里程表那样装配，盘缘刻有全部字母和符号。这样，每一个轮盘转动一周，就会带动下一个轮盘转动一个符号。纸张通过滚筒自动送入盘下。这样的机器制造起来没有太大的困难，图 4 是这种机器的示意图。

现在，让我们开动这台印刷机，并检查印出的那些没完没了的东西吧。

---

* 如果只有 7 片，则需要移动的次数为

$$1+2^1+2^2+2^3+\cdots，或者 2^7-1=2\times2\times2\times2\times2\times2\times2-1=127。$$

当金片为 64 片时，需要移动的次数则为

$$2^{64}-1=18\ 446\ 744\ 073\ 709\ 551\ 615。$$

这就和西萨·班·达依尔所要求的麦粒数相同了。

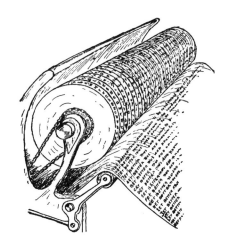

图 4　一台刚刚印出一行莎士比亚*诗句的自动印刷机

在印出的一行行字母组合当中，大多数根本没有什么意思，如：

aaaaaaaaaaa…

或者

booboobooboo…

或者

zawkpopkossscilm…

但是，既然这台机器能印出所有可能的字母及符号的组合，我们就能从这堆玩意儿中找出有点意思的句子。当然，其中又有许多是胡说八道，例如：

horse has six legs and...（马有六条腿，并且……）

或者

I like apples cooked in terpentin…

（我喜欢吃松节油煎苹果……）

不过，只要找下去，一定会发现莎士比亚写下的每一个句子，甚至包括

---

* 莎士比亚（William Shakespeare，1564—1616），文艺复兴时代英国著名的剧作家、诗人。——译者

被他扔进废纸篓里去的句子!

实际上,这台机器会印出人类自从能够写字以来所写出的一切句子:每一句散文,每一行诗歌,每一篇社论,每一则广告,每一卷厚厚的学术论文,每一封书信,每一份订奶单……

不仅如此,这台机器还将印出今后各个世纪所要印出的东西。从滚筒下的纸卷中,我们可以读到 30 世纪的诗章,未来的科学发现,2344 年星际交通事故的统计,还有一篇篇尚未被作家们创作出来的长、短篇小说。出版商们只要搞出这么一台机器,把它安装在地下室里,然后从印出的纸卷里寻找好句子来出版就是了——他们现在所干的不也差不多就是这样嘛!

为什么人们没有这样干呢?

来,让我们算算看,为了得到所有字母和印刷符号的组合,该印出多少行来。

英语中有 26 个字母、10 个数字(0,1,2,…,9),还有 14 个常用符号(空白、句号、逗号、冒号、分号、问号、惊叹号、破折号、连字符、引号、省略号、小括号、中括号、大括号),共 50 个字符。再假设这台机器有 65 个轮盘,以对应每一印刷行的平均字数。印出的每一行中,排头的那个字符可以是 50 个字符当中的任何一个,因此有 50 种可能性,对这 50 种可能性当中的每一种,第二个字符又有 50 种可能性,因此共有 50×50=2500 种。对于这前两个字符的每一种可能性,第三个字符仍有 50 种选择。这样下去,整行进行安排的可能性的总数等于

$$\underbrace{50 \times 50 \times 50 \times \cdots \times 50}_{65个}$$

或者 50^{65},即等于 10^{110}。

要想知道这个数字有多么巨大,你可以设想宇宙间的每个原子都变成一台独立的印刷机,这样就有 3×10^{74} 台机器同时工作。再假定所有这些机器从地球诞生以来就一直在工作,即它们已经工作了 30 亿年或 10^{17} 秒。你

还可以假定这些机器都以原子振动的频率进行工作，也就是说，1秒钟可以印出10^{15}行。那么，到目前为止，这些机器印出的总行数大约是

$$3 \times 10^{74} \times 10^{17} \times 10^{15} = 3 \times 10^{106},$$

这只不过是上述可能性总数的三千分之一左右而已。

看来，想要在这些自动印出的东西里面挑选点什么，那确实得花费非常非常长的时间了！

二、怎样计数无穷大的数字

上一节我们谈了一些数字，其中有不少是毫不含糊的大数。但是这些巨大的数字，例如西萨·班·达依尔所要求的麦粒数，虽然大得令人难以置信，但毕竟还是有限的，也就是说，只要有足够的时间，人们总能把它们从头到尾写出来。

然而，确实存在着一些无穷大的数，它们比我们所能写出的无论多长的数都还要大。例如，"所有整数的个数"和"一条线上所有几何点的个数"显然都是无穷大的。关于这类数字，除了说它们是无穷大之外，我们还能说什么呢？难道我们能够比较一下上面那两个无穷大的数，看看哪个更大些吗？

"所有整数的个数和一条线上所有几何点的个数，究竟哪个大些？"——这个问题有意义吗？乍一看，提这个问题可真是头脑发昏，但是著名数学家康托尔（Georg Cantor）首先思考了这个问题。因此，他确实可被称为"无穷大数算术"的奠基人。

当我们要比较几个无穷大的数字的大小时，就会面临这样一个问题：这些数既不能读出来，也无法写出来，该怎样比较呢？这下子，我们自己可有点像一个想要弄清楚自己的财物中究竟是玻璃珠子多还是铜币多的原始

部族人了。你大概还记得，那些人只能数到 3。难道他会因为数不清大数而放弃比较玻璃珠子和铜币数目的打算？根本不会如此。如果他足够聪明，他一定会通过把玻璃珠子和铜币逐个相比的办法来得出答案。他可以把一颗玻璃珠子和一枚铜币放在一起，将另一颗玻璃珠子和另一枚铜币放在一起，并且一直这样做下去。如果玻璃珠子用光了，而还剩下些铜币，他就知道，铜币多于玻璃珠子；如果铜币先用光了，玻璃珠子却还有剩余，他就明白，玻璃珠子多于铜币；如果两者同时用光，他就晓得，玻璃珠子和铜币数目相等。

康托尔所提出的比较两个无穷大数的方法正好与此相同：我们可以给两组无穷大数列中的各个数一一配对。如果最后这两组都一个不剩，这两组无穷大就是相等的；如果有一组还有些数没有配出去，这一组就比另一组大些，或者说强些。

这显然是合理的并且实际上也是唯一可行的比较两个无穷大数的方法。但是，当你把这个方法付诸实施时，还得准备再吃一惊。举例来说，所有偶数和所有奇数这两个无穷大数列，你当然会直觉地感到它们的数目相等。应用上述法则，也完全合理，因为这两组数间可建立如下的一一对应关系：

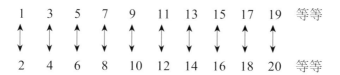

上述表述中，每一个偶数都与一个奇数相对应。看，这确实再简单、再自然不过了！

但是，且慢。你再想一想：所有整数（奇偶数都在内）的数目和单单偶数的数目，哪个大呢？当然，你会说前者大一些，因为所有的整数不但包含了所有的偶数，还要加上所有的奇数啊。但这只不过是你的感觉而已。只有应用上述比较两个无穷大数的法则，才能得出正确的结果。如果你应用了这个法则，就会吃惊地发现，你的感觉是错误的。事实上，下面就是所有整数和偶数的一一对应表：

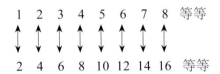

按照上述比较无穷大数的规则，我们得承认，偶数的数目正好和所有整数的数目一样大。当然，这个结论看来是十分荒谬的，因为偶数只是所有整数的一部分。但是不要忘了，我们是在与无穷大数打交道，因而就必须做好遇到异常的性质的思想准备。

在无穷大的世界里，部分可能等于全部！关于这一点，德国著名数学家希尔伯特（David Hilbert）有一则故事说明得再好不过了。据说在一篇讨论无穷大的演讲中，他曾用下面的话来叙述无穷大的似是而非的性质*：

我们设想有一家旅店，内设有限个房间，而所有的房间都已客满。这时来了位新客，想订个房间。旅店店主说："对不起，所有的房间都住满了。"现在再设想另一家旅店，内设无限多个房间，所有房间也都客满了。这时也有一位新客来临，想订个房间。

"不成问题！"旅店店主说。接着，他就把一号房间里的旅客移至二号房间，将二号房间的旅客移到三号房间，将三号房间的旅客移到四号房间，等等，这一来，新客就住进了已被腾空的一号房间。

我们再设想一家有无限多个房间的旅店，各个房间也都客满了。这时，又来了无穷多位要求订房间的客人。

"好的，先生们，请等一会儿。"旅店店主说。

他把一号房间的旅客移到二号房间，将二号房间的旅客移到四号房间，将三号房间的旅客移到六号房间，如此，如此。

---

* 这段文字从未印行过，甚至希尔伯特本人也未写成文字，但是却广泛流传着。本书引自 R.Courant，*The Complete Collection of Hilbert Stories*。

现在，所有的单号房间都腾出来了，新来的无穷多位客人可以住进去了。

由于希尔伯特讲这段故事时正值世界大战期间，所以，即使在华盛顿，这段话也不容易被人们所理解*。但这个例子确实举到了点子上，它使我们明白了：无穷大数的性质与我们在普通算术中所遇到的一般数字大不一样。

按照比较两个无穷大数的康托尔法则，我们还能证明，所有的普通分数$\left(\text{如}\dfrac{3}{7}, \dfrac{375}{8}\text{等}\right)$的数目和所有的整数相同。把所有的分数按照下述规则排列起来：先写下分子与分母之和为 2 的分数，这样的分数只有一个，即$\dfrac{1}{1}$；然后写下两者之和为 3 的分数，即$\dfrac{2}{1}$和$\dfrac{1}{2}$；再往下是两者之和为 4 的，即$\dfrac{3}{1}$，$\dfrac{2}{2}$，$\dfrac{1}{3}$。这样做下去，我们可以得到一个无穷的分数数列，它包括了所有的分数（图 5）。现在，在这个数列旁边写上整数数列，就得到了无穷分数与无穷整数的一一对应。可见，它们的数目又是相等的！

图 5　原始部族人和康托尔教授都在比较他们数不出来的数目的大小

* 作者这句话说得比较含蓄，意思大概是说：本来这些概念就不好懂，再加上希尔伯特的国籍是德国——美国在世界大战中的敌国，因此，这段话当时就更不易为美国人所接受了。——译者

你可能会说："是啊，这一切都很妙，不过，这是不是就意味着，所有的无穷大数都是相等的呢？如果是这样，那还有什么可比的呢？"

不，事情并不是这样。人们可以很容易地找出比所有整数或所有分数所构成的无穷大数还要大的无穷大数来。

如果研究一下前面出现过的那个比较一条线段上所有几何点的个数和所有整数的个数的多少的问题，我们就会发现，这两个数目是不一样大的。线段上几何点的个数要比整数的个数多得多。为了证明这一点，我们先来建立一段线段（比如说 1 寸长）和整数数列的一一对应关系。

这条线段上的每一点都可以用这一点到这条线的一端的距离来表示，而这个距离可以写成无穷小数的形式，如

$$0.735\,062\,478\,005\,6\cdots$$

或者

$$0.382\,503\,756\,32\cdots^*$$

现在我们所要做的，就是比较一下所有整数的数目和所有可能存在的无穷小数的数目。那么，上面写出的无穷小数和 $\dfrac{3}{7}$ 或 $\dfrac{8}{277}$ 这类分数有什么不同呢？

大家一定还记得在算术课上学过的这样一条规则：每一个普通分数都可以化成无穷循环小数，如 $\dfrac{2}{3}=0.6666\cdots\cdots=0.\dot{6}\dot{6}$，$\dfrac{3}{7}=0.428571\dot{.}428571\dot{.}$ $428571\dot{.}4\cdots\cdots=0.\dot{4}2857\dot{1}$。我们已经证明过，所有分数的数目和所有整数的数目相等，所以，所有循环小数的数目必定与所有整数的数目相等。但是，一条线段上的点不可能完全由循环小数表示出来，绝大多数的点是由不循环的小数表示的。因此就很容易证明，在这种情况下，一一对应关系是无法建立的。

假定有人声称他已经建立了这种对应关系，并且，对应关系具有如下形式：

---

* 我们已经假定线段长 1 寸，因此这些小数都小于 1。

N

1　0.3 8 6 0 2 5 6 3 0 7 8…

2　0.5 7 3 5 0 7 6 2 0 5 0…

3　0.9 9 3 5 6 7 5 3 2 0 7…

4　0.2 5 7 6 3 2 0 0 4 5 6…

5　0.0 0 0 0 5 3 2 0 5 6 2…

6　0.9 9 0 3 5 6 3 8 5 6 7…

7　0.5 5 5 2 2 7 3 0 5 6 7…

8　0.0 5 2 7 7 3 6 5 6 4 2…

·　………………………

·　………………………

·　………………………

当然，由于不可能把无穷多个整数和无穷多个小数一个不漏地写光，因此，上述声称只不过意味着此人发现了某种普遍规律（类似于我们用来排列分数的规律），在这种规律的指导下，他制定了上表，而且任何一个小数或迟或早都会在这个表上出现。

不过，我们很容易证明，任何一个这类的声称都是站不住脚的，因为我们一定还能写出没有包括在这个无穷表格之中的无穷多个小数。怎么写呢？再简单不过了。让这个小数的第一小数位（十分位）不同于表中第一号小数的第一小数位，第二小数位（百分位）不同于表中第二号小数的第二小数位，等等。这个数可能就是这个样子（也可能是别的样子）：

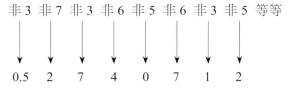

非 3　非 7　非 3　非 6　非 5　非 6　非 3　非 5　等等

0.5　2　7　4　0　7　1　2

这个数无论如何在上面表中是找不到的。如果此表的作者对你说，你的这个数在他那个表上排在第 137 号（或其他任何一号），你就可以立即回答说："不，我这个数不是你那个数，因为我这个数的第 137 小数位和你那个数的第 137 小数位不同。"

这么一来，线上的点和整数之间的一一对应就建立不起来了。也就是说，线上的点数所构成的无穷大数大于（或强于）所有整数或分数所构成的无穷大数。

刚才所讨论的线段是"1 寸长"。不过很容易证明，按照"无穷大数算术"的规则，不管多长的线段都是一样。事实上，1 寸长的线段也好，1 尺长的线段也好，1 里长的线段也好，上面的点数都是相同的。只要看看图 6 即可明了，*AB* 和 *AC* 为不同长度的两条线段，现在要比较它们的点数。过 *AB* 的每一个点作 *BC* 的平行线，都会与 *AC* 相交，这样就形成了一组点。如 *D* 与 *D′*、*E* 与 *E′*、*F* 与 *F′* 等。对 *AB* 上的任意一点，*AC* 上都有一个点和它相对应；反之亦然。这样，就建立了一一对应的关系。可见，按照我们的规则，这两个无穷大数是相等的。

通过这种对无穷大数的分析，还能得到一个更加令人惊异的结论：平面上所有的点数和线段上所有的点数相等。为了证明这一点，我们来考虑一条长 1 寸的线段 *AB* 上的点数和边长 1 寸的正方形 *CDEF* 上的点数（图 7）。

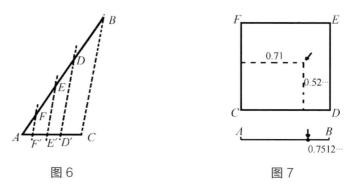

图 6　　　　　　　　　　　　　　图 7

假定线段上某点的位置是 0.751 203 86…，我们可以把这个数按奇分位和偶分位分开，组成两个不同的小数：

$$0.710\ 8\cdots$$

和

$$0.523\ 6\cdots$$

以这两个数分别量度正方形的水平方向和垂直方向的距离，便得出一个点，这个点就叫作原来线段上那个点的"配合点"。反过来，对于正方形内的任意一点，比如说由 0.483 5…和 0.990 7…这两个数描述的点，我们把这两个数掺到一起，就得到了线段上的相应的"对偶点"0.498 930 57…。

很清楚，这种做法可以建立那两组点的一一对应关系。线段上的每一个点在平面上都有一个对应的点，平面上的每一个点在线段上也有一个对应的点，没有剩下来的点。因此，按照康托尔的标准，正方形内所有点数所构成的无穷大数与线段上点数的无穷大数相等。

用同样的方法，我们也容易证明，立方体内所有的点数和正方形或线段上的所有点数相等，只要把代表线段上一个点的无穷小数分作三部分*，并用这三个新小数在立方体内找"对偶点"就行了。和两条不同长度线段的情况一样，正方形和立方体内点数的多少与它们的大小无关。

尽管几何点的个数要比整数和分数的数目大，但数学家们还知道比它更大的数。事实上，人们已经发现，各种曲线，包括任何一种奇形怪状的样式在内，它们的样式的数目比所有几何点的数目还要大。因此，应该把它看作第三级无穷数列。

按照"无穷大数算术"的奠基者康托尔的意见，无穷大数是用希伯来字

---

* 例如，我们可把数字

$$0.735106822548312\cdots$$

分成下列三个新的小数：

$$0.71853\cdots,$$

$$0.30241\cdots,$$

$$0.56282\cdots。$$

母ℵ（读作阿莱夫）表示的，在字母的右下角，再用一个小号数字表示这个无穷大数的级别。这样一来，数目字（包括无穷大数）的数列就成为

$$1,\ 2,\ 3,\ 4,\ 5,\ \cdots,\ \aleph_1,\ \aleph_2,\ \aleph_3\cdots$$

这样，我们说"一条线段上有$\aleph_1$个点"或"曲线的样式有$\aleph_2$种"，就和我们平常说"世界有七大洲"或"一副扑克牌有54张"一样简单了。

在结束关于无穷大数的讨论时，我们要指出，无穷大数的级只要有几个，就足够把人们所能想象出的任何无穷大数都包括进去了。大家知道，$\aleph_0$表示所有整数的数目，$\aleph_1$表示所有几何点的数目，$\aleph_2$表示所有曲线的数目，但到目前为止，还没有人想得出一种能用$\aleph_3$来表示的无穷大数。看来，头三级无穷大数（图8）就足以包括我们所能想到的一切无穷大数了。因此，我们现在的处境，正好跟我们前面的原始部族人相反：他有许多个儿子，可却数不过3；我们什么都数得清，却又没有那么多东西让我们来数！

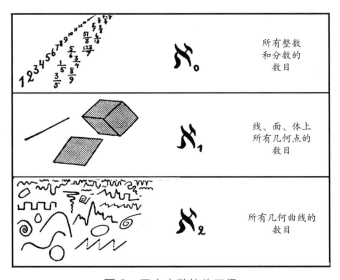

图 8　无穷大数的头三级

第二章　自然数和人工数

一、最纯粹的数学

数学往往被人们特别是被数学家们奉为"科学的皇后"。贵为"皇后"，它当然不能屈尊俯就其他学科。因此，在一次纯粹数学和应用数学联席会议上，当有人邀请希尔伯特做一次公开演讲，以求消除存在于这两种数学家之间的敌对情绪时，他这样说：

经常听到有人说，纯粹数学和应用数学是互相对立的。这是不符合事实的，纯粹数学和应用数学不是互相对立的。它们过去不曾对立过，将来也不会对立。它们是对立不起来的，因为事实上它们两者毫无共同之处。

然而，尽管数学喜欢保持自己的纯粹性，并尽力远离其他学科，其他学科却一直打算尽量同数学"亲善"，特别是物理学。事实上，纯粹数学的几乎每一个分支，包括诸如抽象群、不可逆代数、非欧几何等一向被认为纯而又纯、决不能派上任何用场的数学理论，现在也都已被用来解释物质世界的这个性质或那个性质了。

但是，迄今数学还有一个大分支没找到什么用途（除了起智力体操的作用以外），它真可以戴上"纯粹之王冠"哩。这就是所谓数论（这里的数指整数），它是最古老的一门数学分支，也是纯粹数学思维最错综复杂的产物。

说来也怪，数论这门最纯粹的数学，从某种意义上说，却又可以称为经验科学，甚至可称为实验科学。事实上，它的绝大多数定理都是靠用数字试着干某些事情而建立起来的，正如物理学定律是靠用物体试着干某些事情而建立起来一样。并且，数论的一些定理已"从数学上"得到了证明，而另一些却还停留在经验的阶段，至今仍在令最卓越的数学家绞尽脑汁，这一点也和物理学一样。

我们可以用质数问题作为例子。所谓质数，就是不能用两个或两个以上较小整数的乘积来表示的数，如 1，2，3，5，7，11，13，17，等等。而 12 可以写成 $2 \times 2 \times 3$，所以就不是质数。

质数的数目是无穷无尽、没有终极的呢，还是存在一个最大的质数，即凡是比这个最大质数还大的数都可以表示为几个质数的乘积呢？这个问题是欧几里得[*]最先想到的，他自己还做了一个简单而优美的证明，证明没有最大质数，质数数目的延伸是不受任何限制的。

为了研究这个问题，不妨暂时假设已知质数的个数是有限的，最大的一个用 N 表示。现在，让我们把所有已知的质数都乘起来，再加上 1。写成数学式是：

$$(1 \times 2 \times 3 \times 5 \times 7 \times 11 \times 13 \times \cdots \times N) + 1。$$

这个数当然比我们所假设的最大质数 N 大得多。但是，十分明显，这个数是不能被到 N 为止（包括 N 在内）的任何一个质数除尽的，因为从这个数的产生方式就可以看出，拿任何质数来除它，都会剩下 1。

因此，这个数要么本身也是个质数，要么是能被比 N 还大的质数整除。而这两种可能性都和原先关于 N 为最大质数的假设相矛盾。

这种证明方式叫作反证法，是数学家爱用的方法之一。

---

[*] 欧几里得（Euclid，约公元前 330—前 275），古希腊几何学家。——译者

我们既然知道质数的数目是无限的，自然就会想问一问，是否有什么简单方法可以把它们一个不漏地挨个写出来。古希腊的哲学家兼数学家埃拉托色尼（Eratosthenes）提出了一种名叫"过筛"的方法，就是把整个自然数列 1，2，3，4…统统写下来，然后去掉所有 2 的倍数、3 的倍数、5 的倍数等。前 100 个数"过筛"后的情况如图 9 所示，共剩下 26 个质数。用这种原理简单的过筛方法，我们已经得到了 10 亿以内的质数表。

图 9　前 100 个数"过筛"后的情况

如果能导出一个公式，从而能迅速而自动地推算出所有的质数（并且仅仅是质数），那该多简便啊！但是，经过了多少世纪的努力，并没有找到这个公式。1640 年，法国著名数学家费马（Pierre Fermat）认为自己找到了一个这样的公式。这个公式是 $2^{2^n}+1$，n 取自然数的各个值 1，2，3，4，等等。

从这个公式我们得到：

$$2^{2^1}+1=5，$$

$$2^{2^2}+1=17，$$

$$2^{2^3}+1=257，$$

$$2^{2^4}+1=65\,537。$$

这几个数都是质数。但在费马宣称他取得这个成就以后一个世纪，瑞士数学家欧拉（Leonhard Euler）指出，费马的第五个数 $2^{2^5}+1=4\,294\,967\,297$ 不是个质数，而是 6 700 417 和 641 的乘积。因此，费马这个推算质数的经验公式被证明是错误的。

还有一个值得一提的公式，用这个公式可以得到许多质数。这个公式是：

$$n^2-n+41，$$

其中 n 也取自然数各个值 1，2，3，等等。已经发现，在 n 为 1—40 的情况下，用这个公式都能得出质数。但不幸得很，到了第 41 步，这个公式不成立了。

事实上，

$$（41）^2-41+41=41^2=41\times41，$$

这是一个平方数，而不是一个质数。

人们还试验过另一个公式，它是：

$$n^2-79n+1601，$$

这个公式在 n 从 1 到 79 时都能得到质数，但当 $n=80$ 时，它又不成立了！

因此，寻找只给出质数的普遍公式的问题至今仍然没有解决。

数论定理的另一个有趣的例子，是 1742 年提出的所谓"哥德巴赫（Goldbach）猜想"。这是一个迄今既没有被证明也没有被推翻的定理，内容是：任何一个偶数都能表示为两个质数之和。从一些简单例子，你很容易看出这句话是对的。例如，12=7+5，24=17+7，32=29+3。但是数学家在这方面做了大量工作，却仍然既不能做出肯定的断语，也不能找出一个反证。1931 年，苏联数学家施尼雷尔曼（Schnirelman）朝着问题的最终解决迈出了建设性的第一步。他证明了，每个偶数都能表示为不多于 300 000 个质数之和。"300 000 个质数之和"和"2 个质数之和"之间的距离，后来又被另一位苏联数学家维诺格拉多夫（Vinogradoff）大大缩短了。他把施尼雷尔曼那个结论改成了"4 个质数之和"。但是，从维诺格拉多夫的"4 个质数"到哥德巴赫的"2 个质数"，这最后的两步大概是最难走的。谁也不能告诉你，要想最后证明或最后推翻这个令人作难的猜想，到底是需要几年还是需要几个世纪*。

可见，谈到推导能自动给出直到任意大的所有质数的公式的问题，从现在来看，我们离这一步还远得很哩！目前我们甚至连到底存在不存在这样的公式，也都还没有把握呢！

现在，让我们换个小一点的问题看一看——在给定的范围内质数所能占的百分比有多大？这个比值是随着数的增长而加大还是减小，或者是近似为常数呢？我们可以用经验方法，即通过查找各种不同数值范围内质数数目的方法来解决这个问题。这样，我们查出，100 之内有 26 个质数，1000 之内有 168 个，1 000 000 之内有 78 498 个，1 000 000 000 之内有 50 847 478 个。把质数个数除以相应范围内的整数个数，得出下表：

---

* 我国数学家陈景润又把这个结果推进了一步。他的结论是：任何一个偶数都可以表示为一个质数和不多于两个质数的乘积之和（见《中国科学》1973 年第 2 期）。——译者

数值范围（1—N）	质数数目（个）	比率（%）	$\dfrac{1}{\ln N}$	偏差（%）
1—100	26	0.260	0.217	20
1—1000	168	0.168	0.145	16
1—10^6	78 498	0.078 498	0.072 382	8
1—10^9	50 847 478	0.050 847 478	0.048 254 942	5

从这张表上首先可以看出，随着数值范围的扩大，质数的数目相对减少了。但是，并不存在质数的终止点。

有没有一个简单方法可以用数学形式表示这种质数比值随范围的扩大而减小的现象呢？有的，并且这个有关质数平均分布的规律已经成为数学上最值得称道的发现之一。这个规律很简单，就是：从 1 到任何自然数 N 之间所含质数的百分比，近似由 N 的自然对数*的倒数所表示。N 越大，这个规律就越精确。

从上表的第四列，可以看到 N 的自然对数的倒数。把它们和前一列对比一下，就会看出两者是很相近的，并且，N 越大，它们也就越相近。

有许多数论上的定理，开始时都是凭经验作为假设提出，而在很长一段时间内得不到严格证明的。上面这个质数定理也是如此。直到 19 世纪末，法国数学家阿达马（Jacques Solomon Hadamard）和比利时数学家普桑（de la Vallée Poussin）才终于证明了它。由于证明的方法太繁难，我们这里就不介绍了。

既然谈到整数，就不能不提一提著名的费马大定理，尽管这个定理和质数没有必然的联系。要研究这个问题，先要回溯到古埃及。古埃及的每一个好木匠都知道，一个边长之比为 3∶4∶5 的三角形中，必定有一个角是直角。现在有人把这样的三角形叫作埃及三角形。古埃及的木匠就是用它

---

* 简单地说，一个数的自然对数，近似地等于它的常用对数乘以 2.3026。

作为自己的三角尺的*。

公元 3 世纪，亚历山大里亚城的丢番图**开始考虑这样一个问题：从两个整数的平方和等于另一整数的平方这一点来说，具有这种性质的是否只有 3 和 4 这两个整数？他证明了还有其他具有同样性质的整数（实际上有无穷多组），并给出了求这些数的一些规则。这类三个边都是整数的直角三角形称为毕达哥拉斯三角形。简单说来，求这种三角形的三边就是解方程

$$x^2+y^2=z^2,$$

式中，x，y，z 必须是整数***。

1621 年，费马在巴黎买了一本丢番图所著《算术》的法文译本，里面提到了毕达哥拉斯三角形。当费马读这本书的时候，他在书上空白处做了一些简短的笔记，并且指出，

$$x^2+y^2=z^2$$

---

* 在初等几何课本中，毕达哥拉斯定理证明了 $3^2+4^2=5^2$。（这个定理就是我国古代的勾股定理。——译者）

** 丢番图（Diophantes，约 246—330），古希腊数学家。——译者。

*** 丢番图的规则是这样的：找两个数 a 和 b，使 $2ab$ 为完全平方。这时，

$$x=a+\sqrt{2ab}，\ y=b+\sqrt{2ab}，\ z=a+b+\sqrt{2ab}。$$

用代数方法很容易证明，这时

$$x^2+y^2=z^2。$$

用这个方法，我们可以列出所有各种可能性。最前面的几个例子是：

$$3^2+4^2=5^2（埃及三角形），$$

$$5^2+12^2=13^2,$$

$$6^2+8^2=10^2,$$

$$7^2+24^2=25^2,$$

$$8^2+15^2=17^2,$$

$$9^2+12^2=15^2,$$

$$9^2+40^2=41^2,$$

$$10^2+24^2=26^2。$$

有无穷多组整数解，而形如

$$x^n+y^n=z^n$$

的方程，当 n 大于 2 时，永远没有整数解。

他后来说："我当时想出了一个绝妙的证明方法，但是书上的空白太窄了，写不完。"

费马去世后，人们在他的图书室里找到了丢番图的那本书，里面的笔记也公之于世了。那是在 3 个世纪以前。从那个时候以来，各国最优秀的数学家都尝试重新做出费马写笔记时所想到的证明，但至今都没有成功。当然，在这方面已有了相当大的发展，一门全新的数学分支——理想数论——在这个过程中创建起来了。欧拉证明了，方程

$$x^3+y^3=z^3 \text{ 和 } x^4+y^4=z^4$$

不可能有整数解。狄利克雷*证明了，$x^5+y^5=z^5$ 也是这样。依靠其他一些数学家的共同努力，现在已经证明，在 n 小于 269 的情况下，费马的这个方程都没有整数解。不过，对指数 n 在任何值下都成立的普遍证明，却一直没能做出**。人们越来越倾向于认为，费马不是根本没有进行证明，就是在证明过程中有什么地方搞错了。为征求这个问题的解答，曾经悬赏过 10 万马克***。那时，研究这个问题的人真是不少，不过，这些拜金的业余数学家都一事无成。

这个定理仍然有可能是错误的，只要能找到一个实例，证实两个整数的某一次幂的和等于另一个整数的同一次幂就行了。不过，这个幂次一定要在比 269 大的数目中去找，这可不是一件容易事啊！

---

* 狄利克雷（Johann Peter Gustav Lejeune Dirichlet，1805—1859），德国数学家。——译者
** 费马定理于 1995 年被英国数学家安德鲁·怀尔斯（Andrew Wiles）证明。——编者
*** 马克，德国货币单位。——译者

二、神秘的 $\sqrt{-1}$

现在，让我们来搞点高级算术。二二得四，三三见九，四四一十六，五五二十五，因此，四的算术平方根为二，九的算术平方根是三，十六的算术平方根是四，二十五的算术平方根是五[*]。

然而，负数的平方根是什么样呢？$\sqrt{-5}$ 和 $\sqrt{-1}$ 之类的表式有什么意义吗？

如果从有理数的角度来揣想这样的数，你一定会得出结论，说明这样的式子没有任何意义，这里可以引用 12 世纪的一位数学家婆什迦罗[**]的话："正数的平方是正数，负数的平方也是正数。因此，一个正数的平方根是两重的：一个正数和一个负数。负数没有平方根，因为负数并不是平方数。"

可是数学家的脾气倔强得很。如果有些看起来没有意义的东西不断在数学公式中冒头，他们就会尽可能创造出一些意义来。负数的平方根就在很多地方冒过头，既在古老而简单的算术问题上出现，也在 20 世纪相对论的时空结合问题上露面。

第一个将负数的平方根这个"显然"没有意义的东西写到公式里的勇士，是 16 世纪的意大利数学家卡尔丹（Cardan）。在讨论是否有可能将 10 分成两部分，使两者的乘积等于 40 时，他指出，尽管这个问题没有任何有理解，但如果把答案写成 $5+\sqrt{-15}$ 和 $5-\sqrt{-15}$ 这样两个怪模怪样的表式，就

---

[*] 还有其他许多数的算术平方根也很容易得出，如，

$$\sqrt{5} = 2.236\cdots,$$

因为

$$(2.236\cdots) \times (2.236\cdots) = 5.000\cdots,$$

$$\sqrt{7.3} = 2.702\cdots,$$

因为

$$(2.702\cdots) \times (2.702\cdots) = 7.3000\cdots。$$

[**] 婆什迦罗（Brahmin Bhaskara，1114—1185），印度数学家。——译者

可以满足要求了*。

尽管卡尔丹认为这两个表式没有意义，是虚构的、想象的，但是，他毕竟还是把它们写下来了。

既然有人敢把负数的平方根写下来，并且，尽管这有点想入非非，却把 10 分成两个乘起来等于 40 的事办成了；这样，有人开了头，负数的平方根——卡尔丹给它起了个大号叫"虚数"——就越来越经常地被科学家所使用了，虽则总是伴有很大保留，并且要提出种种借口。在瑞士著名科学家欧拉 1770 年发表的代数著作中，有许多地方用到了虚数。然而，对这种数，他又加上了这样一个掣肘的评语："一切形如 $\sqrt{-1}$，$\sqrt{-2}$ 的数学式，都是不可能有的、想象的数，因为它们所表示的是负数的平方根。对于这类数，我们只能断言，它们既不是什么都不是，也不比什么都不是多些什么，更不比什么都不是少些什么。它们纯属虚幻。"

但是，尽管有这些非难和遁词，虚数还是迅速成为分数的根式中无法避免的东西。没有它们，简直可以说寸步难行。

不妨说，虚数构成了实数在镜子里的幻象。而且，正像我们从基数 1 可得到所有实数一样，我们可以把 $\sqrt{-1}$ 作为虚数的基数，从而得到所有的虚数。$\sqrt{-1}$ 通常写作 i。

不难看出，$\sqrt{-9}=\sqrt{9}\times\sqrt{-1}=3i$，$\sqrt{-7}=\sqrt{7}\times\sqrt{-1}=2.646\cdots i$，等等。这么一来，每一个实数都有自己的虚数搭档。此外，实数和虚数还能结合起来，形成单一的表式，例如 $5+\sqrt{-15}=5+\sqrt{15}i$。这种表示方法是卡尔丹发明的，而这种混成的表式通常称作复数。

---

* 验证如下：

$$(5+\sqrt{-15})+(5-\sqrt{-15})=5+5=10,$$
$$(5+\sqrt{-15})\times(5-\sqrt{-15})$$
$$=(5\times5)+5\sqrt{-15}-5\sqrt{-15}-(\sqrt{-15}\times\sqrt{-15})$$
$$=25-(-15)=25+15=40。$$

虚数闯进数学的领地之后，足足有两个世纪的时间，一直披着一层神秘的、令人不可思议的面纱。直到两位业余数学家给虚数做出了简单的几何解释以后，这层面纱才被揭去。这两个人是：测绘员韦塞尔（Wessel），挪威人；会计师阿尔冈（Robert Argand），法国巴黎人。

按照他们的解释，一个复数，如 3+4i，可以像图 10 那样表示出来，其中 3 是水平方向的坐标，4 是垂直方向的坐标。

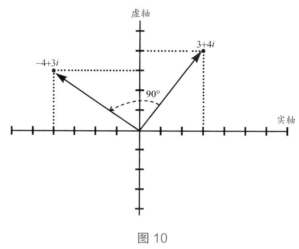

图 10

所有的实数（正数和负数）都对应于横轴上的点，纯虚数则对应于纵轴上的点。当我们把位于横轴上的实数 3 乘以虚数单位 i 时，就得到位于纵轴上的纯虚数 3i。因此，一个数乘以 i，在几何上相当于逆时针旋转 90°（图 10）。

如果把 3i 再乘以 i，则又须再逆转 90°，这一下又回到横轴上，不过却位于负数那一边了，因为

$$3i \times i = 3i^2 = -3,$$

或

$$i^2 = -1。$$

"i 的平方等于−1"这个说法，比"两次旋转 90°（都逆时针进行）便变成

31

反向"更容易理解。

这个规则同样适用于复数。把 3+4i 乘以 i，得到

$$（3+4i）i=3i+4i^2=3i-4=-4+3i。$$

从图 10 可立即看出，$-4+3i$ 正好相当于 3+4i 这个点绕原点逆时针旋转了 90°。同样的道理，一个数乘上 $-i$ 就是它绕原点顺时针旋转 90°。这一点从图 10 也能看出。

如果你现在仍然觉得虚数披着神秘的面纱，那么，让我们通过一个简单的、包含有虚数的实际应用的习题来把这层面纱揭去吧！

从前，有个富于冒险精神的年轻人，在他曾祖父的遗物中发现了一张羊皮纸，上面指出了一项宝藏。它是这样写的：

乘船至北纬____、西经____*，即可找到一座荒岛。岛的北岸有一大片草地。草地上有一棵橡树和一棵松树**。还有一座绞架，那是我们过去用来吊死叛变者的。从绞架走到橡树，并记住走了多少步；到了橡树向右拐个直角再走这么多步，在这里打个桩；然后回到绞架那里，朝松树走去，同时记住所走的步数；到了松树向左拐个直角再走这么多步，在这里也打个桩。在两个桩的正当中挖掘，就可找到宝藏。

这道指示很清楚、明白。所以，这个年轻人就租了一条船开往目的地。他找到了这座岛，也找到了橡树和松树，但令他大失所望的是，绞架不见了。经过长时间的风吹日晒雨淋，绞架已糟烂归土，一点痕迹也看不出来了。

我们这位年轻的冒险家陷入了绝望。狂乱中，他在地上乱掘起来。但是，地方太大了，一切只是白费力气。他只好两手空空、启帆回程。因此，那些宝藏恐怕还在那岛上埋着呢！

―――――――――――――――

* 为不泄密起见，文件上的实际经纬度，已予删去。

** 出于同样的理由，树的种类在这里也改变了，在位于热带地区的宝岛上，显然会有好多种树的。

这是一个令人伤心的故事，然而，更令人伤心的是，如果这个小伙子懂点数学，特别是虚数，他本来是有可能找到这宝藏的。现在我们来为他找找看，尽管已经为时太晚，于事无补了。

我们把这个岛看成一个复数平面。过两棵树干画一轴线（实轴），过两树中点与实轴垂直作虚轴（图 11），并以两树距离的一半作为长度单位。这样，橡树位于实轴上的−1 点上，松树则在+1 点上。我们不晓得绞架在何处，不妨用大写的希腊字母 Γ（这个字母的样子倒像个绞架！）表示它的假设位置。这个位置不一定在两根轴上，因此，Γ 应该是个复数，即

$$\Gamma = a + bi。$$

现在来搞点小计算，同时别忘了我们前面讲过的虚数的乘法。既然绞架在 Γ，橡树在−1，两者的距离和方位便为

$$-1 - \Gamma = -(1 + \Gamma)。$$

图 11　用虚数来帮我们找宝藏

同理，绞架与松树相距 $1-\Gamma$。将这两段距离分别顺时针和逆时针旋转 $90°$，也就是按上述规则把两个距离分别乘以 $-i$ 和 i，这样便得出两根桩的位置为：

第一根：$(-i)[-(1+\Gamma)]+1=i(\Gamma+1)+1$，

第二根：$(+i)(1-\Gamma)-1=i(1-\Gamma)-1$。

宝藏在两根桩的正中间，因此，我们应该求出上述两个复数之和的一半，即

$$\frac{1}{2}[i(\Gamma+1)+1+i(1-\Gamma)-1]$$

$$=\frac{1}{2}(i\Gamma+i+1+i-i\Gamma-1)=\frac{1}{2}(2i)=i。$$

现在可以看出，Γ 所表示的未知绞架的位置已在运算过程中消失了。不管这绞架在何处，宝藏都在 $+i$ 这个点上。

瞧，如果我们这位年轻的探险家能做这么一点点数学运算，他就无须在整个岛上挖来挖去，他只要在图 11 中打"×"处一挖，就可以把宝藏弄到手了。

如果你还是不相信要找到宝藏，可以完全不知道绞架的位置，不妨拿一张纸，画上两棵树的位置，再在不同的地方，假设几次绞架的位置，然后按羊皮纸文件上的方法去做。不管做多少次，你一定总是得到复数平面中 $+i$ 那个位置！

依靠 -1 的平方根这个虚数，人们还找到了另一个宝藏，这就是发现普通的三维空间可以和时间结合，从而形成遵从四维几何学规律的四维空间。下一章在介绍爱因斯坦的思想和他的相对论时，我们将再讨论这一发现。

part 2

ONE TWO THREE... INFINITY

空间、时间与爱因斯坦

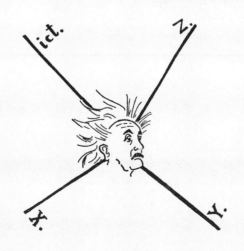

第三章　空间的不寻常的性质

一、维数和坐标

　　大家都知道什么叫空间，不过，如果要抠抠这个词的准确意义，恐怕又会说不出个所以然来。你大概会这样说：空间乃包含万物，可供万物在其中上下、前后、左右运动者也。三个互相垂直的独立方向的存在，描述了我们所处的物理空间的最基本的性质之一；我们说，这个空间是三个方向的，即三维的。空间的任何位置都可利用这三个方向来确定。如果我们到了一座不熟悉的城市，想找某一家有名商号的办事处，旅店服务员就会告诉你："向南走过 5 个街区，然后往右拐，再过 2 个街区，上第 7 层楼。"这三个数一般称为坐标。在这个例子里，坐标确定了大街、楼的层数和出发点（旅店前厅）的关系。显然，从其他任何地方来判别同一目标的方位时，只要采用一套能正确表达新出发点和目标之间的关系的坐标就行了。并且，只要知道新、老坐标系统的相对位置，就可以通过简单的数学运算，用老坐标来表示出新坐标。这个过程叫作坐标变换。这里得说明一句，三个坐标不一定非得是表示距离的数不可，在某些情况下，用角度当坐标要方便得多。

　　举例来说，在纽约，位置往往用街和马路来表示，这是直角坐标；在莫斯科，则要换成极坐标，因为这座城市是围绕克里姆林宫中心城堡建设起来的。

从城堡辐射出若干街道，环城堡又有若干条同心的干路。这时，如果说某座房子位于克里姆林宫正东北方向第二十条马路上，当然会更容易表达清楚。

图 12 给出了几种用三个坐标表示空间中某一点的位置的方法，其中有的坐标是距离，有的坐标是角度。但不论什么系统，都需要三个数。因为我们所研究的是三维空间。

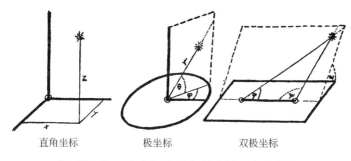

直角坐标　　　极坐标　　　双极坐标

图 12　用三个坐标表示空间中某一点的位置

对于我们这些具有三维空间概念的人来说，要想象比三维多的多维空间是困难的，而想象比三维少的低维空间则是容易的。一个平面，一个球面，或不管什么面，都是二维空间，因为对于面上的任意一点，只要用两个数就可以描述。同理，线（直线或曲线）是一维的，因为只需一个数便可以描述线上各点的位置。我们还可以说，点是零维的，因为在一个点上没有第二个不同的位置。可是话说回来，谁对点感兴趣呢！

作为一种三维的生物，我们觉得很容易理解线和面的几何性质，这是因为我们能"从外面"观察它们。但是，对三维空间的几何性质，就不那么容易理解了，因为我们是这个空间的一部分。这也能解释为什么我们不费什么事就理解了曲线和曲面的概念，而一听说有弯曲的三维空间就大吃一惊。

但是，只要通过一些实践去了解"曲率"这个词的真正含义，你就会发现弯曲三维空间的概念其实是很简单的，而且到下一章结束时，（我们希望）你甚至能轻轻松松地谈及一个乍看起来似乎十分可怕的概念——那就是弯曲的四维空间。

不过，在讨论弯曲的三维空间之前，还是先来做几节有关一维曲线、二维曲面和普通三维空间的脑力操吧！

二、不量尺寸的几何学

你在学校里早就与几何学*搞得很熟了。在你的记忆中，这是一门空间量度的科学，它的大部分内容，是一大堆叙述长度和角度的各种数值关系的定理（例如，毕达哥拉斯定理就是叙述直角三角形三边长度的关系的）。然而，空间的许多最基本的性质，却根本用不着测量长度和角度。几何学中有关这一类内容的分支叫作拓扑学**。

现在举一个简单的典型拓扑学的例子。设想有一个封闭的几何面，比如说一个球面，它被一些线分成许多区域。我们可以这样做：在球面上任选一些点，用不相交的线把它们连接起来。那么，这些点的数目、连线的数目和区域的数目之间有什么关系呢？

首先，十分明显的一点是：如果把这个圆球挤成南瓜样的扁球，或拉成黄瓜那样的长棍，那么，点、线、块的数目显然还和圆球时的数目一样。事实上，我们可以取任何形状的闭曲面，就像随意拉、挤、压、扭一个气球时所能得到的那些曲面（但不能把气球撕裂或割破）一样。这时，上述问题的提法和结论都没有丝毫改变。而在一般几何学中，如果把一个正方体变成

---

* "几何学"（geometry）这个名词出自两个希腊文 ge（地球或地面）和 metrein（测量）。很明显，在构造这个词的时候，古希腊人对这门学科的兴趣是同他们的实际房产联系在一起的。

** "拓扑学"（topology）这个名词在拉丁文和希腊文中的意思都是定位研究。

平行六面体，或把球形压成饼形，各种数值（如线的长度、面积、体积等）都会发生很大变化。这一点是两种几何学的很大不同之处。

　　我们现在可以将这个划分好的球的每一区域都展平，这样，球体就变成了多面体（图13），相邻区域的界线变成了棱，原先挑选的点就成了顶点。

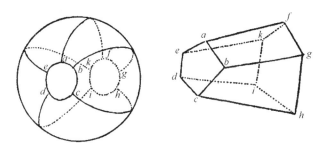

图 13　一个划分成若干区域的球面变成一个多面体

　　这样一来，我们刚才那个问题就变成（本质上没有任何改变）：一个任意形状的多面体的面、棱和顶点的数目之间有什么关系？

　　图 14 列出了 5 种正多面体（即所有各个面都有同样多的棱和顶点）和一个随意画出的不规则多面体。

　　我们可以数一数这些几何体各自拥有的顶点数、棱数和面数，看看它们之间有没有什么关系。

　　数一数以后，我们得到下面的表。

多面体名称	顶点数 V	棱数 E	面数 F	$V+F$	$E+2$
四面体	4	6	4	8	8
六面体	8	12	6	14	14
八面体	6	12	8	14	14
二十面体	12	30	20	32	32
十二面体	20	30	12	32	32
"古怪体"	21	45	26	47	47

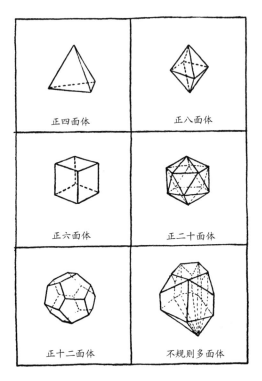

图 14　5 种正多面体（只可能有这 5 种）和一个不规则多面体

　　第二列到第四列的数据，乍一看好像没有什么相互关系。但仔细研究一下就会发现，顶点数和面数之和总是比棱数大 2。因此，我们可以写出这样一个关系式：

$$V+F=E+2。$$

　　这个关系式是适用于任何多面体还是只适用于图 14 上这几个特殊的多面体呢？你不妨再画几个其他样子的多面体，数数它们的顶点数、棱数和面数。你会发现，结果还是一样。可见，$V+F=E+2$ 是拓扑学的一个普遍适用的数学定理，因为这个关系式并不涉及棱的长短或面的大小的量度，它只牵涉几个几何学单位（顶点、棱、面）的数目。

　　这个关系是 17 世纪法国数学家笛卡儿（René Descartes）最先注意到

的，它的严格证明则由另一位数学大师欧拉做出。这个定理现在被称为欧拉定理。

下面就是欧拉定理的证明，引自柯朗（R.Courant）和罗宾斯（H.Robbins）的著作《数学是什么？》*。我们可以看一看，这一类型的定理是如何证明的。

为了证明欧拉的公式，我们可以把给定的简单多面体想象成用橡皮薄膜做成的中空体［图15（a）］。假设我们割去它的一个面，然后使它变形，把它摊成一个平面［图15（b）］。当然，这么一来，面积和棱间的角度都会改变。然而这个平面网络的顶点数和边数都与原多面体一样，而多边形的面数则比原来多面体的面数少了一个（因为割去了一个面）。下面我们将证明，对于这个平面网络，$V-E+F=1$。这样，加上割去的那个面以后，结果就成为：对于原多面体，$V-E+F=2$。

首先，我们把这个平面网络"三角形化"，即给网络中不是三角形的多边形加上对角线。这样，E 和 F 的数目都会增加。但由于每加一条对角线，E 和 F 都增加 1，因此 $V-E+F$ 仍保持不变。这样添加下去，最后，所有的多边形都会变成三角形［图15（c）］。在这个"三角形化"了的网络中，$V-E+F$ 仍和"三角形化"以前的数值一样，因为添加对角线并不改变这个数值。

有一些三角形位于网络边缘，其中有的（如△ABC）只有一条边位于边缘，有的则可能有两条边。我们依次把这些边缘三角形的那些不属于其他三角形的边、顶点和面拿掉［图15（d）］。这样，从△ABC，我们拿去了 AC 边和这个三角形的面，只留下顶点 A、B、C 和两条边 AB、BC；从△DEF，我们拿去了平面、两条边 DF、FE 和顶点 F。

在△ABC 式的去法中，E 和 F 都减少 1，但 V 不变，因而 $V-E+F$ 不变。

---

* 对本书中所举的拓扑学基本范例感兴趣的读者，可在《数学是什么？》（*What is Mathematics?*）一书中找到详尽的叙述。

在△DEF 式的去法中，V 减少 1，E 减少 2，F 减少 1，因而 V–E+F 仍不变。以适当方式逐个减少这些边缘三角形，直到最后只剩下一个三角形。一个三角形有三条边、三个顶点和一个面。对于这个简单的网络，V–E+F=3–3+1=1，我们已经知道，V–E+F 并不随三角形的减少而改变，因此，在开始的那个网络中，V–E+F 也应该等于 1。但是，这个网络又比原来那个多面体少一个面，因此，对于完整的多面体，V–E+F=2。这就证明了欧拉的公式。

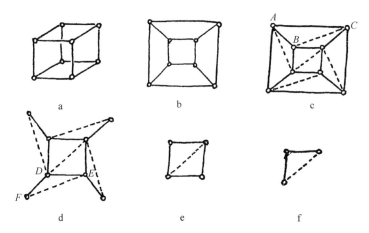

图 15　欧拉定理的证明。图中所示的是正方体的情况，
但所得到的结果对任意多面体来说都是成立的

欧拉公式的一条有趣的推论就是：只可能有 5 种正多面体存在，就是图 14 中的那 5 种。

如果把前面几页的讨论仔细推敲一下，你可能就会注意到，在画出图 14 上所示的各种不同的多面体，以及在用数学推理证明欧拉定理时，我们都做了一个内在假设，它使我们在选择多面体时受了相当的限制。这个内在假设就是：多面体必须没有任何透眼。所谓透眼，不是气球上撕去一块后所成的形状，而是像面包圈或橡皮轮胎正中的那个窟窿的模样。

这只要看看图 16 就清楚了。这里有两种不同的几何体，它们和图 14 所示的一样，也都是多面体。

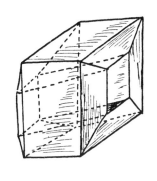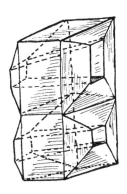

图 16　两个有透眼的立方体，它们分别穿有一个和两个透眼。这两个立方体的各面不都是矩形，但我们知道，这在拓扑学中是无关紧要的

现在我们来看看，欧拉定理对这两个新的多面体适用不适用。

在第一个几何体上，可数出 16 个顶点、32 条棱和 16 个面；这样，$V+F=32$，而 $E+2=34$，欧拉定理不适用了。第二个几何体有 28 个顶点、60 条棱和 30 个面；$V+F=58$，$E+2=62$，欧拉定理也不适用。

为什么会这样呢？我们对欧拉定理做一般证明时的推理对于这两个例子错在哪里呢？

错就错在：我们以前所考虑到的多面体可以看成一个球胆或气球，而现在这种新型多面体却应看成橡皮轮胎或更为复杂的橡胶制品。对于这类多面体，无法进行上述证明过程所必需的步骤——"割去它的一个面，然后使它变形，把它摊成一个平面"。

如果是一个球胆，那么，用剪刀剪去一块之后，就很容易完成这个步骤。但对一个轮胎，却无论如何也不会成功。要是图 16 还不能使你相信这一点，找个旧轮胎动手试试也可以！

但是不要认为对于这类较为复杂的多面体，V、E 和 F 之间就没有关系了。关系是有的，不过与原来不同就是了。对于面包圈式的，说得科学一点，即对于环状圆纹曲面形的多面体，$V+F=E$；而对于那种蜜麻花形的，则$V+F=E-2$。一般说来，$V+F=E+2-2N$，N 表示透眼的个数。

另一个典型的拓扑学问题与欧拉定理密切有关，它是所谓"四色问题"。假设有一个球面划分成若干区域，把这个球面涂上颜色，要求任何两个相邻的区域（即有共同边界的区域）不能涂上同一种颜色。问：完成这项工作最少需要几种颜色？很容易看出，两种颜色一般来说是不够用的。因为当三条边界交于一点时，比如美国的弗吉尼亚、西弗吉尼亚和马里兰三州的地图，见图 17（a），就需要三种颜色。

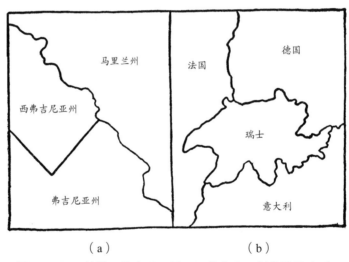

（a）　　　　　　　　　　（b）

图 17　马里兰州、弗吉尼亚州和西弗吉尼亚州的地图（a）
及瑞士、法国、德国、意大利的地图（b）

要找到需要四种颜色的例子也不难，图 17（b）是过去德国吞并奥地利时的瑞士地图*。

但是，随便你怎么画，也得不到一幅非得用四种以上颜色不可的地图，

---

* 德国占领前用三种颜色就够了：给瑞士涂绿色，给法国和奥地利涂红色，给德国和意大利涂黄色。

无论在球面上还是在平面上都是如此*。看来，不管是多么复杂的地图，四种颜色就足以避免边界两边的区域相混了。

不过，如果这种说法是正确的，就应该能够从数学上加以证明。然而，虽经几代数学家的努力，这个问题至今仍未解决。这是那种实际上已无人怀疑但也无人能证明的数学问题的又一个典型实例。现在，我们只能从数学上证明有五种颜色就够了。这个证明是将欧拉关系式应用于国家数、边界数和数个国家碰到一块的三重、四重等交点数而得出的。

这个证明的过程太复杂，写出来会离题太远，在这里就不赘述了。读者可以在各种拓扑学的书中找到它，并借以度过一个愉快的晚上（说不定还得一夜不眠）。如果有谁能够证明无须 5 种，而只用 4 种颜色就足以给任何地图上色，或研究出一幅 4 种颜色还不够用的地图，那么，不论哪一种成功了，他的大名都会在纯粹数学的年鉴上出现 100 年之久**。

说来好笑，这个上色问题，在球面和平面的简单情况下怎么也证不出来；而在复杂的曲面，如面包圈形和蜜麻花形中，却比较顺利地得到了证明。比如，在面包圈形中已经得出结论说，不管它怎样分划，要使相邻区域的颜色不致相同，至少需要 7 种颜色。这样的实例也做出来了。

读者不妨再费点脑筋，找一个充气轮胎，再弄到 7 种颜色的油漆，给轮胎上漆，使每一色漆块都和另外 6 种颜色的漆块相邻。如果做到这一点，就可以声称自己对面包圈形曲面确实心里"有谱"了。

三、把空间翻过来

到目前为止，我们所讨论的都是各种曲面，也就是二维空间的拓扑学

---

* 平面上和球面上的地图着色问题是相同的。因为，当把球面的地图上色问题解决之后，我们就能在某一种颜色的地区开一个小洞，然后把整个球面"摊开"成一个平面，这还是上面那种典型的拓扑学变换。

** 这个问题已在 20 世纪 70 年代用计算机解决了。——译者

性质。我们同样也可以对我们生存在内的这个三维空间提出类似的问题。这么一来，地图着色问题在三维情况下就变成了：用不同的物质制成不同形状的镶嵌体，并把它们拼成一块，使得没有两块同一种物质制成的子块有共同的接触面，那么，需要用多少种物质？

什么样的三维空间对应于二维的球面或环状圆纹曲面呢？能不能设想出一些特殊空间，它们与一般空间的关系正好同球面或环状面与一般平面的关系一样？乍一看，这个问题似乎提得很没有道理，因为尽管我们能很容易地想出许多式样的曲面来，却一直倾向于认为只有一种三维空间，即我们所熟悉并在其中生活的物理空间。然而，这种观念是危险的，是有欺骗性的。只要发动一下想象力，我们就能想出一些与欧几里得几何教科书中所讲述的空间大不相同的三维空间来。

要想象这样一些古怪的空间，主要的困难在于，我们本身也是三维空间中的生物，我们只能"从内部"来观察这个空间，而不能像在观察各种曲面时那样"从外部"去观察。不过，我们可以通过做几节脑力操，使自己在征服这些怪空间时不致过于困难。

首先让我们建立一种性质与球面相类似的三维空间模型。球面的主要性质是：它没有边界，却具有确定的面积；它是弯曲的，自我封闭的。能不能设想一种同样自我封闭，从而具有确定体积而无明显界面的三维空间呢？

设想有两个球体，各自限定在自己的球形表面内，如同两个未削皮的苹果一样。现在，设想这两个球体"互相穿过"，沿外表面粘在一起。当然，这并不是说，两个物理学上的物体，如苹果，能被挤得互相穿过并把外皮粘连在一起。苹果哪怕是被挤成碎块，也不会互相穿过的。

或者，我们不妨设想有个苹果，被虫子吃出弯曲盘结的隧道来。要设想有两种虫子，比如说一种黑色的和一种白色的，它们互相憎恶、互相回避，因此，苹果内两种虫蛀的隧道并不相通，尽管在苹果皮上它们可以从紧挨着的两点蛀食进去。这样一个苹果，被这两条虫子蛀来蛀去，就会像图 18 那样，出现互相紧紧缠结、布满整个苹果内部的双股隧道。但是，尽管黑虫和白虫的隧道可以很接近，但要想从这两座迷宫中的任一座跑到另一座去，都必须先走到表面才行。如果设想隧道越来越细，数目越来越多，最后就会在苹果内得到互相交错的两个独立空间，它们仅仅在公共表面上相连。

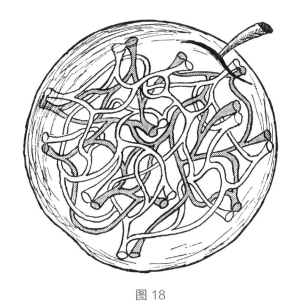

图 18

如果你不喜欢用虫子作例子，不妨设想一种类似纽约的世界贸易大厦这座巨大球形建筑里的那种双过道双楼梯系统。设想每一套楼道系统都盘过整个球体，但要从其中一套的一个地点到达邻近一套的一个地点，只能先走到球面上两套楼道会合处，再往里走。我们说这两个球体互相交错而不相妨碍。你和你的朋友可能离得很近，但要见见面、握握手，却非得兜一个好大的圈子不可！必须注意，两套楼道系统的连接点实际上与球内的各点并没有什么不同之处，因为你总是可以把整个结构变变形，把连接点弄到里面去，把原先在里面的点弄到外面来。还要注意，在这个模型中，尽管两套楼道的总长度是确定的，却没有"死胡同"。你可以在楼道中走来走去，绝不会被墙壁或栅栏挡住；只要你走得足够远，就一定会在某个时候重新回到你的出发点。如果从外面观察整个结构，你可以说，在这座迷宫里行走的人总会回到出发点，只不过是由于楼道逐渐弯曲成球形。但是对于处在内部而且不知"外部"为何物的人来说，这个空间就表现为具有确定大小而无明确边界的东西。我们在下一章将会看到，这种没有明显边界然而并非无限的"自我封闭的三维空间"在一般地讨论宇宙的性质时是非常有用的。事实上，过去用功能最强大的望远镜所进行的观察似乎表明了，在我们视线的边缘这样远的距离上，宇宙好像开始弯曲了，这显示出它有折回来自我封闭的明显趋势，就像那个被蛀食出隧道的苹果的例子一样。不过，在研究这些令人兴奋的问题之前，我们还得再知道空间的其他性质。

我们跟苹果和虫子的交道还没有打完。下一个问题是：能否把一个被虫子蛀过的苹果变成一个面包圈。当然，这并不是说把苹果变成面包圈的味道，而只是说形状变得一样——我们所研究的是几何学，而不是烹饪法。让我们取一个前面讲过的"双苹果"，也就是两个"互相穿过"并且表皮"粘连在一起"的苹果。假设有一只虫子在其中一个苹果里蛀出了一条环形隧道，如图 19 所示。记住，是在一个苹果里蛀的。所以，在隧道外的每一点都是属于两个苹果的双重点，而在隧道内则只有那个未被蛀过的苹果的物质。这个"双苹果"现在有了一个由隧道内壁构成的自由表面［图 19（a）］。

假设苹果具有很大的可塑性，怎么捏就怎么变形，那么在要求苹果不发生裂口的条件下，能否把这个被虫子蛀过的苹果变成面包圈呢？为了便于操作，可以把苹果切开，不过在进行必要的变形后，还应把原切口粘起来。

首先，我们把粘住这"双苹果"的果皮的胶质去除，将两个苹果分开

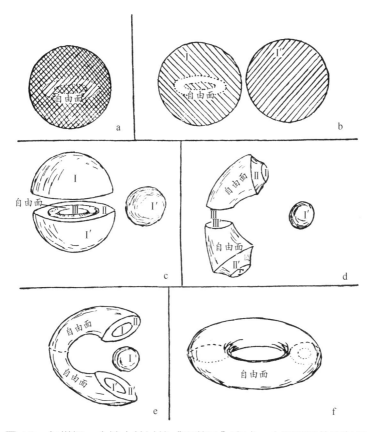

图 19 怎样把一个被虫蛀过的"双苹果"变成一个顶呱呱的面包圈

［图 19（b）］。用Ⅰ和Ⅰ′这两个数字表示这两张果皮，以便在下面各步骤中盯住它们，并在最后重新把它们粘起来。然后，把那个被蛀出一条隧道的苹果沿隧道切开［图 19（c）］。这一下又切出两个新面来，记之以Ⅱ、Ⅱ′和Ⅲ、Ⅲ′，将来，还是要把它们粘回去的。现在，隧道的自由面显示出来了，它应该成为面包圈的自由面。好，现在就按图 19（d）的样子来摆弄这几块零碎儿。现在这个自由面被拉伸成很大一块了（不过，按照我们的假定，这种物质是可以任意伸缩的）。而切开的面Ⅰ、Ⅱ、Ⅲ的尺寸都变小了。与此同时，我们也对第二个苹果进行"手术"，把它缩小成樱桃那么大。现

在开始往回粘。第一步先把Ⅲ、Ⅲ′粘上，这很容易做到，粘成后如图19（e）所示。第二步把被缩小的苹果放在第一个苹果所形成的两个夹口中间。收拢两夹口，球面Ⅰ就和Ⅰ′重新粘在一起，被切开的面Ⅱ和Ⅱ′也再结合起来。这样一来，我们就得到了一个苹果面包圈，光溜溜的，多么精致！

做这些有什么用呢？

没有什么用，只不过让你做做脑力操，体会一下什么是想象的几何学，有助于理解弯曲空间和自我封闭空间这类不寻常的东西。

如果你愿意让自己的想象力走得更远一些，那么，我们可以来看看上述做法的一个"实际应用"。

你大概从来也没有意识到过自己的身体也具有面包圈的形状吧！事实上，任何生命有机体，在其发育的最初阶段（胚胎阶段）都经历过"胚囊"这一过程。在这个阶段，它呈球形，当中横贯着一条宽阔的通道。食物从通道的一端进入，被生命体摄取了有用成分以后，剩下的物质从另一端排出。到了发育成熟的阶段，这条内部通道就变得越来越细，越来越复杂，但最主要的性质依然如故，面包圈形体的所有几何性质都没有改变。

好啦，既然你自己也是个"面包圈"，那么，现在试试按照图19的逆过程把它翻回去——把你的身体（在思维中）变成内部有一条通道的"双苹果"。你会发现，你身体中各个彼此有些交错的部分组成了这个"双苹果"的果体，而整个宇宙，包括地球、月亮、太阳和星星，都被挤进了内部的环形隧道（图20）！

你还可以试着画画看，看能画成什么样子。如果你画得不错，那就连达利*本人也要承认你是超现实派的绘画权威了！

这部分篇幅已经够长了，但我们还不能就此结束，还得讨论一下左手系和右手系物体，以及它们与空间的一般性质的关系。这个问题从一副手套讲

---

* 达利（Salvador Dali），西班牙超现实主义派画家。——校者

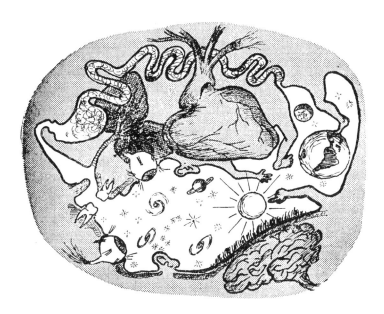

图 20　翻过来的宇宙。这幅超现实的图所画的是一个人在地球表面上行走，并抬
头看着星星。这幅画是用图 19 所示的方法进行拓扑学变换的。地球、太阳和星星
　　等都被挤进了人体内的一个狭窄的环形通道里，它们的四周是人体的内部器官

起最为便当。一副手套有两只，把它们比较一下就会发现，它们的所有尺寸
都相同，然而，两只手套却有极大的不同（图 21）：你决不能把左手那只
戴到右手上，也不能把右手那只套在左手上。你尽管把它们扭来转去，但左
手套永远是左手套，右手套永远是右手套。另外，在鞋子的形状上，在汽车
的操纵系统（美国的和英国的）上*，在高尔夫球棒上和许多其他物体上，
都可以看到左手系和右手系的区别。

　　另一方面，有些东西，如礼帽、网球拍等许多物体，就不存在这种差别。
没有人会蠢到想去商店里买几只左手用的茶杯；如果有人叫你找邻居去借
一把左手用的活动扳手，那也纯粹是在作弄人。那么，这两类物体有什么区

---

* 在英国，车辆靠道路左侧行驶，在美国和我国车辆靠道路右侧行驶。因此，司机的位
置不同，在英国开车时，司机位于右半边（顺行进方向看时）；而在美国开车时，司机
则位于左半边，都在靠近马路中线一侧。——译者

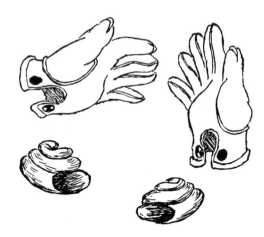

图 21　右手系和左手系的物体。它们看起来非常相像，但是极为不同

别呢？你想一想就会发现，在礼帽和茶杯等一类物体上都存在一个对称面，
沿这个面可将物体切成两个相等的部分。手套和鞋子就不存在这种对称面。
你不妨试一试，无论怎么切，都不能把一只手套切成两个完全相同的部分。
如果某一类物体不具有对称面，我们就说它们是非对称的，而且就能据此
把它们分成两类——左手系的与右手系的。这两系的差别不仅在手套这些
人造的物体上表现出来，在自然界中也普遍存在。例如，存在着两种蜗牛，
它们在其他各个方面都一样，唯独给自己盖房子的方式不同：一种蜗牛的
壳呈顺时针螺旋形，另一种呈逆时针螺旋形。就是在分子这种组成一切物
质的微粒中，也和左、右手手套和蜗牛壳的情况一样，往往有左旋和右旋两
种形态。当然，分子是肉眼看不见的，但是，这类分子所构成的物质的结晶
形状和光学性质，都显示出这种不对称性。例如，糖就有两类：左旋糖和右
旋糖；还有两类吃糖的细菌，每一类只吞吃与自己同类的糖，信不信由你。

　　从上述内容来看，要想把一个右手系物体（比如一只右手套）变成左手
系物体，似乎是完全不可能的。真的是这样吗？能不能想象出某种可以实
现这种变化的奇妙空间呢？让我们从生活在平面上的扁片人的角度来解答
这个问题，因为这样做，我们能站在较为优越的三维的地位上来考察各个

方面。请看图 22，该图描绘了扁片国——即仅有两维的空间——的几个可能的代表。那个手里提着一串葡萄站立的人可以叫作"正面人"，因为他只有"正面"而没有"侧身"。他旁边的动物则是一头"侧身驴"，说得更严格一点，是一头"右侧面驴"。当然，我们也能画出一头"左侧面驴"来。这时，由于两头驴都局限在这个面上，从两维的观点来看，它们的不同正如在三维空间中的左、右手手套一样。你不能使左、右两头驴头并头地叠在一起，因为如果要它们鼻子挨着鼻子、尾巴挨着尾巴，其中就得有一头翻个肚皮朝天才行，那它可就双脚朝天，无法立足喽！

图 22　生活在曲面上的二维"扁片生物"就是这个样子的。不过，这类生物很不"现实"。那个人有正面而无侧面，他不能把手里的葡萄放进自己嘴里。那头驴吃起葡萄来倒是挺便当，但它只能朝右走。如果它要向左走，就只好退着走。驴子倒是常往后退的，不过这毕竟不那么像样

不过，如果把一头驴从面上取下来，在空间中掉转一下，再放回面上去，两头驴就都一样了。与此相似，我们也可以说，如果把一只右手手套从我们这个空间中拿到四维空间中，用适当的方式旋转一下再放回来，它就会变成一只左手手套。但是，我们这个物理空间并没有第四维存在，所以必须认为上述方法是不可能实现的。那么，有没有别的方法呢？

让我们还回到二维世界上来。不过，我们要把图 22 那样的一般平面，
换成所谓莫比乌斯（Möbius）面。这种曲面是以一个世纪以前第一个对这种
面进行研究的德国数学家的名字来命名的。它很容易得到：拿一长条普通
纸，把一端拧一个弯后，将两端对粘成一个环。从图 23 上可看出这个环该
如何做。这种面有许多特殊的性质，其中有一点是很容易发现的：拿一把剪
刀沿平行于边缘的中线剪一圈（沿图 23 上的箭头方向），你一定会以为，
这一来会把这个环剪成两个独立的环；但做一下看看，你就会发现自己想
错了：得到的不是两个环，而是一个环，它比原来那个长一倍，窄一半！

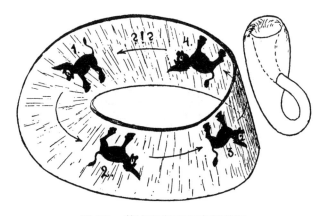

图 23　莫比乌斯面和克莱茵瓶

让我们看看，一头扁片驴沿莫比乌斯面走一圈会发生什么。假定它从
图 23 上的位置 1 开始，这时看来它是头左侧面驴。从图上可清楚地看出，
它走啊走，越过了位置 2、位置 3，最后又接近了出发点。但是，不单是你
觉得奇怪，连它自己也觉得不对劲，它竟然处在蹄子朝上的古怪位置。当
然，它能在面内转一下，蹄子又落了地，但这样一来，头的方向又不对了。

总之，当沿莫比乌斯面走一圈后，左侧面驴就变成了右侧面驴。要记
住，这是在驴子一直处在面上而从未被取出来在空间旋转的情况下发生的。
于是我们发现，在一个扭曲的面上，左、右手系物体都可在通过扭曲处时发

生转换。图 23 所示的莫比乌斯面是被称作"克莱茵瓶"的更一般性的曲面的一部分（克莱茵瓶如图 23 右边所示）。这种"瓶"只有一个面，它自我封闭而没有明显的边界。如果这种面在二维空间内是可能的，那么，同样的情况也能在三维空间中发生，当然，这要求空间有一个适当的扭曲。要想象空间中的莫比乌斯扭曲自然绝非易事。我们不能像看扁片驴那样从外部来看我们自己的这个空间，而从内部看又往往是看不清的。但是，天文空间并非不可能自我封闭并有一个莫比乌斯式扭曲的。

如果情况确实如此，那么，环游宇宙的旅行家将会带着一颗位于右胸腔内的心脏回到地球上来。手套和鞋子制造商兴许能因简化生产过程而获得一些好处，因为他们只需要制造清一色的鞋子和手套，然后把一半产品装入飞船，让它们绕行宇宙一周，这样它们就能套进另一边的手脚了。

我们就用这个奇想来结束有关不寻常空间的不寻常性质的讨论吧！

第四章 四维世界

一、时间是第四维

第四维经常被认为是很神秘、很值得怀疑的。我们这些只有宽度、厚度和高度的生物，怎么竟敢奢谈什么四维空间呢？我们三维的头脑能想象出四维的情景吗？一个四维的正方体或四维的球体该是什么样子呢？当我们说的是"想象"一条鼻里喷火、尾上披鳞的巨龙，或一架设有游泳池并在双翼上有两个网球场的超级客机时，实际上只不过是在头脑里描绘这些东西果真突然出现在我们面前时的样子。我们描绘这种图像的背景，仍然是大家所熟悉的、包括一切普通物体——连同我们本身在内的三维空间。如果说这就是"想象"这个词的含义，那我们就想象不了出现在三维空间背景上的四维物体是什么样子了，正如同我们不可能将一个三维物体压进一个平面那样。不过且慢，我们确实可以在平面上画出三维物体来，因而从某种意义上可以说是将一个三维物体压进了平面。然而，这种压法可不是用水压机或诸如此类的物理力来实现，而是用几何投影的方法进行的。用这两种方法将物体（以马为例）"压进"平面的差别，可以立即从图 24 上看出来。

用类比的方法，现在我们可以说，尽管不能把一个四维物体完完全全"压进"三维空间，但我们能够讨论各种四维物体在三维空间中的"投影"。不过要记住，四维物体在三维空间中的投影是立体图形，如同三维物体在

图 24　把一个三维物体"压进"二维平面的两种方法，
左图是错误的，右图是正确的

平面上的投影是二维图形一样。

为了更好地理解这个问题，让我们先考虑一下，生活在平面上的二维扁片人是如何领悟三维立方体的概念的。不难想象，作为三维空间的生物，我们有一个优越之处，即可以从二维空间的上方，也就是从第三个方向上来观察平面上的世界。将立方体"压进"平面的唯一方法，是用图 25 所示的方法将它"投影"到平面上。旋转这个立方体，可以得到各式各样的投影。观察这些投影，我们那些二维的扁片朋友就多少能对这个叫作"三维立方体"的神秘图形的性质形成某些概念。他们不能"跳出"他们那个面像我们这样看这个立方体。不过仅仅是观看投影，他们也能说出这个东西有 8 个顶点、12 条边，等等。现在请看图 26，你将发现，你和那些只能从平面上捉摸立方体投影的扁片人一样处于困难的境地了。事实上，图中那一家人如此惊愕地研究着的那个古怪复杂的玩意儿，正是一个四维超正方体在我们这个普通三维空间中的投影*。

---

* 更确切地说，图 26 所示的是四维超正方体的三维投影在纸面上的投影。

图 25　二维扁片人正惊奇地观察着三维立方体在他们那个世界上的投影

图 26　四维空间的来客！这是一个四维超正方体的正投影

　　仔细端详图 26 中这个形体，你很容易发现，它与图 25 中令扁片人惊讶不已的图形具有相同的特征：普通立方体在平面上的投影是两个正方形，一个套在另一个里面，并且顶点和顶点相连；超正方体在一般空间中的投影则由两个立方体构成，一个套在另一个里面，顶点也相连。数一数就会知道，这个超正方体共有 16 个顶点、32 条棱和 24 个面。好一个正方体呀，是吧？

让我们再来看看四维球体该是什么样子的。为此，我们最好还是先看一个较为熟悉的例子，即一个普通圆球在平面上的投影。不妨设想将一个标出陆地和海洋的透明球投射到一堵白墙上（图 27）。在这个投影上，两个半球当然重叠在一起，而且从投影上看，美国的纽约和中国的北京离得很近。但这只是个表面印象。实际上，投影上的每一个点都代表球上两个相对的点，而一架从纽约飞往北京的飞机，其投影则先移动到球体投影的边缘，然后再一直退回来。尽管从图上看来，两架飞机的航线相重合，但如果它们"确实"分别在两个半球上飞行，那是不会相撞的。

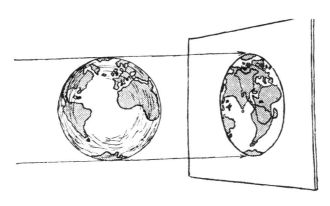

图 27　圆球的平面投影

这就是普通球体平面投影的性质。再发挥一下想象力，我们就不难判断出四维超球体的三维投影的形状。正如普通圆球的平面投影是两个相叠（点对点）、只在外面的圆周上连接的圆盘一样，超球体的三维投影一定是两个互相贯穿并且外表面相连接的球体。这种特殊结构，我们早在上一章中已经讨论过了，不过那时是作为与封闭球面相类似的三维封闭空间的例子提出的。因此，这里只需再补充一句：四维球体的三维投影就是前面讲到的两个沿整个外表皮长在一起的苹果。

同样地，用这种类比的方法，我们能够解答许多有关四维形体其他性质的问题。不过，无论如何，我们也绝不能够在我们这个物理空间内"想象"出第四个独立的方向来。

但是，只要再多思考一下，你就会意识到，把第四个方向看得太神秘是毫无必要的。事实上，有一个我们几乎每天都要用到的字眼，可以用来表示并且也的确就是物理世界的第四个独立的方向，这个字眼就是"时间"。时间经常和空间一起被用来描绘我们周围发生的事件。当我们说到宇宙间发生的任何事情时，无论是说在街上与老朋友邂逅，还是说遥远星体的爆炸，一般都不仅要说出它发生在何处，还要说出它发生在何时。因此，除表示空间位置的三个方向要素之外，又增添了一个要素——时间。

再进一步考虑考虑，你还会很容易地意识到，所有的实际物体都是四维的：三维属于空间，一维属于时间。你所住的房屋就是在长度上、宽度上、高度上和时间上伸展的。时间的伸展从盖房时算起，到它最后被烧毁，或被某个拆迁公司拆掉，或因年久坍塌为止。

不错，时间这个方向要素与其他三维很不相同。时间间隔是用钟表量度的：嘀嗒声表示秒，当当声表示小时；空间间隔则是用尺子量度的。再说，你能用一把尺子来量度长、宽、高，却不能将这把尺子变成一座钟来量度时间；还有，在空间里你能向前、向后、向上走，然后再返回来；但在时间上只能从过去到将来，却不能从现在回到过去。不过，即使有上述区别，我们仍然可以将时间看作物理世界的第四个方向要素，不过，要注意别忘记它与空间不大一样。

在选择时间作为第四维时，采用本章开头所提到的描绘四维形体的方法较为便当。还记得四维形体，比如那个超正方体的投影是多么古怪吧？它居然有 16 个顶点、32 条棱和 24 个面！难怪图 26 上的那些人会那么瞠目结舌地瞪着这个几何怪物了。

不过，从这个新观点出发，一个四维正方体就只是一个存在了一段时间的普通立方体。如果你在 5 月 1 日用 12 根铁丝做成一个立方体，一个月后把它拆掉，那么，这个立方体的每个顶点都应看作沿时间方向有一个月那么长的一条线。你可以在每个顶点上挂一本小日历，每天翻过一页以表示时间的进程。

现在要数出四维形体的棱数就很容易了（图 28）。在它开始存在时有 12 条空间棱，结束时还有这样 12 条*，另外又有描述各个顶点存在时间的 8 条"时间棱"。用同样方法可以数出它有 16 个顶点：5 月 7 日有 8 个空间顶点，6 月 7 日也有 8 个。用同样方法还能数出面的数目，请读者自己练习数一数。不过要记住，其中有一些面是这个普通立方体的普通正方形面，而其他的面则是由于原立方体的棱由 5 月 7 日伸展到 6 月 7 日而形成的"半空间半时间"面。

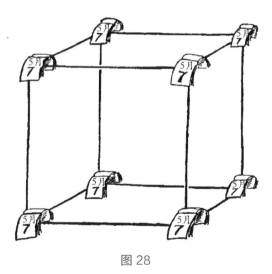

图 28

---

* 如果你不明白这一点，可以设想有一个正方形，它有 4 个顶点和 4 条边。把它沿与 4 条边垂直的方向（第三个方向）移动一段等于边长的距离，就又多出 4 条边了。

这里所讲的有关四维立方体的原则，当然可以应用到任何其他几何体或物体上去，无论它们是活的还是死的。

具体地说，你可以把自己想象成一个四维空间体。这很像一根长长的橡胶棒，从你出生之日延续到你生命结束之时。遗憾的是，在纸上无法画出四维的物体来，所以，我们在图 29 上用一个二维扁片人为例来表现这种想法。这里，我们所取的时间方向是和扁片人所居住的二维平面垂直的。这幅图只表示出这个扁片人整个生命中一个很短暂的部分，至于整个过程则要用一根长得多的橡胶棒来表示：以婴儿开始的那一端很细，在很多年里一直变动着，直到人去世时才有固定不变的形状（因为人死后是不动的），然后开始分解。

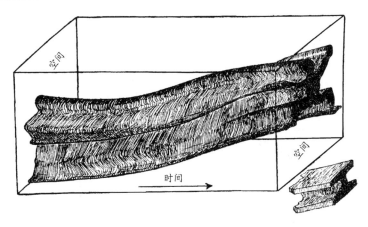

图 29

如果想要更准确些，我们应该说，这个四维棒是由为数众多的一束纤维组成的，每一根纤维是一个单独的原子。在生命过程中，大多数纤维聚在一起成为一群，只有少数在理发或剪指甲时离去。因为原子是不灭的，人去世后，尸体的分解也应考虑为各纤维丝向各个方向飞去（构成骨骼的原子纤维除外）。

在四维时空几何学的词汇中，这样一根表示每一个单独物质微粒历史的线叫作"世界线"*（时空线）。同样，组成一个物体的一束世界线叫作"世界束"。

图 30 是一个表示太阳、地球和彗星的世界线**的天文学例子。如同前面所举的例子一样，我们让时间轴与二维平面（地球轨道平面）垂直。太阳的世界线在图中用与时间轴平行的直线表示，因为我们认为太阳是不动的***。地球绕太阳运动的轨道近似于圆形，它的世界线是一条围绕着太阳世界线的螺旋线。彗星的世界线先靠近太阳的世界线，然后又远离而去。

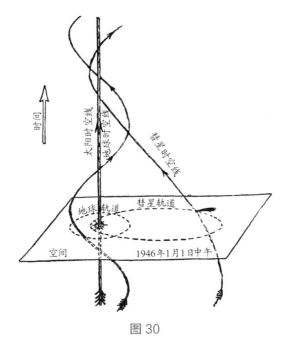

图 30

---

* "世界线"这个名词是本书作者创造和定义的。他在去世前不久写的自传，书名就叫作"我的世界线——一部非正式的自传"。——校者
** 这里说"世界束"较为恰当。不过从天文学角度来看，恒星和行星都可看作点。
*** 实际上，太阳相对于其他恒星来说是在运动着的。因此，如果选用星座作为标准，太阳的世界线将向一个方向倾斜。

我们看到，从四维时空几何学的角度着眼，宇宙的历史和拓扑图形融洽地结合成一体。要研究单个原子、动物或恒星的运动，都只需考虑一束纠结的世界线就行了。

二、时空当量

要把时间看作和空间的三维多少有些等效的第四维，会碰到一个相当困难的问题。在量度长、宽、高时，我们可以统统用同一个单位，如英寸、英尺等。但时间既不能用英寸，也不能用英尺来量度，这时必须使用完全不同的单位，如分钟或小时。那么，它们怎样比较呢？如果面临一个四维正方体，它的三个空间尺寸都是 1 英尺，那么，应该取多长的时间间隔，才能使四个维相等呢？是 1 秒，是 1 小时，还是 1 个月？1 小时比 1 英尺长还是短？

乍一看，这个问题的提出似乎毫无意义。不过，深入思考一下，你就会找到一个比较长度和时间间隔的合理办法。我们常常听到这种说法：某人的住处"搭公共汽车只需 20 分钟"、某某地方"乘火车 5 小时便可到达"，这里，我们把距离表示成某种交通工具走过这段距离所需要的时间。

因此，如果大家同意采用某种标准速度，就能用长度单位来表示时间间隔；反之亦然。很清楚，我们选用来作为时空的基本变换因子的标准速度，必须具备不受人类主观意志和客观物理环境的影响、在各种情况下都保持不变这样一个基本的和普遍的本质。物理学中已知的唯一能满足这种要求的速度是光在真空中的传播速度。尽管人们通常把这种速度叫作"光速"，但不如说是"物质相互作用的传播速度"更恰当些，因为任何物体之间的作用力，无论是电的吸引力还是万有引力，在真空中传播的速度都是相同的。除此之外，我们以后还会看到，光速是一切物质所能具有的速度的上限，没有什么物体能以大于光速的速度在空间运动。

第一次测定光速的尝试是意大利物理学家伽利略（Galileo Galilei）在17世纪进行的。他和他的助手在一个黑沉沉的夜晚到了佛罗伦萨郊外的旷野，随身带着两盏有遮光板的灯，彼此离开几英里站定。伽利略在某个时刻打开遮光板，将一束光向助手的方向射去［图31（a）］。助手已得到指示，一见到从伽利略那里射来的光，就马上打开自己那块遮光板。既然光线从伽利略那里到达助手，再从助手那里折回来都需要一定时间，那么，从伽利略打开遮光板时到看到助手发回的光线，也应有一个时间间隔。实际上，他也确实观察到一个小间隔，但是，当伽利略让助手站到远一倍的地方再做这个实验时，间隔却没有增大。显然，光线走得太快了，走几英里路简直用不了什么时间。至于观察到的那个间隔，事实上是由于伽利略的助手没能在见到光线时立即打开遮光板所造成的——这在今天称为反应延迟。

尽管伽利略的这项实验没有产生任何有意义的成果，但他的另一发现，即木星有卫星，却为后来首次真正测定光速的实验提供了基础。1675年，丹麦天文学家罗默（Olaus Roemer）在观察木星卫星的蚀时，注意到木星卫星消失在木星阴影里的时间间隔逐次有所不同，它随木星和地球之间的距离在各次卫星蚀时的不同而变长或变短。罗默当即意识到［你在研究图31（b）以后也会看出］，这种效应不是由于木星的卫星运动得不规则，而是由于当木星和地球距离不同时，所看到的卫星蚀在路上传播所需要的时间不同。从他的观测得出，光速大约为185 000英里/秒。难怪当初伽利略用他那套设备测不出来了，因为光线从他的灯传到助手那里再回来，只需要十万分之几秒的时间啊！

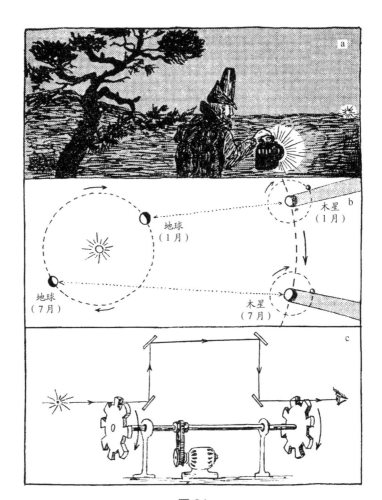

图 31

不过，用伽利略这套粗糙的遮光灯所做不到的，后来用更精密的物理仪器做到了。在图 31（c）上，我们看到的是法国物理学家菲佐（Fizeau）首先采用的短距离测定光速的设备。它的主要部件是安在同一根轴上的两个齿轮，两个齿轮的安装正好使我们在沿轴的方向从一头看去时，第一个齿轮的齿对着第二个齿轮的齿缝。这样，一束很细的光沿平行于轴的方向射出时，无论这套齿轮处在哪个位置上，都不能穿过这套齿轮。现在让这套齿轮系统以高速转动。从第一个齿轮的齿缝射入的光线，总是需要一些时间才能达到第二个齿轮。如果在这段时间内，这套齿轮系统恰好转过半个齿，那么，这束光线就能通过第二个齿轮了。这种情况与汽车以适当速度沿装有定时红绿灯系统的街道行驶的情况很类似。如果这套齿轮的转速提高一倍，那么，光线在到达第二个齿轮时，正好射到转来的齿上，光线就又被挡住了。但转速再提高时，这个齿轮又将在光束到达之前转过去，相邻的齿缝恰好在这适当的时刻转来让光线射过去。因此，注意光线出现和消失（或从消失到出现）所对应的转速，就能算出光线在两个齿轮间传播的速度。为降低所需的转速，可让光在两个齿轮间多走些路程，这可以借助图 31（c）所示的几面镜子来实现。在这个实验中，当齿轮的转速达到 1000 转/秒时，菲佐从靠近自己的那个齿轮的齿缝间看到了光线。这说明在这种转速下，光线从这个齿轮到达另一个齿轮时，齿轮的每个齿刚好转过了半个齿距。因为每个齿轮上有 50 个完全一样的齿，所以齿距的一半正好是圆周的 1/100，这样，光线走过这段距离所需的时间也就是齿轮转一圈所用时间的 1/100。再把光线在两齿间走的路程也考虑进来进行计算，菲佐得到了光速为 300 000 公里/秒或 186 000 英里/秒这个结果，它和罗默考察木星的卫星所得到的结果差不多。

接着，人们又用各种天文学方法和物理学方法，继两位先驱之后做了一系列独立的测量。目前，光在真空中的速度（常用字母 c 表示）的最令人满意的数值是

$$c = 299\ 776\ 公里/秒^*$$

或

$$c = 186\ 300\ 英里/秒。$$

在量度天文学上的距离时，数字一般都是非常大的，如果用英里或公里表示，可能要写满一页纸，这时，用速度极高的光速作为标准就很便当

---

* 现在公认的光速 $c=2.997\ 924\ 58 \times 10^8$ 米/秒。——编者

了。因此，天文学家说某颗星距离我们 5 光年远，就像我们说去某地乘火车需要 5 小时一样。采用"光年"这个词表示距离，实际上已把时间看作一种尺度，并用时间单位来量度空间了。同样，我们也可以把这种表示法反过来，得到"光英里"这个名称，指光线走过 1 英里路程所需的时间。把上述数值代入，得出 1 光英里等于 0.000 005 4 秒。同样，1 光英尺等于 0.000 000 001 1 秒。这就回答了我们在上一节中提出的那个四维正方体的问题。如果这个正方体的三个空间尺度都是 1 英尺，那么时间间隔就应该是 0.000 000 001 1 秒。如果一个边长 1 英尺的正方体存在了一个月的时间，那就应把它看作一根在时间方向上比其他方向长得非常多的四维棒了。

三、四维空间的距离

在解决了空间轴和时间轴上的单位如何进行比较的问题之后，我们现在可以问：应该如何理解在四维时空世界中两点间的距离？要记住，现在每一个点都是空间和时间的结合，它对应于通常所说的"一个事件"。为了弄清这一点，让我们看看下面的两个事件。

事件 I：1945 年 7 月 28 日上午 9 点 21 分，纽约市五马路和第五十街交叉处一楼的一家银行被劫。

事件 II：同一天上午 9 点 36 分，一架军用飞机在雾中撞在纽约第三十四街和五、六马路之间的帝国大厦第七十九层楼的墙上（图 32）。

这两个事件，在空间上南北相隔 16 条街，东西相隔半条街，上下相隔 78 层楼；在时间上相隔 15 分钟。很明显，表达这两个事件的空间间隔不一

图 32

定要注意街道的号数和楼的层数，因为我们可用大家熟知的毕达哥拉斯定理，把两个空间点的坐标距离的平方和开方，变成一个直接的距离（图 32 右下角）。为此，必须先把各个数据换算成相同的单位，比如说用英尺表示出来。如果相邻两街南北相距 200 英尺，东西相距 800 英尺，每层楼平均高 12 英尺，这样，三个坐标距离是南北 3200 英尺，东西 400 英尺，上下 936 英尺。用毕达哥拉斯定理可得出两个事件发生地之间的直接距离为

$$\sqrt{3\,200^2+400^2+936^2}=\sqrt{11\,280\,000}=3\,360 \text{ 英尺。}$$

如果把时间当作第四个坐标的概念确实有实际意义，我们就能把空间距离 3360 英尺和时间距离 15 分钟结合起来，得出一个表示两事件的四维距离的数来。

按照爱因斯坦（Albert Einstein）原来的想法，四维时空的距离，实际上只要把毕达哥拉斯定理进行简单推广便可得到，这个距离在各个事件的物理关系中所起的作用，比单独的空间距离和时间间隔所起的作用更为基本。

要把空间和时间结合起来，当然要把各个数据用同一种单位表达出来，正如街道间隔和楼房高度都用英尺表示一样。前面我们已经看到，只要用光速作为变换因子，这一点就很容易办到了。这样，15 分钟的时间间隔就变成 800 000 000 000 光英尺。如果对毕达哥拉斯定理做简单的推广，即定义四维距离是四个坐标距离（三个空间的和一个时间的）的平方和的平方根，我们实际上就取消了空间和时间的一切区别，承认了空间和时间可以互相转换。

然而,任何人——包括了不起的爱因斯坦在内——也不能把一把尺子用布遮上，挥动一下魔法棒，再念念"时间来，空间去，变"的咒语，就变出一座亮闪闪的新品牌闹钟来（图 33）！

图 33　爱因斯坦从来就不会来这一手，但他所做的比这还要强得多

因此，我们在使用毕达哥拉斯公式将时空结合成一体时，应该采用某种不寻常的办法，以便保留它们的某些本质区别。按照爱因斯坦的看法，在推广的毕达哥拉斯定理的数学表达式中，空间距离与时间间隔的物理区别可以在时间坐标的平方项前加负号来加以强调。这样，两个事件的四维距离可以表示为三个空间坐标的平方和减去时间坐标的平方，然后开平方。当然，首先得将时间坐标化成空间单位。

因此，银行抢劫案和飞机失事案之间的四维距离应该这样计算：

$$\sqrt{3\,200^2 + 400^2 + 936^2 - 800\,000\,000\,000^2}\,。$$

第四项与前三项相比是非常大的，这是因为这个例子取自日常生活，而用日常生活的标准来衡量时，时间的合理单位真是太小了。如果我们所考虑的不是纽约市内发生的两个事件，而是用一个发生在宇宙中的事件作为例子，就能得到大小相当的数字了，比如说，第一个事件是 1946 年 7 月 1 日上午 9 点整在比基尼岛*上有一颗原子弹爆炸，第二个事件是在同一天上午 9 点 10 分有一块陨石落到火星表面；这样，时间间隔为 540 000 000 000 光英尺，而空间距离为 650 000 000 000 英尺，两者大小相当。

在这个例子中，两个事件的四维距离是：

$$\sqrt{(65\times10^{10})^2 - (54\times10^{10})^2}\ \text{英尺}=36 \times 10^{10}\ \text{英尺}，$$

在数值上与纯空间距离和纯时间间隔都很不相同了。

当然，大概有人会反对这种似乎不太合理的几何学。为什么对其中的一个坐标不像对其他三个那样一视同仁呢？千万不要忘记，任何人为的描绘物理世界的数学系统都必须符合实际情况；如果空间和时间在它们的四维结合里的表现确实有所不同，那么，四维几何学的定律当然也要按它们的本来面目去塑造。而且，还有一个简单的办法，可以使爱因斯坦的时空几何公式看起来跟学校里所教的古老的欧几里得几何公式一样美好。这个方

---

* 比基尼岛是太平洋西部的一个珊瑚岛。——译者

法是德国数学家闵可夫斯基（Hermann Minkowski）提出的，做法是将第四个坐标看作纯虚数。你大概还记得在本书第二章中讲过，一个普通的数字乘以 $\sqrt{-1}$ 就成了一个虚数；我们还讲过，应用虚数来解几何题是很方便的。于是，根据闵可夫斯基的提法，时间这第四个坐标不但要用空间单位来表示，还要乘以 $\sqrt{-1}$。这样，原来那个例子中的四个坐标就成了：

第一坐标：3200 英尺，第二坐标：400 英尺，第三坐标：936 英尺，第四坐标：$8 \times 10^{11}i$ 光英尺。

现在，我们可以定义四维距离是所有四个坐标距离的平方和的平方根了，因为虚数的平方总是负数，所以，采用闵可夫斯基坐标的普通毕达哥拉斯表式在数学上是和采用爱因斯坦坐标时似乎不太合理的表式等价的。

有一个故事，说的是一位患关节炎的老人，他问自己的朋友是怎样避免患这种病的。

回答是："我这一辈子每天早上都来个冷水浴。"

"噢！"前者喊道，"那你是改患了冷水浴病喽！"

如果你不喜欢前面那个似乎患了"关节炎"的毕达哥拉斯定理，那么，不妨把它改成虚时间坐标这种"冷水浴病"。

由于在时空世界里第四个坐标是虚数，就必然会出现两种在物理上有所不同的四维距离。

在前面那个纽约事件的例子中，两个事件之间的空间距离比时间间隔小（用同样的单位），毕达哥拉斯定理中根号内的数是负的，因此，我们所得到的是虚的四维距离；在后一个例子中，时间间隔比空间距离小，这样，根号内得到的是正数，这自然意味着两个事件之间存在着实的四维距离。

如上所述，既然空间距离被看作实数，而时间间隔被看作纯虚数，我们就可以说，实四维距离同普通空间距离的关系比较密切；而虚四维距离则比较接近于时间间隔。在采用闵可夫斯基的术语时，前一种四维距离被称为类空间隔，后一种被称为类时间隔。

在下一章里，我们将看到类空间隔可以转变为正规的空间距离，时距也可以转变为正规的时间间隔。然而，这两者一个是实数，一个是虚数，这个事实就给时空互变造成了不可逾越的障碍，因此，一把尺子不能变成一座闹钟，一座闹钟也不能变成一把尺子。

第五章　时间和空间的相对性

一、时间和空间的相互转变

尽管数学在把时间和空间在四维世界中结合起来的时候，并没有完全消除两者之间的差别，但可以看出，这两个概念确实极其相似。对于这一点，爱因斯坦以前的物理学是不甚了解的。事实上，各个事件之间的空间距离和时间间隔，应该认为仅仅是这些事件之间的基本四维距离在空间轴和时间轴上的投影，因此，旋转四维坐标系，便可以使距离部分地转变为时间，或使时间转变为距离。不过，四维时空坐标系的旋转又是什么意思呢？

我们先来看看图 34（a）中由两个空间坐标所组成的坐标系。假设有两个相距为 L 的固定点。把这段距离投影在坐标轴上，这两个点沿第一根轴的方向相距 a 英尺，沿第二根轴的方向相距 b 英尺。如果把坐标系旋转一个角度，如图 34（b）所示，同一个距离在两根新坐标轴上的投影就与刚才不同，成为 a' 和 b' 了。不过，根据毕达哥拉斯定理，两个投影的平方和的平方根在这两种情况下的值是一样的，因为这个数所表示的是那两个点之间的真实距离，当然不会因坐标系的旋转而改变，也就是说

$$\sqrt{a^2 + b^2} = \sqrt{a'^2 + b'^2} = L。$$

所以我们说，尽管坐标的数值是不定的，它们取决于所选择的坐标系，但是它们的平方和的平方根与坐标系的选择无关。

现在再来考虑有一根距离轴和一根时间轴的坐标系。这时，两个固定

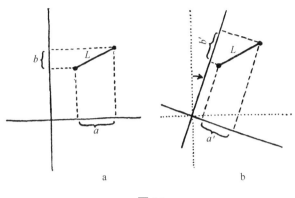

图 34

点就成了两个事件，而两根轴上的投影则分别表示空间距离和时间间隔。如果这两个事件就是上一节所讲到的银行抢劫案和飞机失事案，我们就可以把这个例子画成一张图［图35（a）］，类似于图34（a），不过图34（a）上是两根空间距离轴。那么，怎样才能旋转坐标轴呢？答案是颇出乎意料，甚至令人愕然的：你要想旋转时空坐标系，那就请上汽车吧！

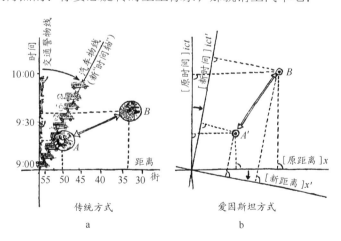

图 35

好，假定我们真的在 7 月 28 日的那个多事之晨坐上了一辆沿五马路行驶的汽车，如果我们能否看到这些事件仅仅取决于距离，那么，从功利主义的观点出发，我们最关心的一点就是被抢劫的银行和飞机失事的地点距离我们乘坐的汽车有多远。

现在看看图 35（a），汽车的世界线和两个事件都画在上面。你立刻会注意到，从汽车上观察到的距离，与从其他地方（比如站在街口的警察）所观察到的不相同。因为汽车是沿着马路行驶的，速度比方说为每三分钟过一个路口（这在繁忙的纽约交通中是司空见惯的），所以从汽车上看，两个事件的空间距离就变短了。事实上，由于在上午 9 点 21 分汽车正好穿过第五十二街，这时距离发生抢劫案的地点有两个路口之远；在飞机失事时（上午 9 点 36 分），汽车在第四十七街口，距离出事地点有 14 个路口之远。因此，在测量对汽车而言的距离时，我们就会断言，银行抢劫案和飞机失事案两个相距 14–2=12 个路口，而不是对城市建筑而言的 50–34=16 个路口。再看一下图 35（a），我们就会看出，从汽车上记录到的距离不能像过去一样从纵轴（警察的世界线）来计量，而应当从那条表示汽车世界线的斜线上来计量。因此，这后一条线就起到了新时间轴的作用。

把刚才说过的这些"零七八碎"归纳一下，就是：从运动着的物体上观察发生的事件时，时空图上的时间轴应该旋转一个角度（角度的大小取决于运动物体的速度），而空间轴保持不动。

这种说法，从经典物理学和所谓"常识"的观点来看，尽可奉为不渝的真理，然而却和四维时空世界的新观念直接冲突，因为既然认为时间是第四个独立的坐标，时间轴就应该永远与三个空间轴垂直，不管你是坐在汽车上、电车上还是坐在人行道上！

在这个紧要关头，对这两种思想方法，我们只能遵循其一：或者保留那个旧有的时间与空间的概念，不再对统一的时空几何学做任何考虑；或者打破"常识"的老框框，认定时间轴和空间轴一起旋转，从而使二者永远保持垂直［图35（b）］。

但是，旋转空间轴就意味着，从运动着的物体上观察到的两个事件的时间间隔，不同于从地面站上观察到的时间间隔，这就如同旋转时间轴在物理上意味着，两个事件的空间距离，当从运动着的物体上观察时会具有不同的值（在上面例子中为12个路口和16个路口）一样。因此，如果按照市政大楼的钟，银行抢劫案与飞机失事案相隔15分钟，那么，汽车上的乘客在他的手表上看到的就不是这样一个数字——这可不是由于手表的机械装置不完善造成了手表走时不准，而是由于在以不同速度运动的物体上，时间本身流逝的快慢就是不同的，因此，记录时间的机械系统也相应地变慢了。不过在像汽车这样低的速度下，时间变慢是微乎其微，简直是觉察不出来的。（这个现象在本章后面还要详细讨论。）

再举一个例子。设想一个人在一列行进的火车餐车上用餐，餐车上的侍者认为他是在同一个地方（第三张桌子靠窗的位置）喝开胃酒和吃甜食*的。但对于两个站在地面上从外向车内张望的道岔工——一个正看到他喝开胃酒，另一个正看到他在吃甜食——来说，这两个事件的发生地点则相距好几英里远。因此，我们可以说，一个观察者认为在同一地点和不同时间发生的两个事件，在处于不同运动状态的另一个观察者看来，却可以认为是在不同地点发生的。

从时空等效的观点出发，把上面话中的"地点"和"时间"这两个词互换，就变成了：一个观察者认为在同一时间和不同地点发生的两个事件，在处于不同运动状态的另一个观察者看来，却可以认为是在不同时间发生的。把这些话用到餐车的例子时，那位侍者可以发誓说，餐车两头的两位乘客

---

* 西方人在就餐时往往先喝一点刺激食欲的开胃酒，最后一道食品是甜食，所以，这里的意思是说，整餐饭从头到尾都是在火车上同一个地方吃的。——译者

正好同时点燃了"饭后一支烟",而在地面上从车外向车内看的道岔工却会坚持说,两人点烟的时间一先一后。因此,一种观察认为同时发生的两个事件,在另一种观察看来,则可认为它们相隔一段时间。

这就是把时间和空间仅仅看作是恒定不变的四维距离在相应轴上的投影的四维几何学,所必然会得出的结论。

二、以太风和天狼星之行

现在,我们来问问自己:我们使用这种四维几何学的语言,是否仅仅为了证明在我们的旧的、相当不错的时空观念中引入革命性变化的正确性?

如果回答是肯定的,那我们就向整个经典物理学体系发起了挑战,因为经典物理学的基础,是牛顿在两个半世纪以前对空间和时间所下的定义,即"绝对的空间,就其本质而言,是与任何外界事物无关的,它从不运动,并且永远不变";"绝对的、真实的数学时间,就其本质而论,是自行均匀地流逝的,与任何外界的事物无关。"不用说,牛顿在写这几句话的时候,并不认为他是在叙述什么新的东西,更没想到它会引起争议;他只不过是把正常人会认为显然如此的时空概念用准确的语言表达出来罢了。事实上,人们对经典的时空概念的正确性是如此深信无疑,因此,这种概念经常被哲学家当作先验的东西;没有一位科学家(更不用说"门外汉"了)曾认为它们可能是错误的,需要重新审查,重新说明。既然如此,为什么现在又提出了这个问题呢?

答案是:人们放弃古典的时空概念,并把时间和空间结合成单一的四维体系,并不是出自审美观的要求,也不是某位数学大师坚持的结果,而是因为在科学实验中不断地发现了许多不能用独立的时间和空间这种古典概念来解释的事实。

经典物理学这座漂亮的似乎是永久性的城堡所受到的第一次震撼基础的冲击——一次松动了这精巧建筑物的每一块砖石，撼倒了每一堵墙的冲击——是美国物理学家迈克耳孙（Albert Abraham Michelson）1887 年所做的一个实验引起的。这个实验看起来并不起眼，但所起的作用不啻约书亚的号角对于耶利哥的城墙的作用*。迈克耳孙实验的设想很简单：光在通过所谓"光介质以太"（一种假设的、充满宇宙空间和一切物质的原子之间的均匀物质）时，会表现出一定的波动性来。

向池塘里丢进一块石子，水波就向各个方向传播；振动的音叉所发出的声音也以波的方式向四方传送，任何发亮的物体所发射出的光也是这样。水面上的波纹清楚地表明水的微粒在运动；声波则是被声音穿过的空气或其他物质在振动。但我们却找不出什么负责传递光波的物质媒介来。事实上，光在空间中的传播显得如此轻易（与声音相比），以致让人觉得空间真是完全空虚的！

不过，如果空间真是一无所有的话，硬说在本来无物可振之处有什么东西在振动，岂不是太不合乎逻辑了吗？因此，物理学家只好引用一个新概念"光介质以太"，以便在解释光的传播时，在"振动"这个动词前面有一个实体作为主语。从纯语法角度来说，任何动词都需要有一个主语，但是——这个"但是"可要使劲说出来——语法规则没有也不能告诉我们，这个为了正确造句而引进的主语具有什么样的物理性质！

如果我们把"光以太"定义为传播光波的东西，那么，我们说光波是在光以太中传播的，这倒是一句无懈可击的话，不过，这只是无谓的重复而已。光以太究竟是什么东西和光以太具有什么物理性质，这才是实质的问

---

* 据基督教《圣经》记载，古希伯来人在大规模移居时，受阻于死海北边的古城耶利哥。希伯来人的先知约书亚命令祭司们抬着神龛，吹着号角绕城行走，结果，城墙就完全倒塌了。——译者

题。在这方面，任何语法也帮不了我们的忙。答案只能从物理学中去找。

在后面的讨论中，我们会看到，19 世纪的物理学所犯的最大错误，就在于人们假设这种光以太具有类似我们所熟知的一般物体的性质。人们总是提到光以太的流动性、刚性和各种弹性性质，甚至还提到内摩擦。这一来，光以太就有了这样的性质：一方面，它在传递光波时，是一个振动的固体*；另一方面，它对天体的运动没有丝毫阻力，显示出极完美的流动性。于是，光以太就被化作类似于火漆的物质。火漆是硬的，在机械力的迅速冲击下易碎；但如果静置足够长的时间，它又会因自己的重量而像蜂蜜那样流动。过去的物理学设想光以太与火漆相似，并充满整个星际空间。它对于光的传播这样的高速扰动，表现得像坚硬的固体；而对于速度只有光速的几千分之一的恒星和行星来说，它又像液体一样被它们从前进的路上推开。

这种我们可称之为模拟的观点，当用于一种除名称以外一无所知的物质上，以试图判断它具有哪些我们所熟悉的普通物质的性质时，从一开始就遭到巨大的失败。尽管人们做了种种努力，但仍找不出对这种神秘的光波传播媒介的合理力学解释。

现在，以我们所具有的知识，是容易看出所有这一类尝试错在何处的。事实上，我们知道，一般物质的所有机械性质都可追溯到构成物质的微粒之间的作用力。例如，水的良好流动性，是由于水分子间可做几乎没有摩擦的滑动；橡胶的弹性是由于它的分子很容易变形；金刚石的坚硬是由于构成金刚石晶体的碳原子被紧紧地束缚在刚性结构上。因此，各种物质所共有的一切机械性质都是出自它们的原子结构，但这一条结论在用于光以太这样绝对连续的物质上时，就没有任何意义了。

光以太是一种特殊的物质，它的组成和我们一般称为实物的各种较为

---

* 光波的振动已被证明是与光的行进方向相垂直，因而被称为横波。对一般物体来说，这种横向振动只发生在固体中。在液体和气体中，粒子的振动方向只能与波的行进方向相同。

熟悉的原子嵌镶结构毫无共同之处。我们可以把光以太称为"物质"（这仅仅因为它是动词"振动"的语法主语），但也可以把它叫作"空间"。不过要记住，我们前面已经看到，以后还会看到，空间具有某种形态上或者说结构上的内容，因而它比欧几里得几何学上的空间概念复杂得多。实际上，在现代物理学中，"以太"这个名称（撇开它那些所谓的力学性质不谈的话）和"物理空间"是同义语。

但是，我们扯得太远了，竟谈起对"以太"这个词的哲学分析来了，现在还是回到迈克耳孙的实验上来吧！我们在前面说过，这个实验的原理是很简单的：如果光是通过以太的波，那么，安在地面上的仪器所记录到的光速将受到地球在星际空间中运动的影响。站在地球上正好与地球绕日的轨道方向一致之处，就会置身于"以太风"之中，如同站在高速行驶的航船甲板上，可感觉到有股风扑面而来一样，尽管此时空气是完全宁静的。当然，你是感觉不出"以太风"的，因为我们已经假设它能毫不费力地穿入我们身体的各个原子之间。不过，如果测量与地球行进方向呈不同角度的光的速度，我们就可以察觉它的存在。谁都知道，顺风前进的声音速度比逆风时的大，因此，光顺以太风和逆以太风传播的速度看来自然也会不同。

迈克耳孙想到了这一点，于是便着手设计出一套仪器，它能够记录下各个不同方向的光速的差别。当然，最简单的方法是采用以前提过的菲佐实验的仪器［图 31（c）］，把它转向各个不同的方向，以进行一系列测量。但这种做法的实际效果并不理想，因为这要求每次测量都要有很高的精确度。事实上，由于我们所预期的速度差（等于地球的运动速度）只有光速的万分之一左右，所以，每次测量都必须有极高的准确度才行。

如果你有两根长度相差不多的棒，并且想准确地知道它们相差多少的话，那么，你只要把两根棒的一头对齐，量出另一头的长度差就行了。这就是所谓"零点法"。

迈克耳孙实验的原理图如图 36 所示，它就是应用零点法来比较光在相互垂直的两个方向上的速度差的。

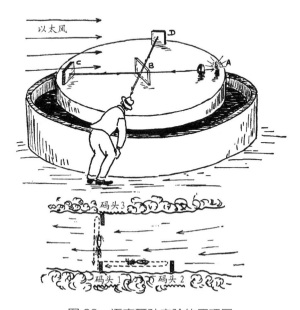

图 36　迈克耳孙实验的原理图

这套仪器的中心部件是一块玻璃片 *B*，上面镀着薄薄的一层银，呈半透明状，可以让入射光线通过一半，而反射回其余的一半。因此，从光源 *A* 射来的光束在 *B* 处分成相互垂直的两部分，它们分别被与中心部件等距离的平面镜 *C* 和 *D* 所反射，从 *D* 折回的光线有一部分穿过银膜，从 *C* 折回的光线有一部分被银膜反射；这两束光线在进入观察者的眼睛时又结合起来。根据大家所知道的光学原理，这两束光会互相干涉，形成肉眼可见的明暗条纹。如果 *BC* 和 *BD* 相等，两束光会同时返回中心部件，明亮部分就会位于正当中；如果距离稍有不同，就会有一束光晚些到达，于是，明亮部分就会向左或向右偏移。

仪器是安装在地球表面的，地球在空间中迅速移动，因此，我们必然要预料到，以太风会以相当于地球运动速度的速度拂过地球。例如，我们可以假定这股风自 C 向 B 吹去，如图 36 所示，然后来看看，这两束赶到相会地点的光线在速度上有什么差别。

要记住，其中的一束光线是先逆"风"、后顺"风"，另一束光线则在"风"中来回横穿。那么，哪一束先回来呢？

设想有一条河，河中有一艘汽船从 1 号码头向上行驶到 2 号码头，然后再顺流驶回 1 号码头。流水在航程的前一半起阻挡作用，但在归程中则助了一臂之力。你或许会认为这两种作用会互相抵消吧？事实并非如此。为了弄懂这一点，设想船以河水的流速行驶。在这种情况下，它永远到不了 2 号码头！不难看出，水的流动使整个航程所需的时间增大一个因子

$$\frac{1}{1-\left(\dfrac{v}{V}\right)^2},$$

这里 V 是船速，v 是水流速度*。如果船速为水的流速的 10 倍，来回一趟所用的时间是

$$\frac{1}{1-\left(\dfrac{1}{10}\right)^2}=\frac{1}{1-0.01}=\frac{1}{0.99}=1.01\text{（倍）},$$

即比在静水中多用百分之一的时间。

用同样的方法，我们也能算出来回横渡所耽搁的时间。这个耽搁是由于从 1 号码头驶到 3 号码头时，船一定得稍稍斜驶，以补偿水流所造成的

---

* 用 l 表示两个码头之间的距离，逆流时的合成速度为 $V-v$，顺流时的合成速度为 $V+v$，航行的总时间为：

$$t=\frac{l}{v+V}+\frac{l}{v-V}=\frac{2vl}{(v+V)(v-V)}=\frac{2vl}{v^2-V^2}$$

$$=\frac{2l}{v}\cdot\frac{1}{1-\dfrac{V^2}{v^2}}。$$

漂移。这一回耽搁的时间少一些，减少的倍数是

$$\sqrt{\frac{1}{1-\left(\dfrac{V}{v}\right)^2}}。$$

对于上面那个例子，时间只增长了千分之五。要证明这个公式是很简单的，感兴趣的读者不妨自己试一试。现在，把河流换成流动的以太，把船改成行进的光波，那就是迈克耳孙的实验了。光束从 B 到 C 再折回 B，时间延长了

$$\frac{1}{1-\left(\dfrac{V}{c}\right)^2}$$

倍，c 是光在以太中传播的速度。光束从 B 到 D 再折回来，时间增加了

$$\sqrt{\frac{1}{1-\left(\dfrac{v}{c}\right)^2}}$$

倍。以太风的速度（等于地球运动的速度）为每秒 30 公里，光的速度为每秒 30 万公里，因此，两束光分别延迟万分之一和十万分之五。对于这样的差异，使用迈克耳孙的装置，是很容易观察到的。

可是，在进行这项实验时，迈克耳孙竟未观察到干涉条纹有丝毫移动，可以想象，他当时是何等惊异啊！

显然，无论光在以太风中怎样传播，以太风对光速都没有影响。

这个事实太令人惊讶了，因此，迈克耳孙开始时简直不敢相信自己所得到的结果。但是，一次又一次精心的实验不容置疑地说明，这个结论虽然令人惊讶，却是正确的。

对这个出乎意料的结果，看来唯一合适的解释是大胆假设，迈克耳孙那张架设镜子的石制台面沿地球在空间运行的方向上有微小的收缩（即所谓菲茨杰拉德收缩①）。事实上，如果 BC 收缩了一个因子

---

* 菲茨杰拉德（FitzGerald）是首先引进这种概念的物理学家，因而用他的名字来命名。当时他认为这纯粹是运动的一种机械效应。

$$\sqrt{1-\frac{v^2}{c^2}} \,,$$

而 *BD* 不变，那么，这两束光耽搁的时间便相同，因而就不会产生干涉条纹移动的现象了。

不过，迈克耳孙那张台子会收缩这句话说起来容易，理解起来却很难。物体在有阻力的介质中运动时会收缩，这种实例我们确实遇到过。例如，汽船在湖水中行驶时，由于尾部推进器的驱动力和船头水的阻力两者的作用，船体会被压缩一点点。这种机械力所造成的压缩程度与船壳材料有关，钢制的船体就会比木制的少压缩一些。但在迈克耳孙的实验中，这种导致意外结果的收缩，其大小只与运动速度有关，而与材料本身的强度根本无关。如果安装镜子的那张台子不是用大理石材料制成，而是用铸铁、木头或其他任何材料制成的，收缩程度还是一样。因此，很清楚，我们遇到的是一种普适效应，它使一切物体都以完全相同的程度收缩。按照爱因斯坦 1905 年在描述这种现象时所提出的看法，我们这里所碰到的是空间本身的收缩。一切物体在以相同速度运动时都收缩同样的程度，其原因完全在于它们都被限制在同一个收缩的空间内。

关于空间的性质，我们在前面第三、第四两章已经谈了不少，所以，现在提出上述说法就显得很合理了。为了把情况说得更清楚些，可以想象空间有某些类似于弹性胶冻（其中留有各种物体的边界的痕迹）的性质；在空间受挤压、拉伸、扭转而变形时，所有包容在其中的物体的形状就自动地以同样的方式改变了。这种变形是由于空间变形造成的，它和物体受到外力时在内部产生应力并发生变形的情况要加以区别。图 37 中所示二维空间的情况，对于区别这两种不同的变形可能有所帮助。

尽管空间收缩效应对于理解物理学的各种基本原理是很重要的，但在日常生活中却没有人注意到它。这是因为，我们平时所能碰到的最高速度比起光速来是微不足道的。例如，每小时行驶 50 英里的汽车，它的长度只

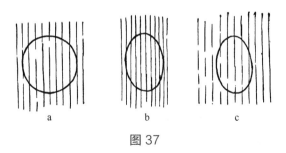

图 37

变为原来的

$$\sqrt{1-\left(10^{-7}\right)^2}=0.999\,999\,999\,999\,99$$

倍,这相当于汽车全长只减少了一个原子核的直径那么长!时速超过600英里的喷气式飞机,长度只不过减小一个原子的直径那么大;就是每小时飞行25 000英里的100米长的星际火箭,长度也只不过缩短了百分之一毫米。

不过,如果物体以光速的50%、90%和99%运动,它们的长度就会分别缩短为静止长度的86%、45%和14%了。

有一首无名作家写的打油诗,描写了这种高速运动物体的相对论性收缩效应:

> 斐克小伙剑术精,
>
> 出剑迅捷如流星,
>
> 由于空间收缩性,
>
> 长剑变成小铁钉。

当然,这位斐克先生的出剑一定得有闪电的速度才行!

从四维几何学的观点出发,一切运动物体的这种普遍收缩是很容易解释的:这是由于时空坐标系的旋转使物体的四维长度在空间坐标上的投影发生了改变。你一定还记得上一节所讨论过的内容吧,从运动着的系统上观察事件时,一定要用空间和时间轴都旋转一定角度的坐标系来描述,旋转角度的大小取决于运动速度。因此，如果说在静止系统中，四维距离是百分之百地投影在空间轴上的［图 38（a）］，那么，在新的坐标轴上，空间投影就总是要变短一些［图 38（b）］。

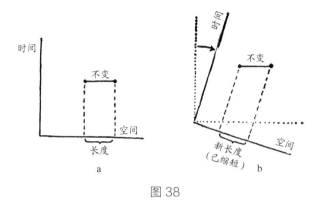

图 38

需要记住的一个要点是：长度的缩短仅仅和两个系统的相对运动有关。如果有一个物体相对于第二个系统是静止的，那么，它在这个新空间轴上的投影是用长度不变的平行线表示的，而它在原空间轴上的投影则缩短同样的倍数。

因此，判定两个坐标系中哪一个是"真正"在运动的想法，非但是不必要的，也是没有物理意义的。起作用的仅仅是它们在相对运动这一点。所以，如果有两艘属于某星际交通公司的载人飞船，以高速在地球和土星间的往返途中相遇，每一艘飞船上的乘客透过舷窗都会看到另一艘飞船的长度显著变短了；而对他们自己乘坐的这一艘飞船，却感觉不出有什么变化。因此，争论哪一艘飞船"真正"缩短是没有用的，事实上，无论哪一艘飞船，在另一艘飞船上的乘客们看来其长度都是缩短了的，而从它自己的乘客的角度看来却是不变的*。

---

* 这只是从理论上描绘的情景。如果真有这样两艘飞船以高速相遇，那么无论哪一艘飞船上的乘客都根本看不见另一艘——你能肉眼看到从枪膛里射出的子弹吗？它的速度只有飞船的若干分之一呢！

四维时空的理论还能使我们明白，为什么运动物体的长度在速度接近光速时才有显著改变。这是因为：时空坐标旋转角度的大小是由运动系统所通过的距离与相应的时间的比值决定的。如果距离用米表示，时间用秒表示，这个比值恰恰就是常用的速度，单位为米/秒。在四维系统中，时间间隔是用常见的时间单位乘以光速，而决定旋转角度大小的比值又是运动速度（米/秒）除以光速（同样的单位），因此，只有当两个系统相对运动的速度接近光速时，旋转角度的变化以及这种变化对距离测量结果的影响才会变得显著。

时空坐标系的旋转，不仅影响了长度，也改变了时间间隔。可以证明：第四个坐标具有特殊的虚数本质*，当空间距离变短的时候，时间间隔会增大。如果在一辆高速行驶的汽车里安放一只钟，它会比安放在地面上的同样一只钟走得慢些，嘀嗒声的间隔会加长。时钟的走慢如同长度的缩短一样，也是一个普遍的效应，只与运动速度有关。因此，最新款式的手表也好，你祖父的老式大座钟也好，沙漏**也好，只要运动速度相同，它们走慢的程度就会一样。这种效应当然并不只限于我们称之为"钟"和"表"的专门机械，实际上，一切物理的、化学的、生理的过程都以同样的程度放慢下来。因此，如果你在快速飞行的飞船上吃早饭，根本不用担心因手腕上戴的手表走得太慢而把鸡蛋煮老了，因为鸡蛋内部的变化也相应地变慢了。所以，如果平时你总是吃"五分钟煮蛋"，那么，现在你仍然可以看着表把它煮上五分钟。这里我们有意用飞船而不是用火车餐车作为例子，是因为时间的伸长也如同空间的收缩一样，只有当运动接近光速时才变得较为明显。时间伸长的倍数也是 $\sqrt{1-\dfrac{v^2}{c^2}}$，即同空间收缩时的情况一样。不过有一点不

---

* 也可以说是由于四维空间中毕达哥拉斯公式向时间轴发生了扭曲。

** 钟表发明前的一种计时工具，形如两个尾部对接的漏斗（一般用玻璃吹制），其中装入一定量的沙子，靠观察沙子在重力作用下通过细颈流下的数量来判断时间间隔。
——译者

同，这个倍数在时间伸长时是除数，在空间收缩时是乘数。如果一个物体运动得非常之快，其长度减小一半，那么，时间间隔却会延长一倍。

运动系统中时间变慢这个情况，为星际旅行提供了一个有趣的现象。假定你打算到天狼星——距离太阳系 9 光年——的行星上去，于是，你坐上了几乎有光速那么快的飞船。你大概会认为，往返一趟至少要 18 年，因此打算携带大量食物。不过，如果你乘坐的飞船确实有近于光速的速度，那么，这种小心就是完全多余的了。事实上，如果飞船的速度达到光速的99.999 999 99%，你的手表、心脏、呼吸、消化和思维都将减慢为 7 万分之一，因此从地球到天狼星往返一趟所花费的 18 年（从留在地球上的人看来），在你看来只不过是几个小时而已。如果你吃过早饭便从地球出发，那么，当降落在天狼星某一行星的表面上时，正好可以吃中饭。如果你的时间很紧，吃过午饭后马上返航，就可以赶回地球上吃晚饭。不过，如果你忘了相对论原理，那你回到家时准得大吃一惊：因为你的亲友会认为你一定还在宇宙空间中的什么地方，因而已经自顾自地吃过 6570 顿晚饭了！地球上的 18 年，对你这个以近于光速旅行的旅客来说，只不过是一天而已。

那么，如果运动得比光还快呢？这里又有一首有关相对论的打油诗：

> 年轻女郎名伯蕾，
>
> 神行有术光难追；
>
> 爱因斯坦来指点，
>
> 今日出游昨夜归。

说真的，如果速度接近光速可使时间变慢，超过光速可不就能把时间倒转了吗？还有，由于毕达哥拉斯根式中代数符号的改变，时间坐标会变为实数，这就变成了空间距离；同时，在超光速的系统中，所有长度都通过零而变为虚数，这就变成了时间间隔。

如果这一切是可能的，那么，图 33 中所画的那个爱因斯坦变尺为钟的戏法就变成可能会发生的事情了，只要他能想办法获得超光速，就可以变这种戏法了。

不过，我们的这个物理世界，虽然是够颠三倒四的，却还不是这种颠倒法。这种魔术式的变化是完全不可能实现的。可以用一句话简单地加以概括，这就是：没有任何物体能以光速或超光速运动。

这一条基本自然定律的物理学基础在于：有大量的直接实验证明，运动物体反抗它本身进一步加速的惯性质量，在运动速度接近光速时会无限增大。因此，如果一颗左轮手枪子弹的速度达到光速的 99.999 999 99%，它对于进一步加速的阻力（即惯性质量）相当于一枚 12 英寸的炮弹；如果达到 99.999 999 999 999 99%，这颗小子弹的惯性质量就相当于一辆满载的卡车。无论再给这颗子弹施加多大的力，也不能征服最后一位小数，使它的速度正好等于光速。光速是宇宙中一切运动速度的上限！

三、弯曲空间和重力之谜

读者们读过刚才这几十页有关四维坐标系的讨论，大概会有头昏脑涨之感，对此，我不胜抱歉之至。现在，我邀请诸位一起到弯曲空间去散散步。大家都知道曲线和曲面是怎么一回事，可是，"弯曲空间"又意味着什么呢？这种现象之所以难以想象，主要不在于这个概念的古怪，而在于我们不能像观察曲线和曲面时那样从外部来观察空间。我们本身生活在三维空间之内，因此，对于三维空间的弯曲，只能从内部来观测。为了理解生活在三维空间里的人如何体会空间的曲率，我们先来考虑假想的二维扁片人在平面和曲面上生活的情况。在图 39（a）和图 39（b）上，可以看到一些扁片科学家，他们在"平面世界"和"曲面世界"上研究自己的二维空间几何学。

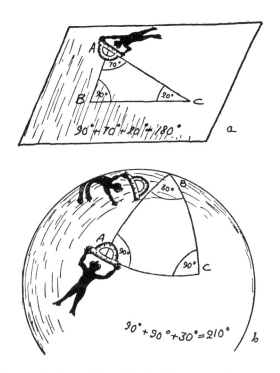

图 39 "平面世界"和"曲面世界"上的扁片科学家在检验三角形的
内角和是否符合欧几里得定理

可供研究用的最简单的图形，当然是连接三个点的三条直线所构成的三角
形了。大家在中学里都学过，任何平面三角形的三个内角之和都是 180°。
但是，如果三角形是在球面上，就很容易看出上述定理是不成立的。例如，
由两条经线和一条纬线（这里借用了地理学上的概念）相交而成的三角形
中，就有两个直角（底角），同时还有一个数值可在从 0° 到 360° 的顶
角。拿图 39（b）中那两位扁片科学家所研究的三角形来说，三个角的总
和就是 210°。所以，我们可以看出，扁片科学家通过测量他们那个二维空
间中的几何图形，就可以发现他们自己那个世界的曲率，而无须从外部进
行观测。

将上述观察用到又多了一维的世界，自然能得出结论：生活在二维空

间的人，只需要测量连接这个空间中三个点所成三条直线之间的夹角，就可以确定空间的曲率，而无须站在第四维上去。如果三个角的和为 180°，空间就是平坦的，否则就是弯曲的。

不过，在进一步探讨之前，我们先得把"直线"这个词的意思弄明白。读者们看过图 39（a）和图 39（b）上的两个三角形，大概会认为平面三角形 ［图 39（a）］ 的各边是真正的直线，而曲面上出现的线条 ［图 39（b）］ 只是球面上大圆*的弧，所以是弯曲的。

这种出自日常几何概念的提法，会使二维空间的扁片科学家根本无法发展他们自己的几何学。对直线的概念需要有一个更普遍的数学定义，使它不仅能在欧几里得几何中站稳，还能在曲面和更复杂的空间中立足。这个定义可以这样来下："直线"就是在给定的曲面或空间内两点之间的最短距离。在平面几何中，上述定义和我们印象中的直线概念当然是相符的；在曲面这种较为复杂的情况下，我们会得到一组符合定义的线，它们在曲面上所起的作用与欧几里得几何中普通"直线"所起的作用相同。为了避免产生误解，我们常常把表示曲面上两点之间最短距离的线叫作短程线或测地线，因为这两个名词是首先在测地学——测量地球表面的学科——中使用的。实际上，当我们说到纽约和旧金山之间的直线距离时，我们的意思是指"一直走，不拐弯"，也就是顺着地球表面的曲率走，而不是用假想的巨大钻机把地球笔直地钻透。

这种把"广义直线"或"短程线"看作两点间最短距离的定义，向我们展示了作这种线的物理方法：我们可以在两点间拉紧一根绳，如果这是在平面上做的，那将得到一般的直线；如果在球面上做，你就会发现，这根绳沿着大圆的弧张紧，这就是球面上的短程线。

用同样的方法，还可以搞清楚我们在其内部生活的这个三维空间是平

---

* 大圆是球面被通过球心的平面切割所得到的圆。子午圈和赤道均属于这种大圆。

坦的还是弯曲的，我们所需要做的，只不过是在空间内取三个点，然后扯紧绳子，看看三个夹角之和是否等于 180°。不过在做这个实验时，要注意两点。一是实验必须在大范围内进行，因为曲面或弯曲空间的一小部分可能显得很平坦。显然，我们不能靠在哪一家后院里测出的结果来确定地球表面的曲率！二是空间或曲面可能有某些部分是平坦的，而在另一些地方是弯曲的，因此需要做普遍的测量。

　　爱因斯坦在创立广义弯曲空间理论时，他的想法包含了这样一个假设：物理空间是在巨大质量的附近变弯曲的，质量越大，曲率也越大。为了从实验上证明这个假设，我们不妨找座大山，环山钉上三根木桩，在木桩之间拉上绳子，然后测量三根木桩上绳子的夹角［图 40（a）］。尽管你挑选了最大的大山——哪怕到喜马拉雅山脉去找——结论也只有一个：在测量误差允许的范围内，三个角的和正好是 180°。但是，这个结果并不一定意味着爱因斯坦是错的，并不表明大质量的存在不能使周围的空间弯曲，因为即便是喜马拉雅山，也可能不足以使周围空间弯曲到能用最精密的仪器测量出来的程度呢！大家应该还记得伽利略想用遮光灯来测定光速的那次失败吧（图 31）！

　　因此，不要灰心，重新来一次好了。这次找个更大的质量，譬如说太阳。

　　如果你在地球上找一个点，拴上一根绳，扯到一颗恒星上去，再从这颗恒星拉到另一颗恒星上，最后再盘回到地球上的那个点，并且要注意让太阳正好位于绳子所围成的三角形之内。嘿！这下子可成功了。你会发现，这三个角度的和与 180° 之间有了可以察觉出来的差异。如果你没有足够长的绳子来做这项实验，把绳子换成一束光线也行，因为光学知识告诉我们，光线总是走最短的路线。

　　这一项测量光线夹角的实验原理如图 40（b）所示。在进行观测时，位于太阳两侧的恒星 S_1 和 S_{II} 射来的光线进入经纬仪，从而测出了它们的夹角。

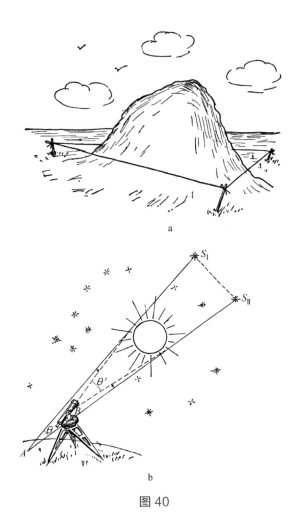

图 40

然后，在太阳离开后再来测量。把两次测量的结果加以比较，如果有所不同，就证明太阳的质量改变了它周围空间的曲率，从而使光线偏离原路线。这个实验是爱因斯坦为验证他的理论而提出的。读者们可参照图 41 所绘的类似的二维图景来获得更好的理解。

在正常情况下做爱因斯坦的这个实验，有一个明显的实际障碍：由于太阳的强烈光芒，我们看不到它周围的星辰。想在白天清楚地看见它们，

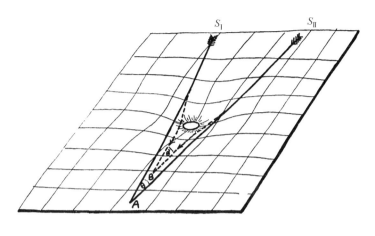

图 41

只有在日全食的情况下才能实现。1919 年，一支英国天文学远征队到达了正好发生日全食的普林西比群岛（西非）进行实际观测，结果发现，两颗恒星的角距离在有太阳和没有太阳的情况下相差 1.61″ ± 0.30″，而爱因斯坦的理论计算值为 1.75″。此后又做了各种观测，都得到了相近的结果。

诚然，1.5″ 这个角度并不算大，但这已足以证明：太阳的质量确实迫使周围的空间发生了弯曲。

如果我们能用其他质量更大的星体来代替太阳，欧几里得的三角形内角和定理就会出现若干分甚至若干度的错误。

对一个内部观察者来说，要想习惯于三维弯曲空间的概念，是需要一定时间和相当丰富的想象力的；不过一旦走对了路，它就会和任何一个古典几何学概念一样明确。

为了完全理解爱因斯坦的弯曲空间理论及其与万有引力这个根本问题之间的关系，还要再向前走一步才行。我们必须记住，刚才一直在讨论的三维空间，只是四维时空世界这个一切物理现象发生场所的一部分，因此，三维空间的弯曲，只不过反映了更普遍的四维时空世界的弯曲，而表述光线和物体运动的四维世界线，应看作超空间中的曲线。

从这个观点进行考虑，爱因斯坦得出了一个重要的结论：重力现象仅仅是四维时空世界的弯曲所产生的效应。因此，关于行星直接接受太阳的作用力而围绕它在圆形轨道上运动这个古老的观点，现在可以视为不合时宜而加以摒弃，代之以更准确的说法，那就是：太阳的质量弯曲了周围的时空世界，而图 30 所示的行星的世界线正是它们通过弯曲空间的短程线。

因此，重力作为独立力的概念就从我们的头脑中彻底消失了。代之而来的是这样的新概念：在纯粹的几何空间中，所有的物体都在由其他巨大质量所造成的弯曲空间中沿"最直的路线"（即短程线）运动。

四、闭空间和开空间

在结束这一章之前，我们还得简单讲一下爱因斯坦时空几何学中的另一个重要问题，即宇宙是否有限。

到目前为止，我们一直在讨论空间在大质量周围的局部弯曲。这种情况好像是宇宙这张奇大无比的脸上生着许多"空间粉刺"。那么，除了这些局部变化而外，整个宇宙是平坦的还是弯曲的？如果是弯曲的，又是怎样弯曲的呢？图 42 给出了三个长"粉刺"的二维空间。第一个是平坦的；第二个是所谓"正曲率"，即球面或其他封闭的几何面，这种面不管朝哪个方向伸展，弯曲的方式都是一样的；第三个与第二个相反，在一个方向上朝上弯，在另一个方向上朝下弯，像个马鞍面，这叫作"负曲率"。这两种弯曲的区别是很容易弄清楚的。从足球上割下一块皮子，再从马鞍上割下一块皮子，把它们放在桌面上，试试将它们展平。你会注意到，如果既不抻长又不起皱，那么无论哪一块皮子都展不成平面。足球皮需被抻长，马鞍面将会出褶；足球皮在边缘部分显得皮子太少，不够摊平之用，用马鞍皮又显得多了些，不管怎么弄总会弄出褶来。

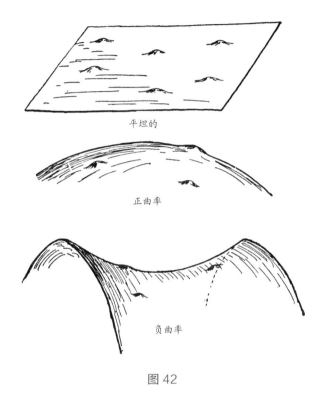

平坦的

正曲率

负曲率

图 42

对这个问题还能换个说法。假如我们（沿着曲面）从某一点起，数一数在周围 1 英寸、2 英寸、3 英寸等范围内"粉刺"的个数，我们会发现：在平面上，"粉刺"个数是像距离的平方那样增长的，即 1，4，9，等等；在球面上，"粉刺"数目的增长要比平面上慢一些；而在鞍形面上则比平面上快一些。因此，生活在二维空间内的扁片科学家，虽然根本不可能从外部看一看自己这个世界的情况，却照样能通过计算不同半径的圆内所包含的"粉刺"数，来了解它的弯曲状况。在这里，我们还能看出，正负两种曲面上三角形的内角和是不同的。前一节我们学过，球面三角形的三个内角之和总是大于 180°。如果你在马鞍面上画画看，就会发现三个角的和总是小于180°。

上述由考察曲面得来的结果可以推广到三维空间的情况中，并得到下表。

空间类型	远距离行为	三角形内角和	体积增长情况
正曲率（类似球面）	自行封闭	>180°	慢于半径立方
平直（类似平面）	无穷伸展	=180°	等于半径立方
负曲率（类似马鞍面）	无穷伸展	<180°	快于半径立方

这张表可实际用来探讨我们所生存的宇宙空间究竟是有限的还是无限的。这个问题将在研究宇宙大小的第十章中再加以讨论。

ONE TWO THREE... INFINITY

微 观 世 界

第六章　下降的阶梯

一、古希腊人的观念

　　人们在分析各种物体的性质时，总是先从"不大不小"的熟悉物体入手，然后一步步进入其内部结构，以寻求人眼所看不到的物质性质的最终源泉。现在，就让我们来分析一下端到餐桌上来的蛤蜊杂烩。这倒不是因为这道菜味道鲜美、营养丰富，而是由于它可以作为混合物的一个恰当的例子。用肉眼就可以看出，它是由好多种不同成分混杂在一起的：蛤蜊片、洋葱瓣、番茄块、芹菜段、土豆丁、胡椒粒、肥肉末，还有盐和水，一股脑儿搅在一起。

　　日常生活中我们所见到的大部分物质，特别是有机物，一般都是混合物，尽管往往要用显微镜才能确认。比如，用低倍放大镜就能看出，牛奶是由均匀的白色液体和悬浮在其中的小滴奶油所组成的乳状液。

　　在显微镜下可以看到，土壤是一种精细的混合物，其中含有石灰石、黏土、石英、铁的氧化物、其他矿物质、盐类以及各种动植物体腐烂而成的有机物质。如果把一块普通的花岗岩表面打磨光，就立即可以看出，这块石头是由三种不同物质（石英、长石和云母）的小晶粒牢固结合在一起组成的。

　　在我们对物质的细微结构进行研究的这座下降的阶梯上，混合物只是第一层，或者说是楼梯口。紧接着，我们可以对混合物中每一种纯净物质的成分进行研究。对于真正的纯净物质，如一段铜丝、一杯水或室内的空气*（悬浮的灰尘不算在内），用显微镜观察时看不出有任何不同组成的迹象，它们好像是完全一致的。的确，铜丝等所有真正的固体（玻璃之类的非结晶体除外）在高倍放大下都显示出所谓微晶结构。在纯净物质中，我们看到的所有晶体都是同一种类型的——铜丝中都是铜晶体，铝锅上都是铝晶体，从食盐里只能看到氯化钠晶体。使用一种专门技术（慢结晶），我们可以把食盐、铜、铝或随便哪一种纯净物质的体积任意增大，而在这样得到的"单晶"中，每一小块都和其他部分一样均匀，正如水或玻璃一样。

靠肉眼所见，或者凭借功能强大的显微镜所示，我们能否假设这些均匀的物质无论被放大多少倍都不变样呢？换句话说，能否相信一块铜、一粒盐、一滴水无论减到多么少，它们所具有的性质也不会改变呢？它们是否永远能分割为具有同样性质的更小部分？

第一个提出并试图解答这个问题的人，是约 2300 年前生活在雅典的古希腊哲学家德谟克利特（Democritus）。他的答案是否定的。他更倾向于认为，任何一种东西，不管看起来多么均匀，总是由大量（究竟大到什么程度，他可不晓得）很小的（到底小到什么程度，他也不清楚）粒子组成的。他把这种粒子叫作"原子"，意思就是"不可分割者"；各种物质中原子的数目不同，但各种物质性质的不同只是表观的，而不是实在的。火的原子和水的原子是一样的，只是表观不同而已。所有物质都由同样的固定不变的原子所组成。

与德谟克利特同时代的人恩培多克勒（Empedocles）则持有不同的观点。他认为有若干种不同的原子，它们按不同比例掺杂起来，就构成了各种

---

* 作者这里有一个疏忽。空气并不是纯净物质，而是氮气、氧气等多种气体的混合物。
——译者

物质。

恩培多克勒基于当时处于萌芽阶段的化学知识，提出了四种原子，以对应当时被认为是最基本的四种物质：土、水、空气和火。

按照这套论点，土壤是由紧排在一起的土原子和水原子组成的，排列得越好，土质就越好。生长在土壤里的植物把土原子和水原子与太阳光中的火原子结合，形成木头的分子。当水逸去后，木头就成了干柴。燃烧干柴，就把木头分成原来的火原子和土原子；火原子从火焰里跑掉，土原子留下来就是灰烬。

用这种说法来解释植物的生长和木头的燃烧，在科学处于婴儿阶段的时期，倒显得颇为合乎逻辑。不过，这种解释确实是错的。我们现在知道，植物生长所需要的大部分物质，并不像古代人或许多现代人——如果没有人讲给他们听的话——所认为的那样来自土壤，而是来自空气。土壤除作为支撑物和保存植物所需水分的水库外，只提供一小部分供生长用的盐类。要想培养出一株大玉米，只要有顶针那么大的一块土壤就够了。

实际情况是这样的：空气是氮气和氧气的混合物（不像古人所想象的那样是一种简单的元素），还含有一定数量由氧原子和碳原子所组成的二氧化碳分子。在阳光的作用下，植物的绿叶吸收了大气中的二氧化碳；二氧化碳与根系提供的水分反应，生成各种物质，以构成植物本身。生成物中还有氧气，其中一部分氧气回到大气中，这就是"屋里养花草，空气变得好"的原因。

当木头燃烧时，木头分子再和空气中的氧结合，重新变成二氧化碳和水蒸气从火焰中逸出。

至于"火原子"这种曾被古人认为能够进入植物的物质结构之中的东西，实际上并不存在。太阳光只提供能量，以破坏二氧化碳分子，形成供生成植物消化的气体养料。而且，既然火原子不存在，火焰也就显然不是火原子的"逸散"，而是一股炽热的气体物质，由于在燃烧过程中释放能量而变为可见之物。

我们再用一个例子来说明对化学变化的看法在古代和现代的这种不同。你一定知道，各种金属是由不同的矿石在鼓风炉的高温中熔炼出来的。各种矿石粗看起来往往和普通石头差不多，因此，难怪古代科学家认为矿石也和其他石头一样，是由同一种土原子组成的。当把一块铁矿石放在烈火中时，就得到与普通石头完全不同的东西——一种有光泽的坚硬物质，可用来制作优质的刀子和矛头。他们对此所做的最简单的解释，是说金属是土与火结合而成的。换句话说，土原子与火原子结合成金属分子。

为了将这个概念应用于所有金属，他们解释说：不同性质的金属，如铁、铜、金，是由不同比例的土原子与火原子组成的。闪闪发光的黄金比暗黑的铁含有更多的火，这不是很明显的吗？

不过，如果真是这样的话，为什么不往铁里再加些火，或干脆不如往铜里加火，让它们变成贵重的黄金呢？中世纪那些讲求实际的炼金术士想到了这一点，力图把廉价金属变成"人造黄金"，结果，他们在烟气缭绕的炉火旁不知耗去了多少年华。

从他们的观点来看，他们所做的事情就和现代化学家在发明一种生产人造橡胶方法时所做的事情一样有道理。他们的理论与实践的虚妄之处，在于他们认为黄金和其他金属不是基本物质，而是合成物质。可是话说回来，如果不尝试，又怎能知道哪种东西是基本的还是合成的呢？如果没有这些先驱化学家进行化铁铜为金银的徒劳尝试，我们可能永远不会知道金属是基本的化学物质，而含金属的矿石是金属原子和氧原子结合成的化合物（化学上如今称之为金属氧化物）。

铁矿石在鼓风炉的呼呼火焰中变成了金属铁，这并不是古代炼金术士们所认为的不同原子（土原子和火原子）的结合；恰恰相反，这是不同原子分开（即从铁的氧化物分子中取走氧原子）的结果。铁器在潮湿空气中表面生成的锈，也并不是铁在分解过程中失去火原子后剩下来的土原子，而是铁原子与水或空气中的氧原子结合成铁的氧化物分子*。

从上面的讨论我们可以清楚地看出，古代科学家关于物质的内部结构以及化学变化的本质的概念，基本上是正确的，他们的错误在于没能认准哪些东西是基本物质。事实上，恩培多克勒所列出的四种物质没有一种是基本的：空气是几种不同气体的混合物，水分子是由氢、氧两种原子组成的，土的组成很复杂，包含有许许多多不同的成分，最后，火原子根本就不存在**。

实际情况是这样的：自然界中有 92 种不同的化学元素***，也就是 92 种原子，而不是 4 种。其中如氧、碳、铁、硅（大部分岩石的主要成分）等元素大量地在地球上存在，并为人们所熟悉；另一些则很稀少，如镨、镝、镧之类，你可能从来还没有听说过哩。除这些天然元素之外，现代科学还人工制成了一些全新的化学元素，我们在本书后面还要谈到它们。其中有一种叫作钚，它注定了要在原子能的释放上起重要作用（不管是用于战争还是和

---

* 炼金术士们是用下面的式子表示铁矿石的变化过程的：

$$\underset{(矿石)}{\underline{土原子+火原子}} \longrightarrow 铁分子,$$

铁的生锈则表示为：

$$铁分子 \longrightarrow \underset{(锈)}{\underline{土原子}}+火原子。$$

我们则是这样写这两个过程的：

$$\underset{(铁矿石)}{\underline{铁的氧化物分子}} \longrightarrow 铁原子+氧原子$$

和

$$铁原子+氧原子 \longrightarrow \underset{(锈)}{\underline{铁的氧化物分子}}$$

** 在本章后面可以看到，火原子的概念在光量子理论中得到了部分的恢复。
*** 2014 年国际原子量表中公布的人类已探明的元素数量达 118 种。

平利用）。这 92 种基本原子以不同比例相结合，就组成了无穷无尽的各种复杂的化学物质，如黄油和奶油，骨头和木头，食油和石油，草药和炸药，等等。有一些化合物的名字既长又难念，恐怕很多人连听都没有听说过，但化学家必须熟知它们。目前，有关原子间无穷尽的组合情况、化合物的制备方法及性质的化学手册，正在一卷接一卷地问世呢！

二、原子有多大？

德谟克利特和恩培多克勒在讲到原子的存在时，已经模模糊糊地意识到，从哲学观点来看，物质是不可能无限制地分割下去的，它们早晚总要达到一个不能再分的基本单元。

现代的化学家在提到原子时，就要明确得多了。因为要理解化学的基本定律，就绝对需要了解有关基本的原子和它们在复杂分子中组合的性质。按照化学的基本定律，不同的元素只按严格的质量比例结合，这个比例显然就反映了这些元素的原子间的质量关系。因此，化学家得出结论说，氧原子、铝原子、铁原子的质量分别为氢原子质量的 16 倍、27 倍和 56 倍。但是，原子的真正质量是多少克，人们并不清楚。不过，各种原子的相对原子质量（即原子量）是化学中最基本的数据，而真正的质量有多少克这一点，却根本不会影响到化学定律和化学方法的内容与应用，因此在化学上是无足轻重的。

然而，物理学家在研究原子时，他首先就要问：原子的真实大小有多少厘米？它重多少克？在一定量的物质中含有多少分子或原子？有没有什么办法来观察、计数和操纵单个分子和原子？

估算原子和分子的大小的方法有许多种，最简单的一种非常容易进行，如果德谟克利特和恩培多克勒当时想到这个方法，也能把它付诸实现，根本用不着现代化的实验仪器。既然一种物质，譬如铜，它的最小组成单位是原子，那就显然不能把它弄得比一个原子的直径还薄。因此，我们可以试着把铜丝拉长，直到它成为一条由单个原子组成的长链；或者把它锻扁，成为只有一层原子的铜箔。不过，用这样的办法加工铜或其他固体简直是无法实现的，它们一定会在中途断裂。但把液体，如水面上的一层薄油膜，展成一张单原子"地毯"却是很容易的。在这种情况下，分子"个体"和"个体"之间只在水平方向相连，而不能在竖直方向相叠。读者们只要耐心加小心，自己就能够做这个实验，测出几个简单的数据，求出油分子的大小来。

取一个浅而长的容器，把它完全水平地放在桌子或地板上。往里加水直到边缘，在容器上横搭一根金属线，让它和水面相接触。若向金属线的任意一侧加入一小滴某种纯油，油就会布满金属线那一侧的整个水面。现在沿容器边缘向另一侧移动金属线，油层就会随金属线的移动而越散越薄，直到变成厚度等于单个油分子直径的一层。在这以后，如果再移动金属线，这层完整的油膜就会破裂，露出底下的水来（图43）。已知滴入的油量，再得出油膜不致破裂的最大面积，单个油分子的直径就很容易算出来了。

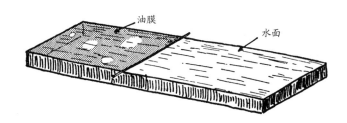

图43　水面上的薄油膜在伸展到一定程度后就会裂开

做这个实验时，你会注意到另外一个有趣的现象。当把油滴在水面上的时候，你首先会看到油面上的虹彩。你大概很熟悉这种虹彩，因为在港口附近的水面上经常可以见到它。这是光线在油层上下两个界面上的反射光互相干涉的结果；不同的颜色是由于油层在扩散过程中各处厚度不均匀所造成的。如果你多等一会儿，让油层铺匀，整个油面就只有一种颜色了。随着油层变薄，颜色逐渐由红变黄，由黄到绿，由绿转蓝，再由蓝至紫，与光线波长的减小相一致。再伸展下去，油面的颜色就完全消失了。这不是因为油层不存在，而是油层的厚度已比可见光中最短的波长还要小，它的颜色已超出我们的视域。不过，油面和水面还是能够分清的，因为从这层极薄液体的上下表面所反射的光互相干涉的结果，光的强度会减小，所以，即便色彩消失了，油面还是因为显得较为"昏暗"，可以与水面区分开来。

实际做一下这个实验，你将发现，1 立方毫米的油可以覆盖大约 1 平方米的水面，再把油膜进一步拉开，就要露出水面了*。

三、分子束

还有一个能演示物质具有分子结构的有趣方法。这个方法可以在研究气体或蒸汽通过小孔涌向四周真空时实现。

拿一个陶土制的小圆筒，在一端钻一个小洞，在外侧绕上电阻丝，这就做成了一个小电炉。现在，把这个电炉放进一个高真空的大玻璃泡里。如果在圆筒里放入一些低熔点金属，如钠或钾，那里面就会充满金属蒸气，它们会从小洞钻出来。一旦撞到冷的玻璃壁上，就会附着在上面。观察玻璃壁上各处所形成的镜子一样的金属薄膜的情况，就可以清楚地看出物质从电炉

---

* 那么，油膜在破裂前能有多厚呢？设想有一个边长 1 毫米的立方体，里面装上油（1 立方毫米），那么油面有 1 平方毫米。为了把 1 立方毫米的油摊开在 1 平方米的面积上，原来 1 平方毫米的油面必须扩大 100 万倍（从 1 平方毫米扩大到 1 平方米）。因此，原立方体的高度必须减少 100 万倍，以保持体积不变。这就是油膜厚度的极限，即油分子的真实大小。这个数值为 0.1 厘米 $\times 10^{-6}=10^{-7}$ 厘米＝1 纳米。由于一个油分子中包含有若干个原子，所以原子还要小一些。

里跑出来以后的运动状况。

再进一步研究，我们还会看到，在炉温不同的情况下，玻璃泡壁上金属膜的样子也不同。当炉温很高时，内部的金属蒸气密度很大，所见到的现象很像通常所见到的从蒸汽机或茶壶里逸出的水蒸气，这时从小洞里出来的金属蒸气向各个方向扩散［图 44（a）］，充满了整个玻璃泡，并基本上均匀地沉积在整个内壁上。

但在温度较低时，炉内的蒸汽密度也较低，这时，现象就完全两样了。从小洞里逸出的物质不再向四面八方扩散，而是绝大部分都沉积在对着电炉开口的玻璃壁上，好像它们是沿着直线前进的。如果在开口的前面放一个小物体［图 44（b）］，现象就更加明显了；物体后面的玻璃壁上不会形成沉积，这块空白的轮廓会和障碍物形状完全一样。

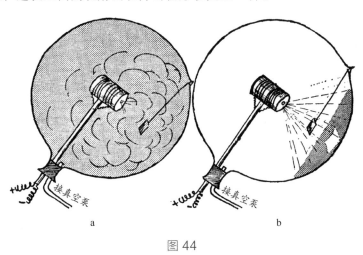

图 44

如果我们认识到，金属蒸气就是在空间各个方向上互相冲撞着的大量分离的分子，那么，蒸气密度大小不同时所发生的差异就很好理解了。当密度大时，从小开口冲出的气流就像从失火剧场的门内挤出来的一股疯狂的人流，他们在门外的大街上四散跑开时还在互相冲撞着；另一方面，密度小时的气流相当于从门里一次只出来一个人的情况，因此，他们能够走直路，而不会互相妨碍。

这种从炉内小口排出的低密度物质流称为"分子束"，是由大量紧挨在一起共同飞越空间的独立分子组成的。这种分子束对研究单个分子的性质非常有用。例如，它可用来测量热运动的速度。

研究这种分子束速度的装置是美国物理学家斯特恩（Otto Stern）最先发明的，它简直和菲佐测定光速的仪器（图 31）一样。它包括同轴的两个齿轮，只有以某种速度旋转时才能让分子束通过（图 45）。斯特恩用一片隔板来接收一束很细的分子束，从而得知分子运动的速度一般都是很大的（钠原子在 200℃时为每秒 1.5 公里），并随气体温度的升高而加大。这就直接证明了热的动理说。按照这种理论，物体热量的增加正好就是物体分子无规则运动的加剧。

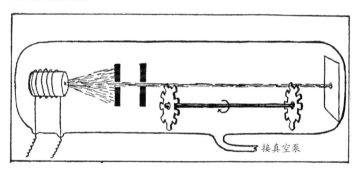

图 45

四、原子摄影术

上面这个例子几乎不容置疑地证实了原子假说的正确性。不过，到底是眼见为实才好。因此，最确凿的证据莫过于用眼睛看到分子和原子这些小单元了。这已由英国物理学家布拉格（William Lawrence Bragg）用他所发明的晶体内分子和原子摄像法实现了。

不要以为给原子拍照是件容易的事，因为在给这么小的物体照相时，如果所用的照明光线的波长比被拍摄物体的尺寸大，照片就会模糊得一塌糊涂。你总不能用刷墙的排笔来画工笔画吧！和微小的显微组织打过交道的生物学家都很明白这种困难，因为细菌的大小（约 0.000 1 厘米）和可见光的波长相仿。如果要使细菌呈现出清晰的像，就得用紫外线给细菌摄影，才能获得较好的结果。但是分子的尺寸及其在晶格中的间隔是如此之小（0.000 000 01 厘米），所以无论是可见光还是紫外线都无法充当画具。如果想要看到单个原子，非用波长比可见光短几千倍的射线——X 射线——不可。但这么一来，又会遇到一个似乎无法克服的困难：X 射线可以穿透物体而不发生衍射，因此，无论是放大镜还是显微镜，都不会使 X 射线聚焦。这种性质再加上 X 射线的强大穿透力，在医学上当然是很有用的，因为 X 射线如果在穿透人体时发生衍射，就会把 X 射线底片弄成一片模糊。但就是这个性质，似乎又排除了得到任何一张放大的 X 射线照片的可能性！

乍一看，似乎形势甚为无望。可是布拉格想出了一个解决困难的巧妙办法。这个办法是建立在阿贝*所提出的显微镜的数学理论上的。阿贝认为，显微镜所成的像可以看作大量单独图样的叠加，而每一个单独图样又是一幅在视场内成一定角度的平行暗带。从图 46 所给出的一个简单例子可以看出，一个位于黑暗背景中央的明亮椭圆可以由四个单独的暗带图样叠加而成。

按照阿贝的理论，显微镜的聚焦过程可以分为三个步骤：①把原图像分解成大量的单独暗带图样；②把每一个图样分别放大；③把得到的图样叠加在一起，以获得放大了的图像。

---

* 阿贝（Ernst Abbé，1840—1905），德国科学家。——译者

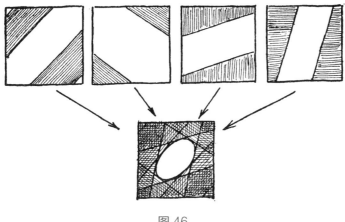

图 46

这个过程与用几块单色板印制彩色图片的方法有些类似。单独看每一块单色板时，可能看不出上面究竟是些什么东西，但如果正确地叠印出来，整幅画面就呈现出来了，既清楚又明确。

能够自动完成上述三个步骤的 X 射线透镜是没有的，这就使我们不得不分步来进行：先从各个不同角度对晶体拍摄大量单独的 X 射线暗带图样，然后再正确地叠印在同一张感光片上。这就和有 X 射线透镜是一样的；只不过用透镜只需一瞬间就能做到的，现在却得由一位熟练的实验人员忙上若干小时。正因为如此，布拉格的方法只能用来拍摄晶体的照片，而不能拍摄液体和气体的照片。因为晶体的分子总是待在原地，而液体和气体的分子却在不停地狂乱奔腾。

应用布拉格的方法，虽然不能"咔嚓"一下就得到照片，但合成的照片同样完美。这就好像在由于技术问题而不能在一张底片上摄下整座大教堂时，不会有人反对用几张胶片来分拍一样。

书末图版 I 就是这样得到的一张 X 射线照片，拍的是六甲苯分子。化学家是这样描写它的：

由 6 个碳原子构成的碳环，以及与它们连接的另外 6 个碳原子都在照片上清楚地显现出来了，较轻的氢原子感光微弱，几乎看不出来。

哪怕是最多疑的人，在亲眼看到这样的照片以后，也该会同意分子和原子确确实实是存在的了吧!

五、把原子劈开

德谟克利特给原子起的名称，在希腊文中有"不可再分者"的意思，就是说，这些微粒是对物质进行分割的最终界限，或者说，原子是组成物体的最小、最简单的组成部分。经过几千年，"原子"这个以往的哲学概念现在已经有了精确的科学内容，它已被大量的实验证据所充实，成了有血有肉的实体。与此同时，原子是不可分的这个概念仍然始终存在着。过去人们设想，不同元素的原子具有不同的性质，是因为各种原子的几何形状不同。例如，人们曾经认为，氢原子是球形的，钠原子和钾原子是椭球形的；另一方面，氧原子的形状被设想成面包圈形的，不过，中心的那个洞几乎被封死了。这样，在氧原子两边的洞里各放进一个球形的氢原子，就会生成一个水分子（H_2O）。至于钠或钾能置换出水分子中的氢，则被解释为钠和钾的椭球形原子能比球形的氢原子更好地纳入面包圈状氧原子的中心洞（图47）。

图 47 图中右下角的签名是：Rydberg（里德伯），1885 年

从这种观点出发，不同元素所发射的不同光谱，被归因为不同形状的原子有不同的振动频率。基于这种想法，物理学家力图按照用实验测定的各元素的光谱频率来确定各种原子的形状，如同人们在声学中解释小提琴、乐钟、萨克斯管的不同音色一样。

但是，这种尝试根本没有成功。以原子的几何形状来解释各种原子的物理、化学性质的做法，没有获得任何有意义的进展。直到人们意识到原子并不是几何形状不同的简单物体，而且恰恰相反，是由许多独立的运动部分组成的复杂结构后，才真正迈出了理解原子性质的第一步。

在原子的精细躯体上切了第一刀的荣誉属于著名英国物理学家汤姆孙（Joseph John Thomson）。他指出，各种元素的原子都包含有带正电和带负电的部分，它们靠电吸引力结合在一起。汤姆孙设想，原子是由大体上均匀分布着正电的一个正电体以及在它内部浮动的大量带负电的微粒所组成的（图48）。带负电微粒（汤姆孙称之为电子）的电荷总数与正电体的电荷数相等，因此，原子在总体上不呈现电性。不过，按照他的假设，原子对电子的束缚并不十分紧，因此，可能会有一个或几个电子分离出去，剩下一个带正电的部分，称为正离子；同样，有的原子会从外部得到几个额外的电子，

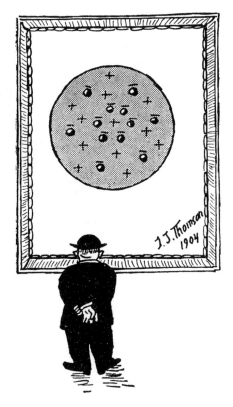

图48　图中右下角的签名是：J.J. Thomson（汤姆孙），1904

因而有了多余的负电荷，称为负离子。原子得到或失去电子的过程叫作电离。根据法拉第*经典著作中的论证，原子所带的电荷一定是 5.77×10^{-10} 静电单位这个电量的整数倍。汤姆孙的论点建立在法拉第的理论之上，同时又前进了一步。他发明了从原子中得到电子的方法，并对高速飞行的自由电子束进行了研究，从而确立了这些电子是一个个粒子的观点。

汤姆孙对自由电子束进行研究所取得的一个特别重要的成果，就是测出了电子的质量。他让一个强电场从某种物体（如热的电炉丝）中拉出一束电子，使这束电子在一个充电电容器的两块极板间通过（图49）。由于电子带着负电——说得更确切些，电子本身就是负电体——电子束就会被正极板吸引，被负极板排斥，从而偏离了原来的直线路径。

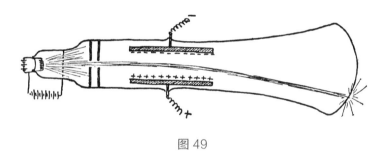

图49

在电容器后面放上一个荧光屏，电子束打在上面，就很容易看出偏离来。知道了电子的电量、偏离距离和电场强度，就能够计算出电子的质量。汤姆孙求得了它的数值。它确实非常小，只有氢原子质量的 1/1840。这就证明，原子的主要质量集中在带正电的部分。

汤姆孙关于在原子内存在运行着的负电子群这个观点是相当正确的，但他又认为原子是大体上均匀分布着正电的物体，这可与实际情况差

---

* 法拉第（Michael Faraday，1791—1867），英国著名实验物埋学家和化学家，在电学上有许多重要贡献。——译者

得太远了。卢瑟福*在 1911 年证明，原子的正电荷和大部分质量集中在位于中心的一个极小的原子核内。这个结论出自他的 α 粒子在穿过物体时发生散射的著名实验。α 粒子是某些不稳定元素（铀、镭之类）的原子自行衰变时所放出的微小的高速粒子，经证实，它的质量与原子的质量相仿，又带有正电，因此一定是原来原子中带正电部分的碎块。当 α 粒子穿过某种物质靶的原子时，要受到原子中电子的吸引力和正电部分的排斥力的作用。可是电子是很轻的，它们对入射 α 粒子的影响不会比一群蚊子对一只受惊大象的影响更大。另一方面，入射的带正电的 α 粒子受到极为靠近它的原子中那质量很大的正电体的斥力，会使粒子偏离正常路径，向各个方向散射。

可是，在研究一束 α 粒子穿过薄铝膜的散射时，卢瑟福得到了令人惊讶的结论说，只有假设入射 α 粒子与原子的正电部分的距离小于原子直径的千分之一，才能对观察到的现象做出解释；而这又只有在入射 α 粒子和原子的正电部分统统比原子本身小上千倍时才能说得通。因此，卢瑟福的发现推翻了汤姆孙的原子模型，把汤姆孙那一大块正电体变成一小团位于原子正当中的原子核，而那群电子则留在外边。这样一来，原子像西瓜、电子像瓜子的看法，便被原子像缩小的太阳系——其中原子核是太阳，电子是行星——的看法所取代了（图 50）。

原子和太阳系的这种相似性还由下述事实更进一步加强了：原子核占整个原子质量的 99.97%，太阳占整个太阳系质量的 99.87%；电子间的距离与电子直径之比也与行星间距离与行星直径之比相近（达数千倍）。

然而，最重要的相似之点在于，原子核与电子间的电吸引力也好，太阳与行星间的万有引力也好，都遵从平方反比规律**。在这种类型的力的作

---

* 卢瑟福（Ernest Rutherford，1871—1937），英国物理学家。——译者
** 即力的大小与两个物体之间距离的平方成反比。

图 50 图中左下角的签名是：E.Rutherford（卢瑟福），1911

用下，电子绕原子核描绘出圆形或椭圆形的轨道，如同太阳系中各行星和彗星的情况一样。

根据上述这些有关原子内部结构的论点，各种化学元素原子的不同，应归结为绕原子核运转的电子数目的不同。由于原子作为整体是中性的，绕核的电子数一定是由原子核本身的正电荷数这个基本数字所决定。至于这个基本数字，又可以根据散射实验中 α 粒子在原子核的电作用力影响下偏离的路径直接计算出来。卢瑟福发现，在化学元素按原子重量递增次序排成的序列中，每种元素的原子都比前一种元素增加一个电子。这样，氢原子有一个电子，氦原子有两个，锂原子有三个，铍原子有四个，等等，最重的天然元素铀的原子有 92 个电子*。

这些代表原子特点的数字一般叫作有关元素的原子序数，它与其所代表的元素在按化学性质分类的表中所占位置的号码相同。

因此，任何一种元素的所有物理性质和化学性质，都可以简单地用绕核运转的电子数来标志。

19 世纪末，俄国化学家门捷列夫（D.Mendeleev）发现，在元素的天然序列中，元素的化学性质每隔一定数目的化学元素就重复一次，也就是说，原子的化学性质呈现明显的周期性。这种周期性表现在图 51 中。所有的已知元素都排列在绕在圆柱上的螺旋形带子上，每一列的元素性质相近。我们看到，第一组只有两个元素：氢与氦；下面的两组中，每组有 8 个元素。在这后面，每隔 18 个元素，化学性质就重复一遍。如果我们还记得，沿这个序列每走一步，原子就相应地增添一个电子，那么，我们一定会得出结论：化学性质的周期性必定是某种稳定的电子结构——或者"电子壳层"——重复出现的结果。第一个壳层在填满时有两个电子，第二、第三壳层在填满时都各有 8 个电子，再往后则各有 18 个。我们还可以从图 51 中看出，在第六、第七两组中，严格的周期性被两群元素（即所谓镧系和锕系）扰乱了一下，以致须从正常的环状面上接出两块来。这是由于这些元素的电子壳层结构有了某些内部变化，因而把元素的化学性质弄乱了。

现在，有了原子的结构图，我们来试试解答一下，组成无穷尽的化合物复杂分子的这些不同元素的原子，它们之间的结合力是怎样的？譬如说，为什么钠原子和氯原子能凑到一起，形成食盐的分子？图 52 表示出这两个原子的电子壳层结构。氯原子的第三电子壳层还缺一个才能满员，而钠原子的第二壳层在饱和后还多出一个电子。这样，这个多余的电子必然有跑

---

* 我们现在掌握了"炼金术"（见下章），因而可用人工方法制造更复杂的原子。原子弹所使用的人造元素钚（Pu）就有 94 个电子。

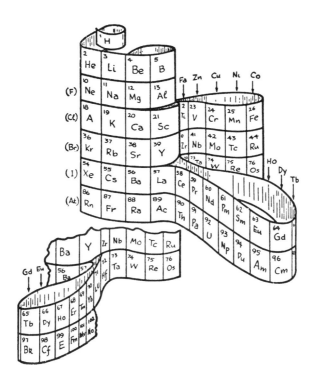

a 正视图

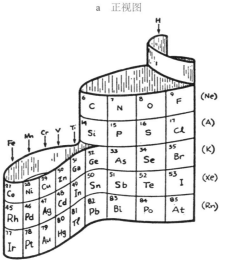

b 背面图

图 51

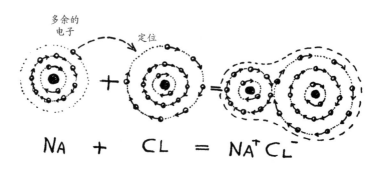

图 52　钠原子和氯原子结合成氯化钠分子的示意图

到氯原子那里去，从而把氯原子那个未填满的电子壳层填满的倾向。由于这种电子转移，钠原子（失去一个电子）带正电，氯原子带负电。在这两个带电原子（现在应该叫作离子）之间的静电引力的作用下，它们结合在一起，形成氯化钠分子，说通俗些就是食盐分子。同样的道理，氧原子的外壳层缺少两个电子，因此会对两个氢原子进行"绑架"，拿去它们仅有的电子，凑成一个水分子。另一方面，氧、氯之间和氢、钠之间就没有结合的倾向，因为前两者都是肯拿不肯放，后两者都是想给不想要。

凡属电子壳层已完备的原子，如氦、氖、氩、氙，都是很满足的了。它们既不送出电子，也不纳进电子，乐于保持光荣的孤立。因此，这些元素（所谓稀有气体）在化学性质上呈现惰性。

在结束原子及其电子壳层的这一节时，我们还要讨论一下在被称作"金属"的那一组物质中电子所起的重要作用。金属物质与其他物质不同，它们的原子对外层电子的束缚很松，往往让它们自由行动。因此，金属体内部充满了大量不羁的浪游电子，好像是一群无家可归的人。当我们给一根金属丝两端加上电压时，这些自由电子就会顺着电压的作用方向奔跑，形成了我们称之为电流的东西。

自由电子的存在也是决定物质是否具有良好的热传导性的原因，不过，我们还是以后再来谈论这一点吧。

六、微观力学和不确定性原理

我们在上一节看到，因为原子这个电子绕核运转的系统非常像太阳系，所以，人们自然会设想，已经明确建立起来的、决定行星绕太阳运动的天文学定律也会同样支配着原子内部的运动。特别是由于静电引力与重力的定律很相似——这两种吸引力都与距离的平方成反比——更使人觉得，原子内的电子会以原子核为一个焦点沿椭圆形轨道运动［图 53（a）］。

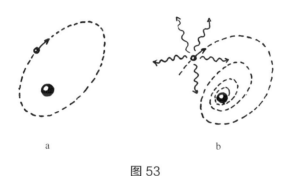

a   b

图 53

然而，以我们这个行星系统的情况为蓝本来给原子内部的运动情况建立稳定形象的一切尝试，直到不久以前都一直导致意想不到的大灾难，以致有一段时期人们竟认为，不是物理学家头脑不清，就是物理学本身出了问题。麻烦的根源在于原子内的电子与太阳系中的行星不同，它们是带电的，因此，在绕核做回旋运动时，它们会像任何一种振动或转动的带电体那样产生强烈的电磁辐射。由于它们的能量随着辐射而减小，所以，按照物理学的逻辑，原子中的电子必然会沿着螺线轨道与原子核接近［图 53（b）］，并在转动的动能耗尽后落在原子核上。根据已知的电子电量和电子旋转频率，很容易计算出，电子失去全部能量而坠落在原子核上的整个过程所需的时间不会超过百分之一微秒。

因此，直到不久以前，物理学家还用他们的最先进的知识坚定地告诉大家，行星式原子结构的存在不会超过一秒钟的极其微小的一部分，它命里注定要在刚刚形成后就马上瓦解。

可是，尽管物理学理论发出这样悲观的预言，实验却表明原子系统是非常稳定的，电子总是好端端地围着中央的原子核"快乐"地转动，既不失去能量，也不打算溃灭！

这是怎么回事呢？为什么过去很正确的力学定律，一旦用到电子头上，就与观测到的事实如此矛盾呢？

为了解答这个问题，我们还得回到科学上最基本的问题，即科学本身的本质上去。到底什么是科学？"科学地解释"自然现象又该怎么理解呢？

我们来看一个简单例子。大家都记得，古代有许多人都相信大地是平的。对于这种信念很难进行指责，因为你在来到一片开阔的平原上，或者乘船渡河时，会亲眼看到这是真实的：除了可能有的几座山之外，大地的表面看来确实是平的。如果古人说，"大地在从一个观察点观看时，怎么看都是平的"，那么，这句话并没有错；但是，如果把这句话推广到实际观测到的界限之外，那可就错了。一旦观察活动越过了这个习用的界限，譬如研究了月食时地球落在月亮上的影子，或者当麦哲伦*进行了环绕世界的著名航行后，就立即证明了这种推断是错误的。我们现在说大地看起来是平的，只是因为我们只能看见地球这个球体的一小部分表面。同样地，宇宙空间可能是弯曲而有限的（见第五章），但在有限的观察范围内，它照旧显得平坦而无垠。

可是，这一套议论跟原子中电子运动的力学矛盾有什么关系吗？有的。在进行这项研究时，我们已经暗暗假定，原子内的力学、天体运动力学，还有日常生活中我们所熟悉的"不大不小"的物体的运动力学都遵从相同的规律，因而可以用同样的术语来描述它们。但事实上，我们熟知的力学概念

---

* 麦哲伦（Ferdinand Magellan，1480—1521），葡萄牙航海家，人类史上首次率船队环行地球一周。——译者

和定律是凭经验建立在对大小与人体相当的物体进行研究的基础上的。后来，这一套定律又被用来解释更大的物体（如行星和恒星）的运动，结果能够极为精确地推算出几百万年前和几百万年后的各种天文现象，因之成功地成为天体力学。看来，这种推断无疑是正确的。

但是，谁能保证这种能用来解释巨大天体和一般大小的物体（炮弹、钟摆、玩具陀螺等）运动的定律，同样能适用于比无论哪一种最小的机械装置都小许多亿倍、轻许多亿倍的电子的运动呢？

当然，没有理由预言一般的力学定律在解释原子的微小组成部分的运动时必定失败，但话又说回来，如果确是如此，也不要大吃一惊。

本来是天文学家用来解释太阳系中行星运动的东西，现在却用来解释电子的运动，难免会导致似是而非的结果。在这种情况下，应该先考虑在将古典力学应用于这种微小的粒子时，基本概念和定律是否需要加以改变。

古典力学中的基本概念是运动质点的轨迹，以及质点沿轨迹运动的速度。过去人们认为，任何运动的物质微粒在任何时刻都处在空间的一个确定位置上，这个微粒的各个相继的位置形成一条连续的线，称作轨迹。这个命题一直被认为是不喻自明的，并被当作基本概念来描绘一切物体的运动。一个给定物体在不同时刻所处不同位置之间的距离，除以相应的时间间隔，就导出了速度的定义。从位置和速度的概念出发，整个古典力学就建立起来了。直到不久以前，还不曾有哪位科学家想到这些描述运动的基本概念会有什么不对头的地方，哲学家也一直把它们当作先验的东西。

然而，在用古典力学定律描述微小的原子系统时，情况却是大谬不然了。人们意识到这里发生了根本性的错误，而且越来越倾向于认为，错误发生在最根本之处，即错在整个古典力学的基础上。运动物体的连续轨迹和任意时刻的准确速度这两个运动学概念，对原子内的小微粒来说未免太粗糙了。简单地说，要想把我们所熟悉的古典力学观念推广到极细微的物质中去，事实证明，需要对它们进行大幅度的改造。不过，如果古典力学的老概念不适用于原子世界，那么，它们肯定也不能绝对无误地反映大物体的运动状况。因此我们得出结论：古典力学的原则应看作对"真实情况"的很好的近似；这种近似一旦应用于原先适用范围之外的更为精细的系统，就会完全失效。

对原子系统中的力学运动的研究，以及量子力学的建立，为科学奠定了新的基础。量子力学的建立基于一个新的发现，即两个不同物体间存在着一个各种可能发生的相互作用的下限。这个发现把运动物体的轨迹这个古典定义推翻了。事实上，我们如果说运动物体具有遵从精确数学形式的轨迹，也就等于说存在着借助某种专门物理仪器记录下运动轨迹的可能性。但是不要忘了，要想记录任何运动物体的轨迹，都不可避免地会干扰原来的运动。这是因为如果运动物体对记录其空间连续位置的仪器发生作用，那么，按照牛顿的作用力与反作用力大小相等的定律，这套仪器也对运动物体发生作用。要是我们能使两个物体（在这里是运动物体和记录位置的仪器）之间的相互作用按照需要任意减小（这在古典物理学中被认为是可能的），就能做出理想的仪器，使它既对运动物体的连续运动极为敏感，又对物体运动不产生实际影响。

但是，由于存在着物理相互作用的下限，我们就再也不能将记录仪器对运动物体的影响任意减小了，这就从根本上改变了形势。因此，观察物体运动这一行动对运动所造成的影响，就变成了运动本身的一个重要部分。这样，我们就再也不能用一条无限细的数学曲线来表示轨迹，而不得不代之以具有一定厚度的松散带子。在新力学看来，古典物理学中的细线轨迹应变成一条模糊的宽带。

物理相互作用的这个下限——更常用的名称叫作作用量子——只有很小的数值，仅仅在研究很小的物体时才显得重要。因此，一颗手枪子弹的运动轨迹尽管确实不是一条数学上的清晰曲线，但是这条轨迹的"粗细"却比子弹体中一个原子的直径还要小好多倍，因此，实际上可把它的厚度当作零。但是，对于比子弹小得多的物体，它们的运动很容易受观察仪器的影响，因而轨迹的"粗细"变得越来越重要。对围绕原子核旋转的电子而言，轨迹的粗细和原子的直径差不多，因此，电子运动的轨迹再也不能用图 53 那样的曲线来描述，而得用图 54 的方式来表达了。在这种情况下，对微粒的运动不能再用我们所熟悉的古典力学术语，因为无论它的位置还是速度，都具有一定程度的测不准性（海森伯*的不确定性原理和玻尔**的互补原理）。

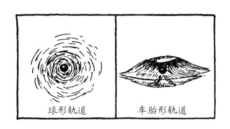

图 54 原子内电子运动的微观力学图景

物理学上的这项惊人的新发现，把过去我们熟知的概念，如运动粒子的轨迹、精确位置和准确速度，统统扔到垃圾堆里去了，我们的日子可真是不好过啊！过去已被接受的基本法则不再能用来研究电子的运动了，那么，我们现在该立足于何处？究竟以什么数学公式来取代古典力学中的数学公式，才能兼顾到量子物理学所要求的位置、速度、能量等物理量的不确定性呢？

问题的答案可通过研究一个类似的古典光学理论的题目而找到。我们知

---

* 海森伯（Werner Heisenberg，1901—1976），德国理论物理学家，哥本哈根理论物理学派的代表人物。——译者
** 玻尔（Niels Bohr，1885—1962），丹麦物理学家，哥本哈根理论物埋学派的创始人。——译者

道，日常生活中所观察到的大部分光学现象，都可以用光沿直线传播的说法来解释，因此，我们把光称作光线。不透明物体所投下阴影的形状、平面镜和曲面镜所成的像、透镜和其他复杂光学系统的聚焦，都可以根据光线的反射和折射的基本定理得到顺利的解释［图 55（a）、图 55（b）、图 55（c）］。

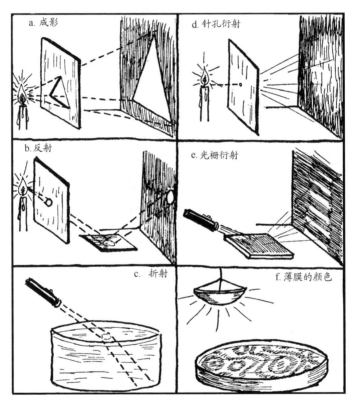

图 55　左边三幅图是可以用光线来解释的现象，
右边三幅图是无法用光线来解释的现象

但我们同时也知道，这种用光线来表示光的传播的几何光学方法，在光学系统中光路的几何宽度与光的波长相比拟时就大大失灵了。这时发生的现象叫作衍射，对此，几何光学完全无能为力。一束光在通过一个很小的小孔（尺寸在 0.0001 厘米上下）后，就不再沿直线行进，而是成扇状散开（图 55d）。现在拿一面镜子，在镜面上画出许多平行的细线，就成为"衍射光栅"；如果有一束光射到镜面上，那么，光就不再遵从熟悉的反射定律，而是被抛向不同方向，具体方向与光栅的线条间距和入射光波长有关 [图 55（e）]。还有，当光从散布在水面上的油膜界面反射回来时，会产生一系列特殊的明暗条纹 [图 55（f）]。

在这几种情况中，"光线"这个熟悉的概念完全不能说明所观察到的现象，因此我们必须用光能在整个光学系统所在空间中的连续分布的概念来代替它。

很容易看出，光线概念在解释衍射现象时的失败和轨迹概念在量子物理学中的失败，两者是很相似的。正像光学中不存在无限细的光束一样，量子力学原理也不允许存在无限细的物体运动轨迹。在这两种情况中，一切打算用确定的数学曲线来反映物体（光或微粒）运动的尝试都必须放弃，而代之以连续分布在一定空间中的"某种东西"的表示方法。对于光学来说，这"某种东西"就是光在各点的振动强度；对于力学来说，这"某种东西"就是新引入的位置不确定性的概念，这就是说，运动微粒在任意给定时刻都可处在几种可能位置当中的任何一个位置，而不是处在事先可预定的唯一的一点上。我们再也不能准确说出运动微粒在给定时刻位于何处，只能根据不确定性原理的公式计算出运动的范围。波动光学（研究光的衍射）的定律和波动力学（又称微观力学，它由德布罗意*和薛定谔**所发展，是研究微小粒子的运动的）定律的相似性，可由一个实验明显地表示出来。

图 56 上画的是斯特恩研究原子衍射的装置。一束用本章前面提到的方法产生的钠原子被一块晶体的表面所反射。晶格中规则排列的原子层在这

---

* 德布罗意（L. de Broglie，1892—1987），法国理论物理学家。——译者
** 薛定谔（Erwin Schrödinger，1887—1961），奥地利理论物理学家。——译者

里起了光栅的作用，它使入射的微粒束衍射。入射微粒经晶体表面反射后，用一组按不同角度安放的小瓶分别收集起来进行统计。图 56 上的点画线表示出实验结果。我们可以看到，钠原子不是沿一个方向反射（即不像用一把玩具枪向金属板射出滚珠的情况那样），而是在一定角度内形成一个很像 X 射线衍射图样的分布。

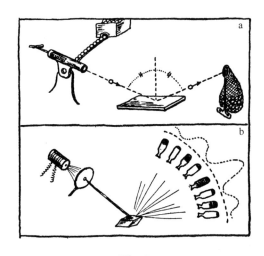

图 56

a. 可用轨迹说法解释的现象（滚珠在金属平板上的反弹）;
b. 不能用轨迹说法解释的现象（钠原子在晶体表面的反射）

　　这类实验不可能用描述单个原子沿确定轨道运动的古典力学观点来解释，而要用新兴的微观力学——把微粒的运动看成与现代光学中光波的传播相同的学科——来解释，这是完全可以理解的。

第七章　现代炼金术

一、基本粒子

我们已经知道，各种化学元素的原子有相当复杂的力学系统，原子由一个中心核及许多绕核旋转的电子组成。那么，我们当然还要继续问下去：这些原子核究竟是物质结构的最基本的单位还是可以继续分割成更小、更简单的部分呢？能不能把这 92 种不同的原子减少为几种真正简单的微粒呢？

早在 19 世纪中叶，就有一位英国化学家蒲劳脱（William Prout）出于进行简化的愿望，提出不同元素的原子本质上相同，它们都是以不同程度"集中"起来的氢原子这个假设。他的根据是：用化学方法所确定的各元素的原子量，几乎都是氢元素原子量的整数倍。因此蒲劳脱认为，既然氧原子比氢原子重 16 倍，那它一定是聚集在一起的 16 个氢原子；原子量为 127 的碘原子一定是 127 个氢原子的组合，等等。

但在当时，化学上的发现并不支持这个大胆的假设。对原子量进行的精确测量表明，大多数元素的原子量只是接近于整数，有一些则根本不接近（例如，氯的原子量为 35.5）。这些看起来同蒲劳脱的假设直接相矛盾的事实当时把它否定了。因此，直到他去世，他也不知道自己是何等正确。

直到 1919 年，这个假设才又靠英国物理学家阿斯顿（Aston）的发现而重见天日。阿斯顿指出,普通的氯是由两种氯元素掺杂在一起的,它们的化学性质完全相同,只是原子量不同,一种为 35,一种为 37。化学家所测定的非整数原子量 35.5 只是它们掺杂在一起后的平均值*。

对各种化学元素的进一步研究揭示了一个令人震惊的事实:大部分元素都是由化学性质完全相同而重量不同的若干成分组成的混合物。于是,人们给它们起了个名字,叫作同位素,意思是在元素周期表中占据同一位置的元素。事实证明,各种同位素的质量总是氢原子质量的整数倍,这就赋予蒲劳脱那被遗忘了的假设以新的生命。我们在前面看到过,原子的质量主要集中在原子核上,因此,蒲劳脱的假设就能用现代语言改写成:不同种类的原子核是由不同数量的氢原子核组成的。氢核因在物质结构中起重要的作用而得到一个专名——"质子"。

不过,对上面的叙述,还应该做一项重要的修改。以氧原子为例,它在元素的排列中居第八位,它的原子有 8 个电子,所以它的原子核也应带 8 个正电荷。但是,氧原子的重量却是氢原子的 16 倍。因此,如果我们假设氧原子核由 8 个质子组成,那么,电荷数是对的,但质量不符(均为 8);如果假设它有 16 个质子,那质量是对了,但电荷数错了(均为 16)。

显然,要解决这个问题,只有假设在这些复杂的原子核的质子中,有一些失去了原有的正电荷,成了中性的粒子。

关于这种我们现在称之为"中子"的无电荷质子,卢瑟福早在 1920 年就提到过它的存在,不过到 12 年后它才由实验所证实。这里需要注意,不要把质子和中子看成两种截然不同的粒子,而要把它们当作处在两种不同带电状态下的同一种粒子——"核子"。事实上,我们已经知道,质子可以失去正电荷而转化成中子,中子也能获得正电荷而转化成质子。

---

* 较重氯元素的成分占 25%,较轻的占 75%,平均原子量为
$$0.25 \times 37 + 0.75 \times 35 = 35.5。$$
这正是早期化学家所发现的数值。

　　把中子引进原子核里，刚才提到的问题就得到了解决。为了解释氧原子核重 16 个单位但只有 8 个电荷单位这一事实，可假设它由 8 个质子和 8 个中子组成。原子量为 127 的碘，它的原子序数为 53，所以就应有 53 个质子和 74 个中子。重元素铀（原子量为 238，原子序数为 92）的原子核里有 92 个质子和 146 个中子*。

　　这样，蒲劳脱的大胆假说在提出后历经一个世纪才得到了应得的光荣确认。现在，我们可以说，无穷无尽的各种物质都不过是两类基本物质的不同结合罢了。这两类物质是：①核子，它是物质的基本粒子，既可带有一个正电荷，也可不带电；②电子，带负电的自由电荷（图 57）。

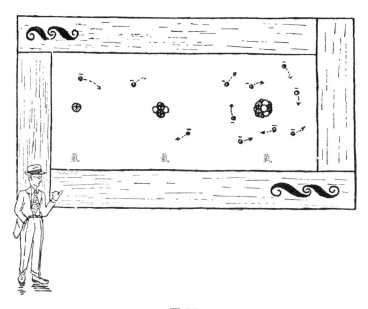

图 57

---

* 看一下原子量表就会发现，周期表前一部分的元素，其原子量为原子序数的两倍，也就是说，这些元素的原子核内有等量的质子和中子；在重元素中，原子量增加得更为迅速，这表明在这些元素的原子核内，中子数多于质子数。

下面有几张引自《万物炮制大全》的配方。我们可以从中看到，在宇宙这间大"厨房"里，每一道"菜"是如何用核子和电子烹调出来的。

水　把 8 个中性核子和 8 个带电核子聚在一起当作核心，外面再加上 8 个电子，这就是氧原子。用这样的方法制备一大批氧原子。把一个带电核子搭配上一个电子，这就是氢原子。照氧原子数目的两倍做出氢原子来。按 2∶1 的比例将氢原子和氧原子组合成水分子，把它们置于杯内，保持冷却状态。这就是水。

食盐　以 12 个中性核子和 11 个带电核子为中心，外加 11 个电子，这就是钠原子。以 18 个或 20 个中性核子和 17 个带电核子为中心，都外加 17 个电子，这就是氯原子的两种同位素。照这样的方法制备同等数目的钠、氯原子后，按照国际象棋盘那样的格式在立体空间中摆开，这就是食盐的正规晶体。

TNT*　由 6 个中性核子和 6 个带电核子组成核，外添 6 个电子做成碳原子。由 7 个中性核子和 7 个带电核子组成核，外添 7 个电子做成氮原子。再按照水的配方制备氧原子和氢原子。把 6 个碳原子连成一个环，环外再接上第 7 个碳原子。在碳环的 3 个原子中，每个各连上一个氧原子，每个氧原子和碳原子之间各放一个氮原子，给那个碳环外的第 7 个碳原子加上 3 个氢原子，碳环中剩下的两个碳原子也各连上一个氢原子。把这样组成的分子有规则地排列起来，成为小粒晶体，再把晶粒压在一起。不过要小心操作，因为这种结构不稳定，有极大的爆炸可能性。

尽管我们已经看到，中子、质子和带负电的电子构成了我们所想得到的一切物质的必要组成材料，但是这份基本粒子名单还显得不那么完整。事实上，如果有带负电的自由电子，为什么不能有带正电的自由电子，即正电子呢？

---

* 学名三硝基甲苯，俗称黄色炸药，也音译成"梯恩梯"。——译者

同样，如果作为物质基本成分的中子可以获得正电荷而成为质子，难道它就不能获得负电荷而变成负质子吗？

答案是：正电子确实存在，它除了带电符号与一般带负电的电子相反外，各方面都与负电子一样。负质子也有可能存在，不过尚未被实验所证实*。

正电子和负质子在我们这个世界上的数量不如负电子和正质子多的原因在于，这两类粒子是互相"敌对"的。大家知道，一正一负的两个电荷碰到一起会互相抵消。两类电子就是正与负两种电荷。因此，不能指望它们会存在于空间的同一处。事实上，如果正电子与负电子相遇，它们的电荷立即互相抵消，两个电子也不成为独立粒子了。此时，两个电子一起灭亡——这在物理学上称作"湮没"——并在电子相遇点导致强电磁辐射（γ射线）的产生，辐射的能量与原电子的能量相等。按照物理学的基本定律，能量既不能创造，也不能消灭，我们这里遇到的现象，只不过是自由电荷的静电能变成了辐射波的电动能。这种正负电子相遇的现象被玻恩（Max Born）描述为"狂热的婚姻"**，而较为悲观的布朗（T.B.Brown）则称之为"双双自杀"***。图58（a）表示了这种相遇的情况。

两个符号相反的电子的"湮没"过程有它的逆过程——电子对的产生，这就是一个正电子和一个负电子由强烈的γ射线产生的。我们说"由"，是因为这一对电子是靠消耗了γ射线的能量而产生的。事实上，为形成一对电子所消耗的辐射能量，正好等于一个电子对在湮没过程中释放出的能量，电子对的产生是在入射辐射从原子核近旁经过时发生的****。图58（b）展现了这个过程。我们早就知道，硬橡胶棒和毛皮摩擦时，两种物体各自带

---

* 负质子的存在已于 1956 年由实验证实。——译者

** 参阅 M.Born,*Atomic Physics*（G.E.Stechert & Co.,New York,1935）。

*** 参阅 T.B.Brown,*Modern Physics*（John Wiley & Sons,New,York,1940）。

**** 看来，电子对的产生得到了原了核周围电场的帮助。不过从原则上来讲，电子对的形成也可以在完全空虚无物的空间内产生。

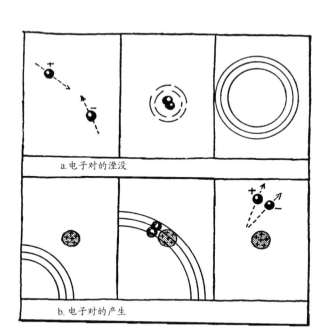

图 58　两个电子"湮没"而产生电磁波的过程，以及
电磁波经过原子核附近时"产生"一对电子的过程简图

上相反的电荷，这也是一个说明两种相反的电荷可以从根本没有电荷之处产生的例子。不过，这也没有什么值得大惊小怪的。如果我们有足够多的能量，就能随意制造出电子来。不过要明白一点，由于湮没现象，它们很快又会消失，同时把原来耗掉的能量如数交回。

　　有一个有趣的产生电子对的例子，叫作"宇宙线簇射"，它是从星际空间射到大气层来的高能粒子所引发的。这种在宇宙的广袤空间里向四面八方飞蹿的粒子流究竟从何而来，至今仍然是科学上的一个未解之谜*，不过我们已经弄清当电子以极惊人的速度轰击大气层上层时发生了些什么。这

* 这种高能粒子的速度达到光速的 99.999 999 999 999 9%。对它的来源只能进行最模糊的（不过倒也是显得最可信的）猜测，即认为它可能是由宇宙间巨大的气体尘埃云（星云）的极高电势加速产生的。不妨设想星云积累电荷的过程类似于地球大气层中雷电云积存电荷的过程，不过前者的电势差要大得多。

种高速的原初电子在大气层原子的原子核附近穿过时，原有能量逐渐减小，变成 γ 射线放出（图 59）。这种辐射导致大量电子对的产生。新生的正、负电子也同原初电子一道前进。这些次级电子的能量相当高，也会辐射出 γ 射线，从而产生数量更多的新电子对。这个连续的倍增过程在大气层中重复发生，所以，当原初电子最终抵达海平面时，是由一群正负各半的电子陪伴着的。不消说，这种高速电子在穿进其他大物体时也会产生簇射，不过由于物体的密度较高，相应的分支过程要迅速得多（见书末图版 Ⅱ a）。

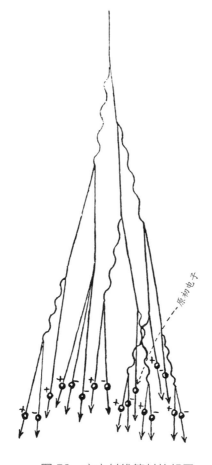

原初电子

图 59　宇宙射线簇射的起因

现在让我们来谈谈负质子可能存在的问题。可以设想，这种粒子是中子获得一个负电荷或者失去一个正电荷（两者的意思是一样的）而变成的。不难理解，这种负质子也和正电子一样，是不会在我们这个物质世界中长久存在的。事实上，它们将立即被附近的带正电原子核所吸引和吸收，大概还会转化为中子。因此，即使这种负质子确实作为基本粒子的对称粒子而存在，它也是不容易被发现的。要知道，正电子的发现是在普通负电子的概念进入科学后又过了将近半个世纪才发生的事呢！如果确实有负质子存在，我们就可以设想存在着所谓反原子和反分子。它们的原子核由中子（和一般物质中的一样）和负质子组成，外面围绕着正电子。这些"反原子"的性质和普通原子的性质完全相同，所以你根本看不出水与"反水"、奶油与"反奶油"等东西有什么不同——除非把普通物质和"反物质"凑到一起。如果这两种相反的物质相遇，两种相反的电子就会立即发生湮没，两种相反的质子也会立即中和，这两种物质就会以超过原子弹的程度猛烈爆炸。因此，如果真的存在着由反物质构成的星系，那么，从我们这个星系扔去一块普通的石头，或者从那里飞来一块石头，在它们着陆时都会立即成为一颗原子弹。

有关反原子的奇想，到这里就算告一段落吧。现在我们来考虑另一类基本粒子。这种粒子也是颇不寻常的，而且在各类可进行观测的物理过程中都有它的份。它叫作"中微子"，是"走后门"进入物理学领域的。尽管各个方面都有人大喊大叫地反对它，它却在基本粒子家族中占据了一把牢固的交椅。它是如何被发现的，以及它是怎样被认识的，这是现代科学中最为令人振奋的故事之一。

中微子的存在是用数学家所谓"反证法"发现的。这个令人振奋的发现不是始于人们觉察到多了什么东西，而是因为人们发现少了某种东西。究竟少了什么呢？答案是：少了一些能量。按照物理学最古老、最稳固的定律，能量既不能创造，也不能消灭。那么，如果本应存在的能量找不到了，这就表明，一定有个小偷或一群小偷把能量拐跑了。于是，一伙热衷于维持秩序、喜欢起名字的科学侦探就给这些"偷能贼"起了个名字，叫作"中微子"，尽管我们还没有看到它们的影子哩！

这个故事叙述得有点太快了。现在还是回到这桩大"窃能案"上来。我们已经知道，每个原子的原子核约有一半核子带正电（质子），其余呈中性（中子）。如果给原子核增添一个或数个中子和质子*，从而改变质子和中子间相对的数量平衡，就会发生电荷的调整。如果中子过多，就会有一些中子释放出负电子而变为质子；如果质子过多，就会有一些质子射出正电子而变为中子。这两个过程表示在图 60 中。这种原子核内的电荷调整叫作 β 衰变，放出的电子叫作 β 粒子。核子的转变是个确定的过程，就一定会释放出定量的能量，并由电子带出来。因此，我们预料，从同一物质放射出来的 β 粒子，都应该有相同的速度。然而，观测表明，β 衰变的情况与这种预测直接相矛盾。事实上，我们发现释放出来的电子具有从零到某一上限的不同动能。既没有发现其他粒子，也没有其他辐射可以使能量达到平衡。这样一来，β 衰变中的"窃能案"可就严重了。曾经有人竟一度认为，我们面临着著名的能量守恒定律不再成立的第一个实验证据，这对于整套物理理论的精巧建筑真是极大的灾难。不过，还有一种可能：也许丢失的能量是被某种我们的观测方法无法察觉的新粒子带走的。泡利（Wolfgang Pauli）提出一种理论。他假设这种偷窃能量的"巴格达窃贼"是不带电荷、质量不大于电子质量的微粒，叫作中微子。事实上，根据已知的高速粒子与物质相互作用的事实，我们可以断定，这种不带电的轻粒子不能为现有的一切物理仪器所察觉，它可以不费吹灰之力地在任何物质中穿过极远的距离。对于可见光来说，只需薄薄一层金属膜即可把它完全挡住；穿透力很强的 X 射线和 γ 射线在穿过几英寸厚的铅块后，强度也会显著减低；而一束中微子可以

---

* 这可用轰击原子核的方法做到，本章后面将讲述这种方法。

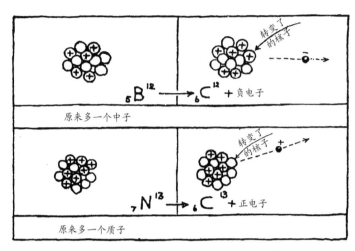

图 60　负 β 衰变和正 β 衰变的示意图。为清楚起见，所有的核子都画在同一个平面上

优哉游哉地穿过几光年厚的铅！无怪乎用任何方法也观测不出中微子，只能靠它们所造成的能量赤字来发现它们！

中微子一旦离开原子核，就再也无法捕捉到它了。可是，我们有办法间接地观测到它离开原子核时所引起的效应。当你用步枪射击时，枪身会向后坐而顶撞你的肩膀；大炮在发射重型炮弹时，炮身也会向后坐。力学上的这种反冲效应也应该在原子核发射高速粒子时发生。事实上，我们确实发现，原子核在 β 衰变时，会在与电子运动相反的方向上获得一定的速度。但是事实证明，它有一个特点：无论电子射出的速度是高是低，原子核的反冲速度总是一样（图 61）。这可就有点奇怪了，因为我们本来认为，一个快速的抛射体所产生的反冲会比慢速抛射体强烈。这个谜的解答在于，原子核在射出电子时，总是陪送一个中微子，以保持应有的能量平衡。如果电子速度大、带的能量多，中微子的速度就慢一些、能量小一些，反之亦然。这样，原子核就会在两个微粒的共同作用下，保持较大的反冲。如果这个效应还不足以证明中微子的存在，恐怕就没有什么能够证明它啦！

现在，让我们把前面讲过的内容总结一下，提出一个物质结构的基本粒子表，并指出它们之间的关系。

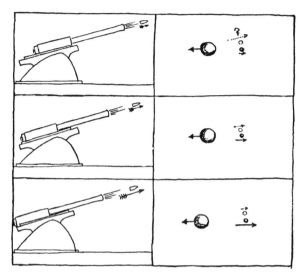

图 61 大炮和核物理的反冲问题

首先要列入的是物质的基本粒子——核子。目前所知道的核子或者是中性的，或者是带正电的，但也可能有带负电的核子存在。

其次是电子。它们是自由电荷，或带正电，或带负电。

还有神秘的中微子。它不带电荷，大概是比电子轻得多的。

最后还有电磁波。它们在空间中传播电磁力。

物理世界的所有这些基本成分是互相依赖，并以各种方式结合的。中子可变成质子并发射出负电子和中微子（中子 ——→ 质子+负电子+中微子）；质子又可发射出正电子和中微子而回复为中子（质子 ——→ 中子+正电子+中微子）。符号相反的两个电子可转变为电磁辐射（正电子+负电子 ——→ 辐射），也可反过来由辐射产生（辐射 ——→ 正电子+负电子）。最后，中微子可以与电子相结合，成为不稳定的粒子，在宇宙射线中出现。这种微粒称作介子（中微子+正电子 ——→ 正介子；中微子+负电子 ——→ 负介子；中微子+正电子+负电子 ——→ 中性介子）。也有人把介子称为"重电子"，但这种叫法不太恰当。

结合在一起的中微子和电子带有大量的内能，因此，结合体的质量比这两种粒子各自的质量之和大 100 倍左右。

图 62 是组成宇宙中各种物质的基本粒子的概图。

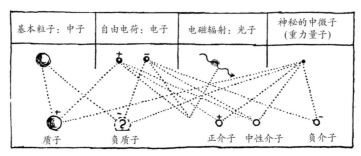

图 62　现代物理学中的基本粒子及其各种组合

大家可能会问："这一回到头了吗？""凭什么认为核子、电子和中微子真是基本粒子，不能再分成更小的微粒子呢？只不过在半个世纪以前，人们不还是认为原子是不可分的吗？而今天的原子表现出多么复杂的结构啊！"对这个问题，我们得这样回答：现在确实无法预测物质结构科学的发展前景，不过我们有比较充足的理由相信，这些粒子的确就是物质的不可再分的基本单位。理由是：各种原来被认为不可分的原子表现出彼此不同的、极为复杂的化学性质、光学性质和其他性质，而现代物理学中基本粒子的性质是极为简单的，简单得可与几何点的性质相比。还有，同古典物理中为数不少的"不可分原子"相比，我们现在只有三种不同的实体——核子、电子和中微子。而且，无论我们如何希望、怎么努力把万物还原为最简单的形式，总不能把万物化成一无所有吧！所以，看来我们对物质组成的探讨已经刨到根、摸到底了*。

----

* 这是作者撰写本书时科学界的普遍看法。但是，在作者于 1968 年去世以后，有越来越多的实验证据表明，核子（中子和质子）并不是真正的基本粒子，而是由一种名叫夸克的组成部分构成的合成物。夸克共有 6 种，人们按其性质的不同把它们命名为上夸克（u）、下夸克（d）、奇夸克（s）、粲夸克（c）、底夸克（b）和顶夸克（t）。中子是由一个上夸克和两个下夸克（u, d, d）组成的，质子则含有两个上夸克和一个下夸克（u, u, d）。因此，请读者记住，现在核子已不再被认为是基本粒子和基本物质，本书后文出现这种说法时，就不再一一加注说明。——校者

二、原子的"心脏"

既然我们已经对构成物质的基本粒子的本性和性质有全面的了解，现在就可以再来仔细研究一下原子的"心脏"——原子核。原子的外层结构在某种程度上可比作一个缩小的行星系统，但原子核本身却全然是另一种情景了。首先有一点是很清楚的：使原子核本身保持为一个整体的力不可能是静电力，因为原子核内有一半粒子（中子）不带电，另一半（质子）带正电，因而会互相排斥。如果一群粒子间只存在斥力，怎么能存在稳定的粒子群呢！

因此，为了理解原子核的各个组成部分保持在一起的原因，必须设想它们之间存在着另一种力，它是一种吸引力，既作用在不带电的粒子之间，也作用在带电的粒子之间，与粒子本身的种类无关。这种使它们聚集在一起的力通常被称为"内聚力"。这种力在其他地方也能遇到，例如在一般液体中就存在内聚力，这种力阻止各个分子向四面八方分散。

在原子核内部，各个核子间就存在这种内聚力。这样，原子核本身非但不致在质子间静电斥力的作用下分裂开来，而且这许多核子还能像罐头盒里的沙丁鱼一样紧紧挨在一起，相比之下，处于原子核外各原子壳层上的电子却有足够的空间进行运动。本书作者最先提出这样一种看法：可以认为原子核内物质的结构方式是与普通液体相类似的。原子核也像一般液体一样有表面张力。大家想必还记得，表面张力这一重要现象在液体中是这样产生的：位于液体内部的粒子被相邻的粒子向各个方向以相等的力拉扯，而位于表面的粒子只受到指向液体内部的拉力（图63）。

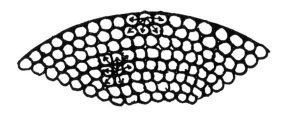

图63　对液体表面张力的解释

这种张力使不受外力作用的一切液滴具有保持球形的倾向，因为在体积相同的一切几何形体当中，球体的表面积最小。因此，可以得出结论说，不同元素的原子核可以简单地看作由同一类"核液体"组成的大小不同的液滴。不过可不要忘记，虽然定性地说，这种核液体与一般液体很相像，但定量地说，两者却大不相同，因为核液体的密度比水的密度大

$$240\,000\,000\,000\,000$$

倍，表面张力也比水大

$$1\,000\,000\,000\,000\,000\,000$$

倍。为了便于理解，可用下面的例子说明。如果有一个用金属丝弯成的倒 U 字形框架，大小约 2 英寸见方，下边横搭一根直丝，如图 64 画出的样子。现在给框内充入一层肥皂膜，这层膜的表面张力会把横丝向上拉。在丝下悬一小重物，可以把这个张力平衡掉。如果这层膜是普通的肥皂水，那它在厚度为 0.01 毫米时自重 1/4 克，能支持 3/4 克的重物。

假如我们有办法制成一层核液体薄膜，并把它张在这副框架上，这层膜的重量就会有 5000 万吨（相当于 1000 艘海轮的重量），横丝上则能悬挂 1 万亿吨的东西，这相当于火星的第二颗卫星——火卫二的重量！要在核液体里吹出这样一个泡来，得有多强壮的肺脏才行啊！

在把原子核看成小液滴时，一定不要忽略它们是带电的这一要点，因为有一半核子是质子。因此，核内存在着相反的两种力：一种是把各个核子约束在一起的表面张力，一种是核内各带电部分间倾向于把原子核分成好几块的斥力。这就是原子核不稳定的首要原因。如果表面张力占优势，原子核就不会自行分裂，而两个这样的原子核在互相接触时，就会像普通的两滴液体那样具有聚合在一起（聚变）的趋势。

与此相反，如果排斥的电力抢了上风，原子核就会有自行分裂为两块或多块高速飞离的碎块的趋势。这种分裂过程通常称为"裂变"。

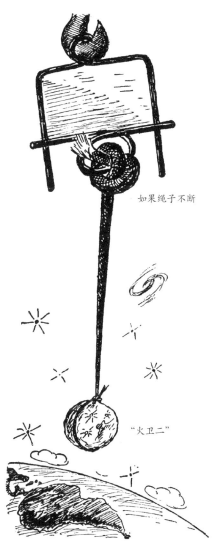

如果绳子不断

"火卫二"

图 64

玻尔和惠勒（John Archibald Wheeler）在 1939 年对不同元素原子核的
表面张力和静电斥力的平衡问题进行了精密的计算，他们得出一个极重要
的结论：元素周期表中前一半元素（到银为止）是表面张力占优势，而重元

素则是斥力居上风。因此，所有比银重的元素在原则上都是不稳定的，当受到来自外部的足够强烈的轰击时，就会裂开为两块或多块，并释放出相当多的内部核能［图65（b）］。与此相反，当总重量不超过银原子的两个轻原子核相接近时，就有自行发生聚变的希望［图65（a）］。

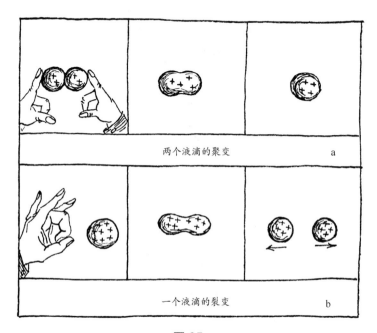

两个液滴的聚变   a

一个液滴的裂变   b

图65

    不过我们要记住，两个轻原子核的聚变也好，一个重原子核的裂变也好，除非我们施加影响，否则一般是不会发生的。事实上，要使轻原子核发生聚变，我们就得克服两个原子核之间的静电斥力，才能使它们靠近；而要强令一个重原子核进行裂变，就必须强烈地轰击它，使它进行大幅度的振动。

    这一类必须有起始的激发才能导致某一物理过程的状态，在科学上叫作亚稳态。立在悬崖顶上的岩石、一盒火柴、炸弹里的TNT，都是物质处于亚稳态的例子。在这每一个例子中，都有大量的能量在等待得到释放。但是不踢岩石，岩石不会滚下；不划或不加热火柴，火柴不会燃着；不用雷管给 TNT 引爆，炸药不会爆炸。在我们生活的这个世界上，除了银块*外都是潜在的核爆炸物质。但是，我们并没有被炸得粉身碎骨，就是因为核反应的发生是极端困难的，说得更科学一点，是因为需要用极大的激发能才能使原子核发生变化。

在核能的领域内，我们所处的地位（更确切地说，是不久前所处的地位）很像这样一个因纽特人。这个因纽特人生活在 0℃ 以下的环境中，接触到的唯一固体是冰，唯一液体是酒。这样，他不会知道火为何物，因为用两块冰进行摩擦是不能生出火来的；他也只把酒看成令人愉快的饮料，因为他无法把它升温到燃点。

现在，当人类由最近的发现得知原子内部蕴藏着极大的能量可供释放时，他们的惊讶多么像这个不知火为何物的因纽特人第一次看到酒精灯时的心情啊！

一旦克服了使核反应开始进行的困难，所引起的一切麻烦就都大大地得到补偿了。例如，数量相等的氧原子和碳原子按照

$$O+C \longrightarrow CO+能量$$

这个化学方程化合时，每 1 克混合好的氧和碳会放出 920 卡**热量。如果把这种化学结合［分子的聚合，图 66（a）］换成原子核的聚合［图 66（b）］，即

$$_6C^{12}+_8O^{16}=_{14}Si^{28}+能量，$$

这时，每克混合物释放出的能量达到 14 000 000 000 卡之多，是前者的 1500 万倍。

同样，1 克复杂的 TNT 分子在分解成水分子、一氧化碳分子、二氧化碳分子和氮气（分子裂变）时，约释放 1000 卡热量；而同样重量的物质，

---

* 应该记住，银的原子核是既不聚变也不裂变的。

** 卡是度量热能的热量单位，1 克水升高 1℃ 所需的能量为 1 卡。

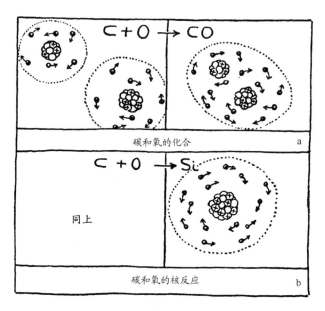

图 66

如汞，在核裂变时会释放 10 000 000 000 卡热量。

但是，千万别忘了，化学反应在几百度的温度下就很容易进行，而相应的核转变却往往在达到几百万度时还未引发哩！正是这种引发核反应的困难，说明了整个宇宙眼下还不会有在一声巨爆中变成一大块纯银的危险，因此大家尽管放心好了。

三、轰击原子

原子量的整数值为原子核构造的复杂性提供了有力的论据，不过这种复杂性只有用能够把原子核破裂成两块或更多块的直接实验，才能最后加以证实。

第一次表明有可能使原子碎裂的迹象，是 1896 年法国科学家贝克勒耳

（Edmond Alexandre Becquerel）所发现的放射性。事实表明，位于周期表尽头的元素，如铀和钍，能自行发出穿透性很强的辐射（与一般 X 射线相似）的原因，在于这些原子在进行缓慢的自发衰变。人们对这个发现做了精细的研究，很快得出这样的结论：重原子在衰变中自行分裂成两个大不相同的部分：①叫作 α 粒子的小块，它是氦的原子核；②原有原子核的剩余部分，它又是子元素的原子核。当铀原子核碎裂时，放出 α 粒子，产生的子元素称为铀 X$_1$，它的内部经历重新调整电荷的过程后，释放出两个自由的负电荷（普通电子），变为比原来的铀原子轻四个单位的铀同位素。紧接着又是一系列的 α 粒子发射和电荷调整，直到变为稳定的铅原子，才不再进行衰变。

这种交替发射 α 粒子和电子的嬗变可发生在另外两族放射性物质上，它们是以重元素钍为首的钍系和以锕开始的锕系。这三族元素都进行一系列衰变，最后成为三种铅同位素。

我们在上一节讲过，元素周期表中后一半元素的原子核是不稳定的，因为在它们原子核内倾向于分离的静电力超过了把核约束在一起的表面张力。细心的读者把这一条和自发放射衰变的情况对比一下，就会觉得诧异：既然所有比银重的元素都是不稳定的，为什么只在最重的几种元素（如铀、镭、钍）上才观察到自发衰变呢？这是因为虽然所有比银重的元素在理论上都可以看作放射性元素，并且它们也确实都在渐渐地衰变成轻元素，不过在大多数情况下，自发衰变进行得非常缓慢，以致无法发现这个过程。一些大家熟悉的元素，如碘、金、汞、铅等，它们的原子在一个世纪中说不定只分裂一两个。这可太慢了，用任何灵敏的物理仪器都无法记录下来。只有最重的元素，由于它们自发分裂的趋势很强，才能产生能够观测出的放射性来*。这种相对的嬗变率还决定了不稳定原子核的分裂方式。例如，铀的

---

* 以铀为例，1 克铀中每秒钟有几千个原子进行分裂。

原子核就可能以几种方式裂开：或者是分裂成两块相等的部分，或者是三块相等的部分，或者是许多块大小不等的部分。不过，最容易发生的是分成一个α粒子和一个剩余的子核。根据观察，铀原子核自行裂成两块相等部分的机会要比放射出一个α粒子的机会低数百万倍。所以，在1克铀中，每1秒内都有上万个原子核进行放射α粒子的分裂，而要观测到1次分成两块相等部分的裂变，却要等上几分钟呢！

放射现象的发现，不容置疑地证明了原子核结构的复杂性，也打开了人工产生（或激发）核嬗变的道路。它使我们想到，如果重元素，特别是那些不稳定的重元素能够自行衰变，那么，我们能否用足够强有力的高速粒子去轰击那些稳定的原子核，使它们发生分裂呢？

卢瑟福就抱着这样的想法，决定让各种通常是稳定的元素遭受不稳定放射性元素在分裂时放出的核碎块（α粒子）的轰击。他在1919年为这个实验首次采用的仪器（图67），与当今某几个物理实验室中轰击原子的巨大仪器相比，真是简单到了极致。这个仪器包括一个圆筒形真空容器，一端有一扇窗，上面涂有一薄层荧光物质当作屏幕（c）。α粒子轰击源是沉积在金属片上的一薄层放射性物质（a），待轰击的靶子（这个实验用的是铝）被做成箔状，放在离轰击源一段距离之处（b）。铝箔靶被安放得恰好能使所有入射α粒子都会嵌在上面。因此，如果轰击没有导致靶子产生次级核碎块的话，荧光屏是不会发亮的。

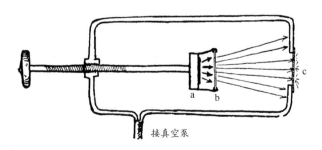

图67　原子是如何被首次分裂的

　　把一切装置安装就绪之后，卢瑟福就借助显微镜观察屏幕。他看到屏上绝不是一片黑暗，整个屏幕上都闪烁着万万千千的跳动亮点！每个亮点都是质子撞在屏上所产生的，而每个质子又是入射 α 粒子从靶子上的铝原子里撞出的"一块碎片"。因此，元素的人工嬗变就从理论上的可能性变成了科学上的既成事实*。

　　在卢瑟福做了这个经典实验之后的几十年内，元素的人工嬗变已发展成为物理学中最大和最重要的分支之一，无论是在产生供轰击用的高速粒子的方法上，还是在对结果的观测上，都取得了极大进展。

　　在观测粒子撞击原子核所发生的情况时，最理想的仪器是一种能够直接用肉眼观看的云室（它是威耳逊发明的，又称威耳逊云室）。图 68 是威耳逊云室简图。它的工作原理基于这样一个事实：高速运动的带电粒子，在

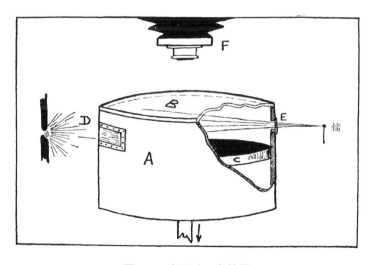

图 68　威耳逊云室简图

---

* 上述过程可用反应式表述如下：

$$_{13}Al^{27} + _2He^4 \longrightarrow _{14}Si^{30} + _1H^1。$$

穿过空气或其他气体时，会使沿路的气体原子发生一定程度的变形。它们在粒子的强电场作用下，会失去一个或数个电子而成为离子。这种状态不会长久持续下去。粒子一过，离子很快又重新俘获电子而恢复原状。不过，如果在这种发生了电离的气体中含有饱和的水蒸气，它们就会以离子为核心形成微小的水滴——这是水蒸气的性质，它能附着在离子、灰尘等东西上——结果沿粒子的路径会出现一道细细的雾珠。换句话说，任何带电粒子在气体中运动的径迹就变成了可见的，如同一架拖着尾烟的飞机。

从制作工艺来看，云室是个简单的仪器，它主要包括一个金属圆筒（A），筒上盖有一块玻璃盖子（B），内装一个可上下移动的活塞（C）（移动部件图中未画出）。玻璃盖子和活塞工作面之间充有空气（或视具体需要改充其他气体）和一定量的水蒸气。当一些粒子从窗口（E）进入云室时，导致活塞骤然下降，活塞上部的气体就会冷却，水蒸气则会形成细微的水珠，沿粒子径迹凝结成一缕雾丝。由于受到从边窗（D）射入的强光照射，以及活塞面黑色背景的衬托，雾迹清晰可见，并可用与活塞连动的照相机（F）自动拍摄下来。这个简单的装置，能使我们获得有关核轰击的极完美的照片，因此，它已成为现代物理学中最有用的仪器之一。

自然，我们也希望能设计出一种在强电场中加速各种带电粒子（离子）以形成强大粒子束的方法。这样不但能省去稀少而昂贵的放射性物质，还能增加其他类型的粒子（如质子），并且粒子的动能也比一般放射性衰变中所放出的粒子大。在各种产生强大高速粒子束的仪器中，最重要的有静电发生器、回旋加速器和直线加速器。图 69、图 70 和图 71 分别简述了它们的作用原理。

使用上述加速器产生各种强大的粒子束，并引导它们去轰击用各种物质做成的靶子，可以产生一系列核嬗变，并用云室拍摄下来，这样，研究起来很方便。书末的图版Ⅲ、Ⅳ就是几张核嬗变的照片。

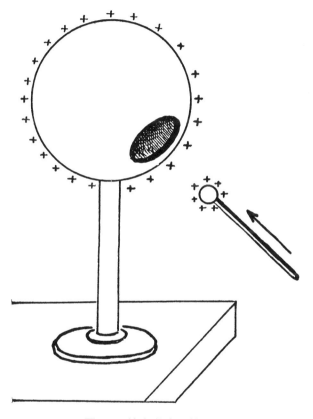

图 69　静电发生器的原理

基础物理学告诉我们，传递给一个金属导体球的电荷会分布在外表面上。因此，我们可以在空心金属球上开一个小洞，把带有少量电荷的小导体一次又一次地伸进筒内与球的内表面接触，从而使它的电压达到任意数值。在实际应用中，我们使用的是一条通过小洞伸进球内的传送带，由它把一个小感应起电器产生的电荷携入球内

151

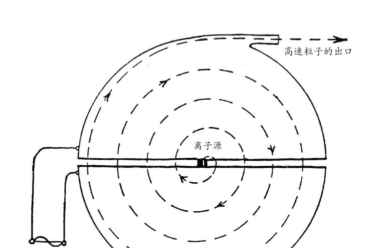

图 70　回旋加速器的原理

回旋加速器主要包括两个放在强磁场中的半圆形金属盒（磁场方向和纸面垂直）。
两个盒与变压器的两端分别相连，因此，它们交替带有正电和负电。从中央的离子源
射出的离子在磁场中沿半圆形路径前进，并在从一个盒体进入另一个盒体的中途受到
加速。离子越走越迅速，描绘出一条向外扩展的螺线，最后以极高的速度冲出

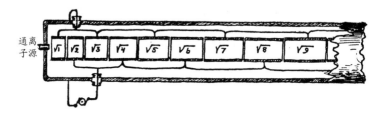

图 71　直线加速器原理

这套装置包括长度逐渐增大的一套圆筒，它们由变压器交替充以正电和负电。离子
在从一个圆筒进入另一个圆筒的途中被这相邻两筒间的电势差加速，能量逐渐增大。
由于速度同能量的平方根成正比，所以，如果把筒长按整数的平方根的比例设计，
离子就会保持与交变电场同相。把这套装置设计得足够长，就能把离子加速到任意
大的速度

剑桥大学的布莱克特（Patrick Maynard Stuart Blackett）拍摄了第一张这种照片，他拍摄的是一束衰变中产生的 α 粒子通过充氮的云室*。首先可以看出，所有的径迹都有确定的长度，这是因为粒子在飞过气体时，逐渐失去自己的动能，最后归于静止。粒子径迹的长度有两种，这是因为有两种不同能量的 α 粒子（粒子源是钍的两种同位素 ThC 和 ThC′ 的混合物）。在照片上还能注意到，α 粒子的径迹基本上是笔直的，只是在尾部，即粒子快要失去全部初始能量时，才容易由氮原子的非正面碰撞造成明显的偏折。但是，在这幅星状的 α 粒子图中，有一道径迹很特殊，它有一个特殊的分叉，分叉的一支细而长，一支粗而短。这表明它是 α 粒子和氮原子面对面碰撞的结果。细而长的径迹是被撞出的质子，粗而短的则是被撞到一旁的氮原子。因为看不到其他径迹，这就说明，肇事的 α 粒子已经附在氮原子核上一起运动了。

在书末图版Ⅲb 上，我们能看到人工加速的质子与硼核碰撞的效应。高速质子束从加速器出口（照片中央的黑影）射到外面的硼片上，从而使原子核的碎块沿各个方向穿过空气飞去。从照片上可看到一个有趣之处，就是碎块的径迹是以三个为一组（照片上可看到两组，其中一组还以箭头标出），这是由于硼原子被质子击中时，会裂成 3 个相等的部分**。

书末图版Ⅲa 摄下的是高速氘核（由一个质子和一个中子形成的重氢原子核）和靶上的另一个氘核相碰撞的情景***。

照片中，较长的径迹属于质子（$_1H^1$ 核），较短的则属于三倍重的氢核（也称氚核）。

---

* 核反应式如下：

$$_7N^{14} + _2He^4 \longrightarrow _8O^{17} + _1H^1$$

（本书末刊载了这幅照片）。

** 核反应式为：

$$_5B^{11} + _1H^1 \longrightarrow _2He^4 + _2He^4 + _2He^4。$$

*** 核反应式为：

$$_1H^2 + _1H^2 \longrightarrow _1H^3 + _1H^1。$$

中子和质子一样，是构成各种原子核的主要成分。如果没有中子参与反应的云室照片，那是很不完全的。

但是，不要指望在云室中看到中子的径迹，因为中子是不带电的，所以，这匹原子物理学中的"黑马"*在行进途中不会造成电离。不过，当你看到从猎人枪口冒出一股轻烟，又看到从天上掉下一只鸭子，你就晓得有一颗子弹飞出过，尽管你看不到它。同样，在你观看书末图版Ⅲc这一云室照片时，你看到一个氮原子分裂成氦核（向下的一支）和硼核（向上的一支），就一定会意识到这个氮核一定是被一个看不见的粒子从左面狠狠地撞了一下。事实正是如此，我们在云室左边的壁上放置了镭和铍的混合物，这正是快中子源**。

只要把中子源和氮原子分裂的地点这两个点连接起来，就是表示中子运动路径的直线了。

书末图版Ⅳ是铀核的裂变照片，它是包基尔德（Boggild）、布劳斯特劳姆（Brostrom）和劳里森（Lauritsen）拍摄的。从一片敷有一层铀的铝箔上，沿相反方向飞出两块裂变产物。当然，在这张照片上是显示不出引发这次裂变的中子和裂变所产生的中子的。

使用加速粒子轰击原子核的方法，我们可以得到无穷无尽的各种核嬗变，不过现在我们应该转到更重要的问题上来，即看看这种轰击的效率如何。要知道，书末图版Ⅲ和Ⅳ所示的只是单个原子分裂的情况。如果要把1克硼完全转变为氦，就要把所有 55 000 000 000 000 000 000 000 个硼原子都击碎。目前功能最强大的加速器每秒钟能产生 1 000 000 000 000 000 个

---

* "黑马"的原意为跑马比赛中无人注意而突然取胜的马，本文用以比喻不易被发现的中子。——译者

** 这个过程的核反应式可以表示如下：

（a）中子的产生：

$$_4Be^9 + _2He^4（来自镭的 \alpha 粒子）\longrightarrow _6C^{12} + _0n^1；$$

（b）中子轰击氮原子：

$$_7N^{14} + _0n^1 \longrightarrow _5B^{11} + _2He^4。$$

粒子，即使每个粒子都击碎一个硼核，那也得把这台加速器开动 5500 万秒，也就是差不多两年才行。

　　然而，实际上的效率要比这低得多。通常在几千个高速粒子当中，只能指望有一个命中靶子的原子核而造成裂变。这个极低的效率是因为原子核外的电子能够减慢入射带电粒子的通过速度。电子壳层受轰击的截面积要比原子核受轰击的截面积大得多，我们又显然不能把每个粒子都瞄准原子核，因此，粒子要在穿过许多原子的电子壳层后，才有直接命中某一个原子核的机会。图 72 说明了这种局面。在图上，原子核用黑色小圆点表示，电子壳层用阴影线表示。原子与原子核的直径之比约为 10 000∶1，因此它们受轰击面积的比值为 100 000 000∶1。我们还知道，带电粒子在穿过一个原子的电子壳层后，能量要减少万分之一左右。这样，它在穿过 1 万个电子壳层后就会停下来。由这些数据不难看出，在 1 万个粒子中，只有 1 个有可能在能量消耗光之前撞到某个原子核上。考虑到带电粒子给靶子上的原子以摧垮性打击的效率是如此之低，要使 1 克硼完全嬗变，恐怕至少也得让一台最先进的加速器持续运行两万年！

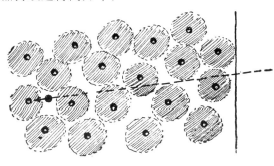

图 72

四、核子学

　　往往有这么一些词，看起来似乎不那么恰当，但却颇有实用价值。"核子学"就是这样的一个词。因此，我们不妨采用这个词。正如"电子学"讲的是自由电子束的广泛实际应用一样，"核子学"也应理解成是对核能量的大规模释放进行实际应用的科学。上一节中我们已经看到，各种化学元素（除去银以外）的原子核内都蕴藏着巨大的内能；对轻元素来讲，内能可在聚变时放出；对重元素来讲，内能则在裂变时放出。我们又看到，用人工加速的粒子轰击原子核这个方法，尽管在研究核嬗变的理论上极为重要，但由于效率极低，派不上实际用场。

不过，这种低效率主要是由于α粒子和质子是带电粒子，它们在穿过原子时会失去能量，又不易逼近被轰击的靶原子核。我们当然会想到，如果用不带电的中子来轰击，大概会好一些。然而，这还是不好办。因为中子可以轻而易举地进入原子核内，它们在自然界中就不以自由状态存在；即使凭借人工方法，用一个入射粒子从某个原子核里"踢"出一个中子来（如铍靶在α粒子轰击下产生中子），它也会很快地又被其他原子核重新俘获。

这样，要想产生强大的中子束，就得从某种元素的原子核里把中子一个一个地踢出来。这样做，岂不是又回到低效率的带电粒子这一条老路上去了吗？

然而，有一个跳出这种恶性循环的方法：如果能用中子踢出中子，而且踢出不止一个，中子就会像兔子繁衍（参见图97），或者像细菌繁殖一样地增加起来。不久，由一个中子所产生的后代就会多到足以向一大块物质中的每一个原子核进攻的程度。

自从人们发现了这样一种使中子增长的核反应后，核物理学就空前繁荣起来，并从作为研究物质最隐秘性质的纯科学这座清静的象牙塔中走了出来，投进了报纸标题、狂热政论和发展军事工程的旋涡。凡是看报纸的人，没有不知道铀核裂变可以放出核能——通常称为原子能——这种能量的。铀的裂变是哈恩（Otto Hahn）和斯特拉斯曼（Fritz Strassman）在1938

年末发现的。但是，不要认为由裂变生成的两个大小差不多的重核本身能使核反应进行下去。事实上，这两部分核块都带有许多电荷（各带铀核原电荷的一半左右），因此不可能接近其他原子核；它们将在邻近原子的电子层作用下迅速失去自己的能量而归于静止，并不能引起下一步裂变。

铀的裂变能一跃成为极重要的过程，是由于人们发现了铀核碎片在速度减慢后会放出中子，从而使核反应能自行维持下去（图 73）。

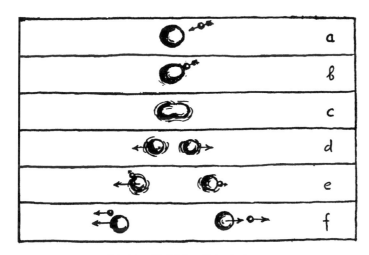

图 73　裂变过程的各个阶段

裂变的这种特殊的缓发效应的发生原因，在于重原子核在裂开时会像断裂成两节的弹簧一样处于剧烈的振动状态中。这种振动不足以导致二次裂变（即碎片再一次双分），却完全有可能抛出几个基本粒子来。要注意：我们所说的每个碎块放射出一个中子，这只是个平均数字；有的碎块能产生两个或三个中子，有的则一个也不产生。当然，裂变时碎块所能产生的中子数有赖于振动强度，而这个强度又取决于裂变时释放的总能量。我们知道，这个能量的大小是随原子核重量的增大而增加的，因此，我们可以预料到，裂变所产生的中子数随周期表中原子序数的增大而增多。例如，金核裂变（由于所需的激发能太高，至今尚未实验成功）所产生的中子数，大概会少于每块一个，铀则为每块一个（即每次裂变产生两个），更重的元素（如钚）应多于每块一个。

如果有 100 个中子进入某种物质，为了能够满足中子的连续增殖，这100 个中子显然应产生出多于 100 个中子。至于能否达到这一状况，要看中子使这种原子核裂变的效率有多大，也要看一个中子在造成一次裂变时所产生的新中子有多少。应该记住，尽管中子比带电粒子有高得多的轰击效率，但也不会达到 100%。事实上，总有一些高速中子在和某个原子相撞时，只交给它一部分动能，然后带着剩余的动能跑掉。这样一来，粒子的动能将分散消耗在几个原子核上，而没有一个发生裂变。

根据原子核结构理论，可以归结出这样一点：中子的裂变率随裂变物质原子量的递增而提高，对于周期表末尾的元素，裂变率接近百分之百。

现在，我们给出两个中子数的例子，一个是有利于中子增多的，一个是不利于中子增多的：①快中子对某元素的裂变率为 35%，裂变产生的平均中子数为 1.6 个*。这时，如果有 100 个中子，就能引起 35 次裂变，产生35×1.6=56 个第二代中子。显然，中子数目会逐代下降，每一代都减少将近一半。②另一种较重元素，裂变率升至 65%，裂变产生的平均中子数为2.2 个。此时，如有 100 个中子，就会导致 65 次裂变，放出的中子总数为65×2.2=143 个。每产生新的一代，中子数就增加约 50%，不用多久，就会产生出足以轰击核样品中每一个原子核的中子来（图 74）。这种反应，我们称为渐进性分支链式反应；能产生这种反应的物质，我们叫作裂变物质。

对于发生渐进性分支链式反应的必要条件做细心的实验观测和深入的理论研究以后，可得出结论说，在天然元素中，只有一种原子核可能发生这种反应。这就是铀的轻同位素铀 235。

---

* 这些数值只是为了举例而给出的，并非某种元素的真实数据。

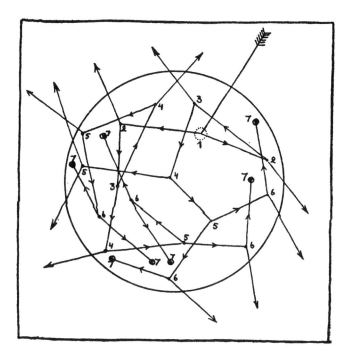

图 74　在一块球形的裂变物质中发生的链式反应。尽管有许多中子从表面上
　　　　跑掉了，但每一代的中子数仍会不断增加，最后导致爆炸

但是，铀 235 在自然界中并不单独存在，它总是和大量较重的非裂变同位素铀 238 混在一起（铀 235 占 0.7%，铀 238 占 99.3%），这就会像湿木柴中的水分妨碍木柴的燃烧一样影响到铀的渐进式分支链式反应。不过，正因为有这种不活泼的同位素与铀 235 掺杂在一起，才使得这种高裂变性的铀 235 至今仍然存在，否则，它们早就会由于渐进式链式反应而迅速毁掉了。因此，如果打算利用铀 235 的能量，那么，就得先把铀 235 和铀 238 分离开来，或者是研究出不让较重的铀 238 捣蛋的办法。这两类方法都是释放原子能这个课题的研究对象，并且都得到了成功的解决。由于本书不打算过多地涉及这类技术性问题，所以我们只在这里简单地讲一讲。

要直接分离铀的两种同位素是个相当困难的技术问题。它们的化学性质完全相同，因此，一般的化工方法是无能为力的。这两种原子只在质量上稍有不同——两者相差 1.3%，这就为我们提供了靠原子质量的不同来解决问题的扩散法、离心法、电磁场偏转法等。图 75（a）和图 75（b）示出了两种主要分离方法的原理图，并附有简短说明。

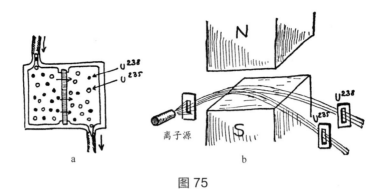

图 75

a. 用扩散法分离同位素。含有两种同位素的气体被抽入泵室的左半部，并透过中央的隔板扩散到另一边。较轻的分子扩散得快一些，在右半部的气体中会富集铀 235；b. 用电磁场偏转法分离同位素。原子束在强磁场中穿过，较轻的同位素被偏转得多一些。为了提高粒子束的强度，必须选用较宽的缝隙，因此铀 235 和铀 238 两束粒子会部分地重叠，得到的只是部分的分离

　　所有这些方法都有一个缺点：由于这两种同位素的质量相差甚小，因而分离过程不能一步完成，需要多次反复进行，才能使轻的同位素一步步富集。这样，经过相当多次重复后，可得到很纯的铀 235 产品。

　　更聪明的方法是使用所谓的减速剂，人为地减小天然铀中重同位素的影响，从而使链式反应能够进行。在了解这个方法之前，我们先得知道，铀的重同位素对链式反应的破坏作用，在于它吸收了铀 235 裂变时产生的大部分中子，从而破坏了链式反应的进行。因此，如果我们能设法使中子在碰到铀 235 的原子核之前不致被铀 238 原子核所俘获，裂变就能继续进行下去，问题也就解决了。不过，铀 238 比铀 235 约多 140 倍，不让铀 238 得到大部分中子，岂不是想入非非！然而，在这个问题上，另一个事实帮了

忙。这就是铀的两种同位素"俘获中子的能力"随中子运动速度的不同而不同。对于裂变时所产生的快中子，两者的俘获能力相同，因此，每有一个中子轰击到铀235的原子核，就有140个中子被铀238所俘获。对于中等速度的中子来说，铀238的俘获能力甚至比铀235还要强。不过，重要的一点是：当中子速度很低时，铀235能比铀238俘获到多得多的中子。因此，如果我们能使裂变产生的高速中子在与下一个铀原子核（铀238或铀235）相遇之前先大大减速，那么，铀235的数量虽少，却会比铀238有更多的机会来俘获中子。

我们把天然铀的小颗粒，掺在某种能使中子减速而本身又不会俘获大量中子的物质（减速剂）里面，就可得到减速装置。最好的减速剂是重水*、碳、铍盐。从图76可以看出，这样一个散布在减速剂中的铀颗粒"堆"是如何工作的**。

我们说过，铀的轻同位素铀235（只占天然铀的0.7%）是唯一能维持渐进式链式反应并放出巨大核能的天然裂变物质。但这并不等于说，我们不能人工制造出性质与铀235相同而在自然界中并不存在的元素来。事实上，利用裂变物质在链式反应中所产生的大量中子，我们可以把原来不能发生裂变的原子核变为可以裂变的原子核。

第一个这种例子，就是上述由铀和减速剂混合成的反应堆。我们已经看到，在使用减速剂以后，铀238俘获中子的能力会减小到足以让铀235进行链式反应的程度。然而，还是会有一些铀238的原子核俘获到中子。这样一来又会出现什么情形呢？

铀238的核在俘获一个中子后，当然就马上变成更重的同位素铀239。不过，这个新生子核的寿命不长，它会相继放出两个电子，变成原子序数为

---

* 即由氢的同位素氘（$_1H^2$）和氧化合成的水，其分子式为 D_2O。——译者

** 有关铀堆的更详尽的讨论，请阅读专论原子能的书刊。

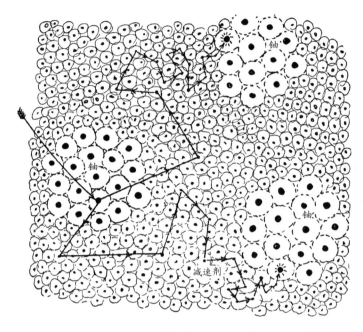

图 76　这张画看起来倒很像是一张生物的细胞图，事实上，它所表示的是嵌在减速剂（小原子）中的一团团铀原子（大原子）。在左面的一团铀原子中有一个发生了裂变，产生的两个中子进入减速剂，并在与它们的原子的一系列碰撞过程中逐渐减慢速度。当这些中子到达另一团铀原子时，已被减速到相当程度，这样就能被铀 235 的原子核俘获，因为铀 235 俘获慢中子的效率比铀 238 高

94 的新元素的原子。这种人造新元素叫作钚（Pu-239），它比铀 235 还容易发生裂变。如果我们把铀 238 换成另一种天然放射性元素钍（Th-232），它在俘获中子和释放两个电子后，就变成另一种人造裂变元素铀 233。

　　因此，从天然裂变元素铀 235 开始，进行循环反应，理论上和实际上都可能将全部天然铀和钍变成裂变物质，成为富集的核能源。

　　最后，让我们大致计算一下，可供人类用于和平发展或自我毁灭的战争中的总能量有多少。计算表明，所有天然铀矿中的铀 235 所蕴藏的核能，如果全部释放出来，可以供全世界的工业使用数年；如果考虑到铀 238 转变成钚的情况，时间就会加长到几个世纪。再考虑到蕴藏量 4 倍于铀的钍

（转变为铀233），至少就可用一两千年。这足以使任何"原子能匮乏"论不能立足了。

即使所有这些核能源都被用光，并且也不再发现新的铀矿和钍矿，后代人也还是能从普通岩石里获得核能。事实上，铀和钍也跟其他元素一样，都少量地存在于一切普通物质中。例如，每吨花岗岩中含铀4克，含钍12克。乍一看来，这未免太少了。但不妨往下算一算：1千克裂变物质所蕴藏的核能相当于2万吨TNT爆炸时或2万吨汽油燃烧时释放出的能量。因此，1吨花岗岩中的这16克铀和钍，就相当于320吨普通燃料。这就足以补偿复杂的分离步骤所带来的一切麻烦了——特别是在当我们面临富矿源趋于枯竭的时候。

物理学家在征服了铀、钍之类的重元素裂变时所释放的能量后，又盯上了与此相反的过程——核聚变，即两个轻元素的原子聚合成一个重原子核，同时释放出大量能量的过程。在第十一章里，大家会看到，太阳的能量就来自因氢核进行猛烈的热碰撞而合成较重的氦核这种聚变反应。为了实现这种所谓热核反应，以供人类应用，最适用的聚变物质是重氢，即氘。氘在水里少量存在。氘核含有一个质子和一个中子。当两个氘核相撞时，会发生下面两个反应当中的一个：

$$2\,氘核 \longrightarrow {}_2He^3 + 中子；$$
$$2\,氘核 \longrightarrow {}_1H^3 + 质子；$$

为了实现这种变化，氘必须处于几亿度的高温下。

第一个实现核聚变的装置是氢弹，它用原子弹来引发氘的聚变。不过，更复杂的问题是如何实现可为和平目的提供大量能量的受控热核反应。要克服主要的困难——约束极热的气体——可利用强磁场使氘核不与容器壁接触（否则容器会熔化和蒸发！），并把它们约束在中心的热区内。

第八章　无 序 定 律

一、热的无序

斟上一杯水，并且仔细观察它，这时，你看到的只是一杯清澈而均匀的液体，看不出有任何内部运动的迹象（当然，这是指不晃动水杯而言）。但我们知道，水的这种均匀性只是一种表面现象。如果把水放大几百万倍，就会看出它具有明显的颗粒结构，是由大量紧紧地挨在一起的单个分子组成的。

在这样的放大倍数下，我们还可以清清楚楚地看到，这杯水绝非处于静止状态。它的分子处在猛烈的骚动中，它们来回运动，互相推挤，恰似一个极度激动的人群。水分子或其他一切物质分子的这种无规则运动叫作热运动，因为热现象就是这种运动的直接结果。尽管肉眼察觉不到分子和分子的运动，但分子的运动能对人体器官的神经纤维产生一定的刺激，从而使人产生热的感觉。对于比人小得多的生物，如悬浮在水滴中的细菌，这种热运动的效应就要显著得多了。这些可怜的细菌会被进行热运动的分子从四面八方无休止地推来搡去，得不到安宁（图77）。这种可笑的现象是100多年前英国生物学家布朗（Robert Brown）在研究植物花粉时首次发现的，因此被称为布朗运动。这是一种普遍存在的运动，可在悬浮于任何一种液体中的任何一种物质微粒（只要它足够细小）上观察到，也可以在空气中飘浮的烟雾和尘埃上观察到。

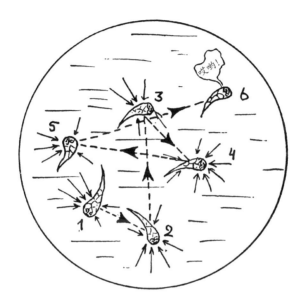

图 77　一个细菌被周围分子推来搡去而连续换了 6 个位置

如果把液体加热，那么，悬浮小微粒的狂热舞蹈将变得更为奔放；如果液体冷却下来，它们的舞步就会显著变慢。毫无疑问，我们所观察到的现象正是物质内部热运动的效应。因此，我们通常所说的温度不是别的，而正是分子运动激烈程度的量度。通过对布朗运动与温度的关系进行研究人们发现，在温度达到-273℃时，物质的热运动就完全停止了。这时，一切分子都归于静止。这显然就是最低的温度，被称为绝对零度。如果有人提起更低的温度，那显然是荒唐的。因为哪里会有比绝对静止更慢的运动呢？

一切物质的分子在接近绝对零度这个温度时，能量都是很小的。因此，分子之间的内聚力将把它们凝聚成固态的硬块，这些分子只能在凝结状态下做轻微的颤动。如果温度升高，这种颤动就会越来越强烈；到了一定程度，这些分子就可以获得一定程度的运动自由，从而能够滑动。这时，原先在凝结状态下所具有的硬度消失了，物质就变成了液体。物质的熔解温度取决于分子内聚力的强度。有些物质，如氢或空气（氮和氧的混合物），它们分子间的内聚力很微弱，在很低的温度下就会被热运动所克服。氢要到14K（即-259℃）下才处于固体状态，氧和氮则分别在 55K 和 64K（即-218℃和-209℃）时熔解。另一些物质的分子则有较强的内聚力，因此能在较高温度下保持固态。例如，酒精能保持固态到-114℃，固态水（即冰）在 0℃时才融化。还有一些物质能在更高的温度下保持固态：铅在327℃时熔解，铁在 1535℃，而稀有金属锇能坚持到 2700℃。物质处于固态时，它们的分子显然是被紧紧束缚在一定的位置上，但绝不是不受热的影响。根据热运动的基本定律，处在相同温度下的一切物质，无论是固体、液体还是气体，其单个分子所具有的能量是相同的，只不过对某些物质来说，这样大的能量已足以使它们的分子从固定位置上挣脱开来；而对另一些物质来说，分子只能在原位上振动，如同被短链子拴住的狂怒的狗一样。

固体分子的这种热颤动或热振动，在上一章所描述的 X 射线照片中可以很容易地观察到。我们确实知道，拍摄一张晶格分子的照片需要一定时间，因此在这段曝光时间内，绝对不能允许分子离开自己的固定位置。来回颤动非但无助于拍照，反而会使照片模糊起来。这种模糊现象可从书末图版 Ⅰ 那张六甲苯分子照片上看到。为了得到清晰的图像，必须尽可能把晶体冷却，这一般是通过把晶体浸到液态空气中来实现的。反过来，如果把被摄影的晶体加热，照片就会变得越来越模糊。当达到熔点时，由于分子脱离原来的位置，在熔解的液体里无规则地运动起来，它的影像就会完全消失（图78）。

在固体熔化后，分子仍然会聚在一起。因为热冲击虽然已大得能把分子从晶格上拉下来，却还不足以使它们完全离开。然而，当温度进一步升高时，分子间的内聚力就再也不能把分子聚拢在一起了。这时，如果没有容器壁的阻挡，它们将沿各个方向四散飞开。这样一来，物质当然就处在气态

图 78

了。液体的汽化也和固体的熔化一样，不同的物质有不同的温度，内聚力弱的物质变成气体所需达到的温度要比内聚力强的物质低。汽化温度还与液体所受压力的大小有重大关系，因为外界的压力显然是会帮内聚力的忙的。

我们知道，正因为如此，封得很严实的一壶水，它的沸腾温度要比在敞开时高；另外，在大气压大为降低的高山顶上，水不到100℃就会沸腾。顺便提一下，测量水在某个位置上的沸腾温度，就可以计算出大气压强，也就可以知道这个位置的海拔高度。

但是，可不要学马克·吐温*所说的那个例子啊！他在一篇故事里讲到，有人曾把一支无液气压计放到煮豌豆汤的锅里。这样做非但根本不能测出任何高度，这锅汤的滋味还会被气压计上的铜氧化物弄坏。

一种物质的熔点越高，它的沸点也越高。液态氢在−253℃沸腾，液态氧和液态氮分别在−183℃和−196℃，酒精在78℃，铅在1740℃，铁在2750℃，铱要到5300℃以上才会沸腾**。

在固体那美妙的晶体结构被破坏以后，它的分子先是像一堆蛆虫一样爬来爬去，继而又像一群受惊的鸟一样飞散开。但这并不是说，热运动的破坏力已达到极限。如果温度再行升高，就会威胁到分子本身的存在，因为这时候分子间的相互碰撞变得极为猛烈，有可能把分子撞开，成为单个原子。这种被称为热离解的过程取决于分子的强度；某些有机物质在几百度时就会变为单个原子或原子群，另一些分子可要坚牢得多，如水分子，它要到1000℃以上才会崩溃。不过，当温度达到几千度时，分子就不复存在了，整个世界就将是纯化学元素的气态混合物。

在太阳的表面上，情况就是这样，因为这里的温度约为5500℃。而在比太阳"冷"一些的红巨星***的大气层中，就能存在一些分子，这已经靠光谱分析方法得到了证实。

---

* 马克·吐温（Mark Twain，1835—1910），美国著名作家。在他的《漫游外国记》中，有这样一则幽默故事：几个去阿尔卑斯山远足的人，想测量一下山的高度。这本来可以由气压计的读数计算出来，也可通过测量水的沸点而推得，但他们却记成应该把气压计放到沸水里煮一下，结果把气压计煮坏了，没能读出数来，而将煮过气压计的水用来做菜汤时，味道竟还不错。——译者
** 这里的所有数值都是在标准大气压下测得的。
*** 见本书第十一章。

　　在高温下，猛烈的热碰撞不仅能把分子分解成原子，还能把原子本身的外层电子去掉，这叫作热电离。如果达到几万度、几十万度、几百万度这样的极高温度——这样的温度超过了实验室中所能获得的最高温度，但在包括太阳在内的恒星中却是屡见不鲜的——热电离会越来越占优势。最后，原子也完全无法存在了，所有的电子层都统统被剥去，物质就只是一群光秃秃的原子核和自由电子的混合物，它们将在空间中狂奔猛撞。尽管原子个体遭到这样彻底的破坏，但只要原子核完好无缺，物质的基本化学特性就不会改变。一旦温度下降，原子核就会重新拉回自己的电子，完整的原子又形成了（图79）。

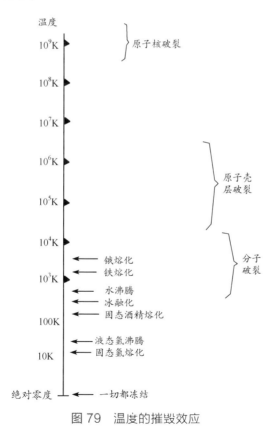

图 79　温度的摧毁效应

为了达到物质的彻底热裂解，使原子核分解为单独的核子（质子和中子），温度至少要上升到几十亿度。这样高的温度，目前即使在最热的恒星内部也未发现。也许在几十亿年以前，我们这个宇宙正当年轻时曾有过这种温度。这个令人感兴趣的问题，我们将在本书最后一章加以讨论。

这样，我们看到，热冲击的结果使得按量子力学定律构筑起来的精巧物质结构逐步被破坏，并把这座宏大建筑物变成乱糟糟的一群乱冲瞎撞、看不出任何明显规律的粒子。

二、如何描述无序运动?

如果你认为，既然热运动是无规则的，所以就无法对它进行任何物理描述，那可就大错而特错了。对于完全不规则的热运动，有一类叫作无序定律或者更经常被称作统计定律的新定律在起作用。为了理解这一点，让我们先来注意一下著名的"醉鬼走路"问题。假设在某个广场的某个灯柱上靠着一个醉鬼（天晓得他是什么时候和怎么跑到这儿来的），他突然打算随便走动一下。让我们来观察一下他的行动吧。他开始走了：先朝一个方向走上几步，然后换个方向再迈上几步，如此这般，每走几步就随意折个方向（图80）。那么，这位仁兄在这样弯弯折折地走了一段路程，比如折了100次以后，他离灯柱有多远呢？乍一看来，由于对每一次拐弯的情况都不能事先加以估计，这个问题似乎是无法解答的。然而，仔细考虑一下就会发觉，尽管我们不能说出这个醉鬼在走完一定路程后肯定位于何处，但我们还是能答出他在走完了相当多的路程后距离灯柱的最可能的距离有多远。现在，我们就用严格的数学方法来解答这道题目。以广场上的灯柱为原点画两条坐标轴，X轴指向我们，Y轴指向右方。R表示醉鬼走过N个转折后（图80

图 80　醉鬼所走的路

中 N 为 14）与灯柱的距离。若 X_n 和 Y_n 分别表示醉鬼所走路径的第 n 个分段在相应两轴上的投影，由毕达哥拉斯定理显然可得出：

$$R^2 = (X_1 + X_2 + X_3 + \cdots + X_n)^2 + (Y_1 + Y_2 + Y_3 + \cdots + Y_n)^2,$$

这里的 X 和 Y 既有正数，又有负数，视这个醉鬼在各段具体路程中是离开还是接近灯柱而定。应该注意，既然他的运动是完全无序的，因此在 X 和 Y 的取值中，正数和负数的个数应该差不多相等。我们现在按照代数学的基本规则展开上式中的括号，即把括号中的每一项都与自己这一括号中的所有各项（包括自己在内）相乘。这样，

$$(X_1 + X_2 + X_3 + \cdots + X_n)^2$$
$$= (X_1 + X_2 + X_3 + \cdots + X_n)(X_1 + X_2 + X_3 + \cdots + X_n)$$
$$= X_1^2 + X_1 X_2 + X_1 X_3 + \cdots + X_2^2 + X_1 X_2 + \cdots + X_n^2。$$

这一长串数字包括了 X 的所有平方项（ X_2^1，X_2^2，$\cdots$，X_n^2 ）和所谓"混合

积", 如 X_1X_2, X_2X_3, 等等。

到目前为止, 我们所用到的只不过是简单的数学。现在要用到统计学观点了。由于醉鬼走路是无规则的, 他朝灯柱走和背着灯柱走的可能性相等, 因此在 X 的各个取值中, 正负会各占一半。这样, 在那些"混合积"里, 总是可以找出数值相等、符号相反的一对对可以互相抵消的数对来; N 的数目越大, 这种抵消就越彻底。只有那些平方项永远是正数, 因而能够保留下来。这样, 总的结果就变成

$$X_1^2 + X_2^2 + \cdots + X_n^2 = NX^2,$$

X 在这里表示各段路程在 X 轴上投影长度的平均值*。

同理, 第二个括号也能化为 NY^2, Y 是各段路程在 Y 轴上投影长度的平均值。这里还得再说一遍, 我们所进行的并不是严格的数学运算, 而是利用了统计规律, 即考虑到由于运动的任意性所产生的可抵消的"混合积"。现在, 我们得到这个醉汉离开灯柱的可能距离为

$$R^2 = N\left(X^2 + Y^2\right)$$

或

$$R = \sqrt{N} \cdot \sqrt{X^2 + Y^2}。$$

但是各路程的平均投影在两根轴上都是 45°, 所以

$$\sqrt{X^2 + Y^2}$$

就等于平均路程长度(还是由毕达哥拉斯定理证得)。用 1 来表示这个平均路程长度时, 可得到

$$R = 1 \cdot \sqrt{N}。$$

用通俗的语言来说, 这就是: 醉鬼在走了许多段不规则的弯折路程后, 距灯柱的最可能距离为各段路径的平均长度乘以路径段数的平方根。

因此, 如果这个醉鬼每走一米就(以随意角度)拐一个弯, 那么, 在他

---

* 严格地说是方均根值, 即平方的平均数再开平方。——译者

走了 100 米的长路后，他距灯柱的距离一般只有 10 米；如果他笔直地走，就能走 100 米——这表明，走路时保持清醒的头脑肯定是大有好处的。

从上面这个例子可以看出统计规律的本质：我们给出的并不是每一种场合下的精确距离，而是最可能的距离。如果有一个醉鬼偏偏能够笔直走路不拐弯（尽管这种醉鬼太罕见了），他就会沿直线离开灯柱。要是有另一个醉鬼每次都转 180° 的弯，他就会离开灯柱又折回去。但是，如果有一大群醉鬼都从同一根灯柱开始互不干扰地走自己的弯弯路，那么，经过一段足够长的时间后，你将发现他们会按上述规律分布在灯柱四周的广场上。图 81 画出了 6 个醉鬼无规则走动时的分布情况。不用说，醉汉越多、不规则拐弯的次数越多，上述规律也就越精确。

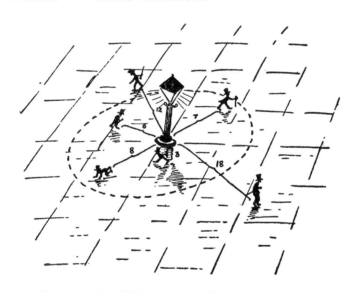

图 81　在灯柱附近走动的 6 个醉鬼的统计分布情况

现在，把一群醉鬼换成一批很小的物体，如悬浮在液体中的植物花粉或细菌，你就会看到生物学家布朗在显微镜下看到的那种现象。当然，花粉和细菌是不喝酒的，但我们曾说过，它们被卷入了周围分子的热运动，被它们不停地踢向各个方向，因此被迫走出弯弯曲曲的路，恰像那因酒精作怪而失去了方向感的人一样。

在用显微镜观看悬浮在一滴水中的许多小微粒的布朗运动时，你可以集中精力观察在某个时刻位于同一小区域内（靠近"灯柱"）的一批微粒。你会发现，随着时间的推移，它们会逐渐分散到视场中的各个地方，而且它们与原来位置的距离同时间的平方根成正比，正如我们在推导"醉鬼走路"公式时所得到的数学公式一样。

这条定律当然也适用于水滴中的每一个分子。但是，我们是看不见单个分子的，即使看见了，也无法将它们互相区别开。因此，我们得采用两种不同的分子，凭借它们的不同（如颜色）而看出它们的运动来。现在，我们拿一个试管，往其中注入一半呈漂亮紫色的高锰酸钾水溶液，再小心地注入一些清水，同时注意不要把这两层液体搞混。观察这个试管，我们就会看到，紫色将渐渐进入清水中去。如果观察足够长的时间，会发现全部液体从底部到顶部都变成颜色均匀的统一体（图 82）。这种为大家所熟知的现象叫作扩散，它是高锰酸钾染料的分子在水中的无规则热运动所引起的。我们应该把每个高锰酸钾分子想象成一个小醉鬼，被周围的分子不停地冲来撞去。水的分子彼此挨得很近（与气体分子相比），因此，两次连续碰撞间的平均自由程很短，大约只有亿分之一英寸。另一方面，分子在室温下的速度大约为 1/10 英里/秒，因此，一个分子每隔一万亿分之一秒就会发生一次碰撞。这样，每经过 1 秒钟，1 个单个染料分子发生碰撞并折换方向的次数达上万亿次，它在 1 秒钟内走出的距离就是亿分之一英寸（平均自由程）乘以 1 万亿的平方根，即每秒钟走出 1% 英寸。这就是扩散的速度。考虑到在没有碰撞时分子在 1 秒钟后就会跑到 1/10 英里以外的地方去，可见，这种扩散速度是很慢的。要等上 100 秒钟，分子才会挪到 10 倍（ $\sqrt{100}=10$ ）远的地方；要经过 10 000 秒钟，也就是将近 3 个小时，颜色才会扩展 100 倍

（ $\sqrt{10\,000}=100$ ），即 1 英寸远。瞧，扩散可是个相当慢的过程啊！所以，如果你往茶里放糖*，还是要用匙搅动搅动，不要干等糖分子自行运动到各处去。

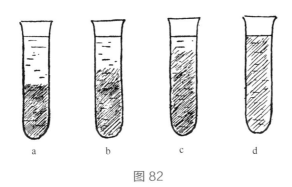

图 82

我们再来看一个扩散的例子：热的火炉通条中的传导方式，这是分子物理学中最重要的过程之一。把一根铁通条的一端插入火中，根据经验可知，另一端要在相当长的时间之后才会变得烫手。你大概并不知道这热量是靠电子的扩散传递过来的。火炉通条也好，其他各种金属也好，内部都有许多电子。这些电子和诸如玻璃之类的非金属物质中的电子不同，金属中那些位于外电子壳层的电子能够脱离原子，在金属晶格内游荡，它们会像气体中的微粒一样参与不规则热运动。

金属物质的外表面层是会对电子施加作用力、不让它们逃出的**；但在金属内部，电子却几乎可以随意运动。如果给金属线加上一个电场作用力，这些不受约束的自由电子将沿电场作用力的方向冲过去，形成电流；而非金属物质的电子则被束缚在原子上，不能自由运动，因此，非金属大多是良好的绝缘体。

---

* 欧美人饮茶的习惯是加糖的。——译者
** 当金属丝处在高温状态时，它内部电子的热运动将变得足够猛烈，使得一些电子从表面射出。这种现象已被用于电子管，是无线电爱好者所熟知的事实。

当把金属棒的一端插入火中，这一部分金属中自由电子的热运动便大为加剧；于是，这些高速运动的电子就开始携带过多的热能向其他地区扩散。这个过程很像染料分子在水中扩散的情况，只不过这里不是两种不同的微粒（水分子和染料分子），而是热电子气扩散到冷电子气的区域中去。醉鬼走路的定律在这里也同样适用，热在金属棒中传递的距离与相应时间的平方根成正比。

最后，再举一个与前两者截然不同而具有宇宙意义的重要扩散例子。在下一章中，我们将看到，太阳的能量是由它自己内部深处的元素在嬗变时产生的，这些能量以强辐射的形式释放出去。这些"光微粒"，或者说光量子，从太阳内部向表面运动。光的速度约为 300 000 公里/秒，太阳的半径约为 700 000 公里。所以，如果光量子走直线的话，只需 2 秒多钟就会从中心到达表面。但事实上绝非如此。光量子在向外行进时，要与太阳内部无数的原子和电子相撞。光量子在太阳内的自由程约为 1 厘米（比分子的自由程长多了！），太阳的半径约为 70 000 000 000 厘米，这样，光量子就得像醉汉那样拐上（7×10^{10}）^{2} 或 5×10^{21} 个弯才能到达表面。这样，每一段路需要花 $\frac{1}{3 \times 10^{10}}$ 即 3×10^{-11} 秒，而整个旅程所用的时间即为 $3 \times 10^{-11} \times 5 \times 10^{21} = 1.5 \times 10^{11}$ 秒，也就是 5000 年上下！这一回，我们又一次看到扩散过程是何等缓慢。光从太阳中心走到表面要花 50 个世纪，而从太阳表面穿越星际空间直线到达地球，却仅仅用 8 分钟就够了！

三、计算概率

上面关于扩散的讨论只是把概率的统计定律应用于分子运动的一个简单例子。在进行深入一步的讨论，以了解最重要的熵的定律这个总辖一切物体——小到一滴液体，大到由恒星组成的宇宙——的热行为的定律之前，我们先得学习一点计算各种简单和复杂事件的可能性（即概率）的方法。

最简单的概率问题莫过于掷硬币了。人人都知道，掷出的硬币正面朝上和反面朝上的概率是相等的（如果不作弊的话）。我们把这种出现正面和反面的可能性称为一半对一半的机会。如果把得正面的机会和得反面的机会相加，就得到 $\frac{1}{2}+\frac{1}{2}=1$。在概率理论中，整数 1 意味着必然性。在掷硬币时，不是可以肯定地判断说，不得正面则必得反面吗?! 当然，如果硬币滚到床下，再也找不到了，这又另当别论。

假如现在把一枚硬币接连掷两次，或者同时掷两枚硬币（这两种情况是一样的），那么不难看出，会有图 83 所示的 4 种不同的可能性。

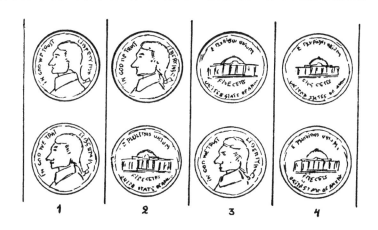

图 83　掷两枚硬币的四种可能性

第一种情形是得到两个正面，最后一种情形是得到两个反面。中间的两种情形实际上是同一种，因为先是正面或先是反面（或哪枚正面，哪枚反面），这是无所谓的。这样，我们可以说，得两个正面的机会是 1∶4，即 $\frac{1}{4}$，得两个反面的机会也是 $\frac{1}{4}$，得一正一反的机会是 2∶4，即 $\frac{1}{2}$。$\frac{1}{4}+\frac{1}{4}+\frac{1}{2}=1$，这就是说，每掷一次，三种情况必定出现一种。再来看看掷三枚硬币的情况，可能性概括起来如下表：

第一枚	正	正	正	正	反	反	反	反
第二枚	正	正	反	反	正	正	反	反
第三枚	正	反	正	反	正	反	正	反
	I	II	II	III	II	III	III	IV

从这张表中可以看出，得三枚都是正面的机会为 $\frac{1}{8}$，得三枚都是反面的机会

也为 $\frac{1}{8}$。其余的可能性被两正一反和两反一正两种情况均分，各得 $\frac{3}{8}$。

这种表的篇幅增长得很快，不过，我们还是可以看一看在掷 4 枚硬币时的情况。这时有如下 16 种可能性：

第一枚	正	正	正	正	正	正	正	正	反	反	反	反	反	反	反	反
第二枚	正	正	正	正	反	反	反	反	正	正	正	正	反	反	反	反
第三枚	正	正	反	反	正	正	反	反	正	正	反	反	正	正	反	反
第四枚	正	反	正	反	正	反	正	反	正	反	正	反	正	反	正	反
	I	II	II	III	II	III	III	IV	II	III	III	IV	III	IV	IV	V

在这里，得到 4 个正面的概率为 $\frac{1}{16}$，得到 4 个反面的概率也是一样。

三正一反和三反一正都各有 $\frac{4}{16}$，即 $\frac{1}{4}$ 的概率，正反相等的情况的概率为 $\frac{6}{16}$，

即 $\frac{3}{8}$。

照这种方式列下去，掷的硬币枚数一多，表就会长得把你的纸用光都写不下。例如，掷 10 枚硬币时，就会有 1024 种可能性（即 $2 \times 2 \times 2 \times 2 \times 2 \times 2 \times 2 \times 2 \times 2 \times 2$）。不过，我们根本不需要罗列这些长表格，只要从前面列过的这几张简单情况的表中，就可以观察出判断概率大小的简单法则，并把它直接运用到较复杂的情况中去。

首先，我们看到，掷两次时得两个正面的概率等于第一次和第二次分别得到正面的概率之乘积，具体说来就是

$$\frac{1}{4} = \frac{1}{2} \times \frac{1}{2}。$$

同样，连得 3 个正面和连得 4 个正面的概率也为每次扔掷中得到正面的概率的乘积

$$\frac{1}{8} = \frac{1}{2} \times \frac{1}{2} \times \frac{1}{2}；\quad \frac{1}{16} = \frac{1}{2} \times \frac{1}{2} \times \frac{1}{2} \times \frac{1}{2}。$$

因此，若有人问起连掷 10 次都得到正面的机会有多大，你可以不费力气地把 $\frac{1}{2}$ 自乘 10 次的得数告诉他，这个数是 0.000 98。它表明出现这种情况的可能性很小，大概只有千分之一的机会！这就是"概率相乘"的法则。具体地说，如果你需要同时得到几个不同的事件，可以把单独实现每一个事件的概率相乘来得到总的概率。假若你需要不少事件，而每一个事件又都不是那么有把握实现的话，那么，你希望它们全部实现的机会实在是小得令人沮丧啊！

另外，还有一个法则，即"概率相加"法则，内容是：如果你需要几个事件当中的一个（无论哪一个都行），这个概率就等于所需要的各个事件单独实现的概率之和*。

这条法则在掷硬币两次、正反各一的那个例子中表现得很清楚：你所需要的或者是"先正后反"，或者是"先反后正"，这两个事件，每个单独实现的概率都为 $\frac{1}{4}$，因此得到其中任何一个的概率为 $\frac{1}{4} + \frac{1}{4} = \frac{1}{2}$。总之，如果你要求的是"又有某事，又有某事，还有某事……"的概率，就应把各事单独实现的概率相乘；如果你要求的是"或者某事，或者某事，或者某事……"的概率，就应把各事实现的概率相加。

在前一种，即什么都打算要的情况下，要的事件越多，实现的可能性越小；在后一种，即只要其中某一事件的情况下，供选择的名单越长，得到满足的可能性越大。

---

* 这条法则只适用于各个事件都不相容的情况。——译者

当实验的次数很多时，概率定律就变得很精确了。掷硬币的实验就很好地证明了这一点。图 84 给出了扔掷 2 次、3 次、4 次、10 次和 100 次硬币时，得到不同正、反面分布的概率。可以看出，掷的次数越多，概率曲线就变得越尖锐，正、反面以一半对一半的机会出现的极大值也就越突出。

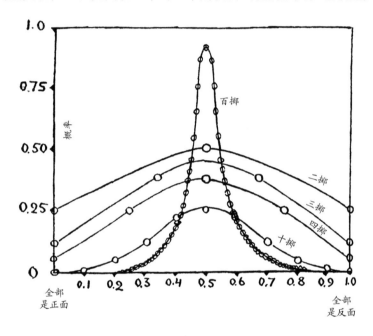

图 84　得到正、反面的相对次数

因此，在掷 2 次、3 次以至 4 次的情况下，统统是正面或反面的机会还是相当可观的。在掷 10 次的情况下，即使 90% 是正面或反面的机会都很难出现。如果次数更多，例如掷 100 次或 1000 次，概率曲线会尖得像一根针，即使从一半对一半的分布上稍稍偏离一点点，实际上也是不可能出现的。

现在我们用刚刚学过的计算概率的简单法则，来判断在一种有名的扑克牌游戏中，五张牌表现出各种组合的可能性。

也许你还不会玩这种牌戏，所以我现在来简单说明一下：参加者每人摸 5 张牌，以得到最好的组合牌型者为赢家。这里我们略去了为凑成一手好牌而交换几张牌所引起的附加的复杂化，也不讨论靠诈术给对方造成你得到了好牌的错觉而自动认输的心理学战略——其实诈术才是这种牌戏的核心所在，并使得丹麦物理学家玻尔设计了一种全新的玩法：根本无须用牌，参加者只需谈出自己想象中的组合，并互相蒙诈就行。这已全然超出概率计算的范围，成了纯心理学的问题了。

现在让我们计算一下扑克牌中某些组合的概率来作为练习。有一种组合叫作"同花"，即 5 张牌都属于同一花色（图 85）。

图 85　同花（黑桃）

如果想要摸到一副同花，第一张是什么牌无所谓。只要计算另外 4 张也和第一张属于同一花色的概率就行了。一副牌共 52 张，每一花色 13 张*。在你摸去第一张牌以后，这种花色就只剩下了 12 张。因此，第二张牌也属于这一花色的机会为 $\frac{12}{51}$。同样，第三、第四、第五张牌依然属于同一花色的可能性分别为 $\frac{11}{50}$、$\frac{10}{49}$、$\frac{9}{48}$，既然我们要求所有 5 张牌同一花色，就要用概率乘法。这样，你会发现，得到同花的概率为：

$$\frac{12}{51} \times \frac{11}{50} \times \frac{10}{49} \times \frac{9}{48} = \frac{11\ 880}{5\ 997\ 600} \approx \frac{1}{500}。$$

但是，不要以为每玩 500 次，就一定会得到一次同花。你可能一次也

---

* 此处省去了 52 张牌以外的、可代替任意一张牌的"百搭"所引起的复杂变化。

摸不到，也可能摸到两次。我们这里仅仅是在计算可能性。有可能，你连摸500多次，一次同花也摸不到；也可能恰恰相反，你第一次就摸来了同花。概率论所能告诉你的只是在 500 次游戏中，可能碰到一次同花。用同样方法你可以计算出，在 3000 万次游戏中，可能有 10 次得到 5 张爱司（A）（包括一张"百搭"在内）的机会。

另一种更为少见因而也就更为宝贵的组合就是所谓"福尔豪斯"*，又称为"三头两只"。它包括一个"对"和一个"对半"（即有两张牌同一点数，另外 3 张为相同的另一点数。如图 86 所示的两张 5、3 张 Q）。

图 86　三头两只（福尔豪斯）

做成"三头两只"时，头两张牌为什么点数是无所谓的，但在 3 张牌中，则应有两张与前面两张之一的点数相同，第 3 张与前两张中的另一张点数相同。因为还剩下 6 张牌（如果已摸到一张 5、一张 Q，那就还剩下 3 张 5 和 3 张 Q）可供组合，所以第三张牌合乎要求的概率是 $\frac{6}{50}$。在剩余的 49 张牌中还有 5 张符合要求的牌，所以第四张也满足条件的概率为 $\frac{5}{49}$。第五张也符合要求的概率为 $\frac{4}{48}$。因此，得到"三头两只"的概率为

$$\frac{6}{50} \times \frac{5}{49} \times \frac{4}{48} = \frac{120}{117\ 600}。$$

---

* 英文 full house 的译音。这正是这种牌戏的名称。——译者

这差不多是同花概率的一半*。

同样，我们还能算出其他组合，如"顺子"（即点数连续的 5 张牌）等的概率以及算出包括"百搭"在内和进行交换所表现的概率来。

通过这种计算可以看出，扑克牌中一副牌的好坏级别正是与它的数学概率值相对应的。这究竟是由过去某位数学家所安排的还是靠聚集在全世界的各个豪华或破烂赌窟里的数以百万计的赌棍们拿钱财冒险而从经验中得出来的？我们不得而知。如果是源于后者的话，我们可得承认，对于研究复杂事件的相对概率来说，这确实是一份非常突出的统计材料！

另一个有趣而出乎意料的计算概率的例子是所谓"生日重合"的问题。请回忆一下，你是否曾在同一天接到过两份生日晚会的请柬。你可能要说这种可能性很小，因为你大概只有 24 个朋友会邀请你参加他们的生日晚会，而一年却有 365 天呢！既然有这么多天数供选择，因此，你的 24 个朋友中，两个人在同一天吃生日蛋糕的机会一定是非常之小吧！

然而，你的判断是大错特错的。尽管听起来似乎无法令人置信，但实际情况却是：24 个人当中，有两个人甚至几组两个人的生日相重合的概率是相当高的，实际上要比不出现重合的概率还要大。

要想证实这一点，你可以列出一张 24 个人的生日表来，或干脆从《美国名人录》之类的书上任选一页，随意点出 24 个人来查查看。当然，我们也可以动用在掷硬币和玩扑克牌这两个题目上早已熟悉了的简单概率法则，来算算这道题目的概率。

我们先来计算 24 个人生日各不相同的概率。先看第一个人，他的生日当然可以是一年中的任意一天。那么，第二个人与第一个人不是同一天生

---

* 实际上概率还要小一些，因为上述计算中还包括了"四头一只"（姑且让我们这样来称呼 4 张同点牌加其他任意一张的情况）。这种概率为

$$2 \times \left(\frac{3}{50} \times \frac{2}{49} \times \frac{1}{48} \right) = \frac{12}{117\ 600}。$$

减去这个数值后，得到"三头两只"的概率为

$$\frac{120-12}{117\ 600} = \frac{108}{117\ 600}。$$

——译者

日的可能性有多大呢？这个人（第二个）可能出生于任何一天，因此，在365个机会中有一个与第一个人相重合，有364个不相重合$\left(即概率为\dfrac{364}{365}\right)$。同样，第三个人与前面两个人都不在同一天出生的概率为$\dfrac{363}{365}$，这是去掉了两天的缘故。再后面的人，生日不与前面任何一个人生日相同的概率依次为$\dfrac{362}{365}$，$\dfrac{361}{365}$，$\dfrac{360}{365}$，等等，最后一个人的概率为$\dfrac{365-23}{365}$，即$\dfrac{342}{365}$。

把所有这些分数相乘，就得到所有这些人的生日都不相重合的概率为

$$\frac{364}{365}\times\frac{363}{365}\times\frac{362}{365}\times\cdots\times\frac{342}{365}。$$

用高等数学的方法进行计算，几分钟就可以得出乘积来。如果不会用高等数学，那只得不辞辛苦地一步步乘出来*。这费不了许多时间，结果约为0.46。这说明生日不相重合的概率稍小于一半；换句话说，在你这24个朋友中，没有两个人在同一天过生日的可能性为46%，而有重合的可能性为54%。所以，如果你有25个朋友或更多的朋友，但却从来没在同一天被两个人邀请去赴生日晚会，那你就可以相当肯定地判断说，要不是他们大多数人不搞什么生日庆贺，就是他们没有请你前去！

这则生日重合问题提供了一个很好的例子，它说明在判断复杂事件的概率时，凭想当然来下判断是多么靠不住。我本人曾用这个问题问过许多人，其中还有不少是卓越的科学家。结果，除一个人外，其他人都下了从2对1到15对1的赌注打赌说，不会发生这种可能性。如果那位仁兄跟他们都打了赌，他可会发起来的！

有一点是要一再强调的：尽管我们能把不同事件的发生概率按其规则计算出来，并能找出其中最大的概率来，但这并不等于肯定这个最大者就一定会发生。我们只能推测说"大概"会怎样，而不能说"一定"会怎么样，除非把实验重复做上千遍、上万遍，要是重复几十亿遍就更好。而当只进行有限的几次实验时，概率定律就不那么管用了。让我们来看一个试图

---

* 如果会拉计算尺或查对数表，那么请尽可能这样做！

用统计规律来翻译一小段密码的例子吧。在爱伦·坡*的著名小说《金甲虫》中，有这么一位勒格朗先生。当他在南卡罗来纳州的荒凉海滩上溜达时，发现了一张半埋在湿沙里的羊皮纸。这张羊皮纸在冷时什么也看不出，但在勒格朗先生的房间里受了火炉的烘烤，就显现出一些清晰可辨的红色神秘符号来。符号里有一个人的头骨，表明这份手稿是一个海盗写的；还有一个山羊头，说明这个海盗正是有名的基德船长**。还有几行符号，无疑是指明一处埋藏珍宝的所在（图 87）。

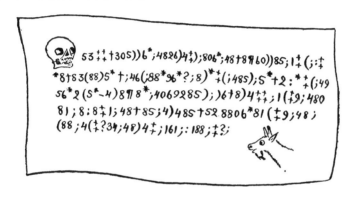

图 87　基德船长的手稿

我们不妨尊重爱伦·坡的威望，姑且承认 17 世纪的海盗认识分号、引号和各种今天常用的符号，如‡、†、¶等。

勒格朗先生很想把这笔钱弄到手，于是绞尽脑汁想译出这段密码。最后，他按照英文中各个字母出现的相对频率进行破译。他的根据在于：随便找一段英文来，莎士比亚的十四行诗也好，华莱士***的侦探小说也好，数一数各字母出现的次数，你将发现，字母 e 出现的次数遥遥领先。其余的字母按出现次数多少排列如下：

a, o, i, d, h, n, r, s, t, u, y, c, f, g, l, m, w, b, k, p, q,

* 爱伦·坡（Edgar Allan Poe，1809—1849），美国诗人、小说家兼批评家。——译者
** 英文中，山羊是 kid，基德是 Kidd，两者发音和词形都相近，故有此说。——译者
*** 华莱士（Edgar Wallace，1875—1932），英国小说家兼剧作家。——译者

x，z。

勒格朗数了一数基德船长的密码，查出数字 8 出现的次数最多。"啊哈，"他想，"这就是说，8 大概是 e。"

是的，在这一点上他猜对了。当然，只是大概，而不是一定。如果这段密码写的是："You will find a lot of gold and coins in an iron box in woods two thousand yards south from an old hut on Bird Island's north tip."（在鸟岛北端的旧茅屋南面 2000 码*处树林中的一个铁箱内，你可以找到许多金钱）。这里可就连一个 e 也没有！不过概率论挺帮勒格朗先生的忙，他真的猜对了。

第一步走对了，这令勒格朗先生信心大增，他就按同样方法列出了各字母出现的次数表。下面就是按出现频率排列的基德船长手稿中的符号表**。

符号	出现次数	按概率排列顺序	实际字母
8	33	e	e
;	26	a	t
4	19	o	h
‡	16	i	o
)	16	d	s
*	12	h	n
5	11	n	a
6	11	r	l
(	10	s	r
1	8	t	f
†	7	u	d
0	6	y	l
9	5	c	m
2	5	f	b
3	4	g	g
:	4	l	y
?	3	m	u
¶	2	w	v
—	1	b	c
.	1	k	p

* 1 码=0.9144 米。

** 原表中错误较多，现结合图 87 重新统计，制得此表。——译者表中第三列是按各字母在英语中出现的频率排列的（由高到低），所以，有理由假设第一列中的各符号与同一行中的字母逐个相对应。但是这样一来，基德船长的手稿就成了 ngiiugynddrhaoefr……

这什么意思也没有!

怎么回事呢？是不是基德船长诡计多端，采用了与英语字母出现频率不相同的另一套特别的单词呢？根本不是这么回事。原因很简单，这篇文字太短了，以致统计学的最大概率分布不起作用。如果基德船长把珍宝以一种很复杂的方法藏起来，然后用好几页纸写出密码，那么，勒格朗先生用概率规则来解这个谜就会有把握得多。如果将这密码写成一大本书，那就更不成问题了。

如果掷 100 次硬币，你可以很有把握地判断正面朝上的次数是 50 次；但如果只掷 4 下，正面就可能出现 3 次或 1 次。实验次数越多，概率定律就越精确，这时它才成为一条法则。

由于这篇密码的字数太少，不足以应用统计法进行分析，勒格朗先生只好凭借英语中单词的细微字母结构来破译。首先，他依然假设出现次数最多的"8"为 e，因为他注意到，"88"的组合在这一小段文字中经常出现（5 次）。大家知道，e 在英语中是经常双写的，如 meet，fleet，speed，seen，been，agree 等。其次，如果"8"真的代表 e，那它一定会作为"the"的一部分在文中经常出现。查阅一下手稿就会发现，"；48"这个组合在这段短文中出现了 7 次，因此我们假设"；"代表 t，"4"代表 h。

读者们可以自己去破译爱伦·坡这篇故事中基德船长的秘密文字。我把原文和译文写在下面："A good glass in the bishop's hostel in the devil's seat。Forty-one degrees and thirteen minutes northeast by north。Main branch seventh limb east side。Shoot from the left eye of the death's head,a beeline from the tree through the shot fifty feet out。"（主教驿站内魔像座位下有面好镜子。北偏东

41 度 13 分。主干上朝东的第七根树枝。从骷髅的左眼睛开一枪。从那棵树沿子弹方向走 50 英尺）。

勒格朗先生最后译出的字母列在表上最后一列。可以看出，它们与概率定律所规定的字母不甚相符，这当然是因为文字篇幅太短，概率定律没有很多机会发生作用。不过，即使在这个小小的"统计样品"中，我们也能注意到，各个字母有按概率论的要求排列的趋势，一旦字母达到很大的数目，这个趋势就会变成确凿的事实。

关于用大量实验来实际检验概率论的例子大概只有一个，这就是著名的星条旗与火柴的题目（另外还有一个实例：保险公司肯定破不了产）。

为了验证这个概率问题，需要有一面美国国旗，即红白条相间的旗子。如果没有这种旗子，在一大张纸上画上若干道等距的平行线也可以。还需要一盒火柴——什么火柴都成，只要短于平行线间的距离就可以。此外，还需要一个希腊字母 π。这个字母还有一个意思，它表示圆的周长与直径的比值。你大概知道，这个数等于 3.141 592 653 5…（还有许多位数字，不过没有必要再继续写下去）。

现在把旗子铺在桌子上，扔出一根火柴，让它落在旗子上（图 88）。

图 88

火柴可能完全落在旗子上的一条带子上，也可能压在两条带子上。这两种情况发生的机会各有多大呢？

要想确定概率，首先也得像其他题目那样，弄清各种可能情况发生的次数各为多少。

但是，火柴落在旗子上，难道不是有无限多种样式吗？怎么能数得清各种可能的情况呢？

让我们仔细考虑一下这个问题。火柴落在条带上的情况，可由火柴中心点到最近条带边界的距离以及火柴与条带走向所成的角度来决定，如图 89。图中给出了 3 种基本类型。为了简便起见，将火柴长度与条带宽度取相同数值，就说都为 2 英寸吧。如果火柴中点离边界很近，角度又较大（如情形 a），火柴便与边界相交。如果情况相反，或者角度小（如情形 b），或者距离大（如情形 c），火柴就全部落在一条带子上。说得精确些，如果火柴

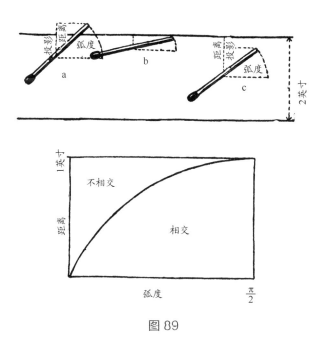

图 89

的一半长度在竖直方向的投影大于从火柴中点到最近边界的距离，则火柴与边界相交（如情形 a），反之则不相交（如情形 b 和情形 c）。这句话可用图 89 下半部的图形表示出来：横轴以弧度为单位表示火柴落下的角度，纵轴是火柴的半长在竖直方向上的投影长度，在三角学中，这个长度叫作给定角度的正弦。显然，当角度为零时，正弦值也为零，因为这时火柴呈水平方向。当角度为 $\frac{\pi}{2}$ 即直角*时，火柴取直立位置，与其投影重合，正弦值就是 1。对于处于两者之间的角度，其正弦的值由大家所熟悉的正弦曲线给出（图 89 只画了从 0 到 $\frac{\pi}{2}$ 这四分之一段曲线）。

有了这条曲线，要计算火柴与边界相交或不相交的两种机会就很方便了。事实上，我们已经看到（再看图 89 上部的三种情形），火柴中点离边界的距离如果小于半根火柴的竖直投影，即小于此时的正弦值，火柴就会与边界相交。这时，代表这个距离和角度的点在正弦曲线之下。与此相反，火柴完全落在一个条带内时，相应的点在曲线之上。

按照计算概率的规则，相交机会与不相交机会的比值等于曲线下的面积与曲线上的面积的比值。也就是说，两个事件的概率，各等于自己的那一块面积除以整个矩形的面积。可以由数学上证明，图中正弦曲线下的面积恰好等于 1。而整个矩形的面积为 $\frac{\pi}{2} \times 1 = \frac{\pi}{2}$。所以我们得出结论：火柴（在长度与条带宽度相等时）与边界相交的概率为 $\frac{1}{\frac{\pi}{2}} = \frac{2}{\pi}$。

π 在这个最料想不到的场合跳了出来，这件有趣的事是 18 世纪的科学家布丰**最先注意到的，因此，这个题目也叫作布丰问题。

具体的实验是一位勤谨的意大利数学家拉兹瑞尼（Lazzerini）进行的。

---

* 半径为 1 的圆，周长是直径的 π 倍，即 2π。因此圆的四分之一弧长是 $\frac{2\pi}{4}$，就是 $\frac{\pi}{2}$。

** 布丰（George Louis Leclerc Buffon，1707—1788），法国博物学家。——译者

他扔掷了 3408 根火柴，数一数有 2169 根与边界相交。以这个真实数据代入布丰公式，π 就变成了 $\frac{2\times3408}{2169}$，即 3.142 462 0，与精确值相比，一直到第三位小数才开始不相同！

这个例子对概率定律的实用性无疑是一个极有趣的明证。但比起掷几千次硬币，用扔掷总次数除以硬币正面向上的总数可得到 2 这个结果来，却也有趣不到哪里去。在后一种场合下，你一定会得到 2.000 000⋯误差也会和拉兹瑞尼所确定的 π 值的误差一样小。

四、"神秘"的熵

从上面这些完全取自日常生活的计算概率的例子里，我们得知，当对象的数目很少时，这种推算往往是不怎么灵的；而当数目增多时，就会越来越准。这就使得在描述由多得数不清的分子或原子组成的物体时，概率定律就特别有用了，因为即使是我们接触到的顶小的物质小块，也是由极多的分子或原子组成的。因此，对于六七个醉鬼，每个人各走上二三十步的情况，统计定律只能给出大概的结果；而对于每秒钟都经历几十亿次碰撞的几十亿个染料分子，统计定律却导致了极为严格的扩散定律。我们可以这样说：试管中那些原先溶解在一半水中的染料，将在扩散过程中均匀地分布在整个液体中，因为这种均匀分布比原先的分布具有更大的可能性。

完全出于同样的道理，在你坐着看这本书的房间里，几面墙内、天花板下、地板之上的整个空间里均匀地充满着空气。你从来没有遇到过这些空气突然自行聚拢在某一个角落，使你窒息在椅子上这种意外情况。不过，这桩令人恐怖的事情并不是绝对不可能发生的，它只是极不可能发生而已。

为了弄清这一点，设想有一个房间，被一个想象中的垂直平面分成两个相等的部分。这时，空气分子在这两个部分中最可能表现出什么样的分布呢？这个问题当然与前面讨论过的掷硬币问题一样。任选一个单独分子，它位于房间里左半边或右半边位置内的机会都是相等的，正如掷一枚硬币时正面或反面朝上的机会相等一样。

第二个，第三个，以及其他所有分子在不考虑彼此间作用力的情况下*，处在房间左半部或右半部的机会都是相等的。这样，分子在房间两半的分布，正如一大堆硬币的正反分布一样，一半对一半的分布是最有可能的，我们早已在图 84 中看过这一点了。我们还看到，扔掷的次数越多（或分子数目越大），50%的可能性就越来越确定，当数目很大时，可能性就变成了必然性。在一间标准大小的房间里，约有 10^{27} 个分子**，它们同时聚在右半间（或左半间）的概率为

$$\left(\frac{1}{2}\right)^{10^{27}} \approx 10^{-3\times10^{26}},$$

即 1 对 $10^{-3\times10^{26}}$。

另一方面，空气分子以 0.5 公里/秒左右的速度运动，因此，从房间一端跑到另一端只需要 0.01 秒，这也就是说，在一秒钟内，房间里的分子就会进行 100 次重新分布。于是，要得到完全处于右边（或左边）的分布，需要等上 $10^{299\,999\,999\,999\,999\,999\,999\,999\,999\,998}$ 秒。要知道宇宙的年龄迄今也只有 10^{17} 秒呀！所以，安安静静地接着读你的书吧，不必担心发生突然窒息的灾难。

再举一个例子。在桌子上有一杯水，我们知道，由于无规则的热运动，水分子会高速向各个可能的方向运动。但是，由于内聚力的约束，水分子不致逸出。

---

* 由于气体分子间距离很大，空间并不拥挤，所以在一定体积内虽已有一大堆分子，却并不影响其他分子的进入。

** 一间 10 英尺宽、15 英尺长、9 英尺高的房间，体积为 1350 立方英尺，或 5×10^7 厘米 ^{3}，可容 5×10^4 克空气。空气分子的平均重量为 $30\times1.66\times10^{-24}\approx5\times10^{-23}$ 克，所以总分子数为 $5\times10^4/（5\times10^{-23}）=10^{27}$。

既然每个分子单独运动的方向完全受概率定律的支配，我们就应该考虑到这样一种可能性：在某个时刻，杯子上半部的所有水分子都具有向上的速度，这时下半部的水分子必定都具有向下的速度*。此时，在两组水分子的分界面处，内聚力是沿水平方向的，因此不能阻挡这种"分离的一致愿望"，这时，我们将看到一个非同寻常的物理现象：上半杯水将以子弹的速度自动飞向天花板！

另一种可能性是水分子的全部热能偶然地集中在这杯水的上层，因而上面的水猛烈地沸腾，下面却结了冰。那么，为什么你从来没有见过这种情景呢？这并不是绝对不可能，而是极不可能发生。事实上，如果你试试计算一下无规则运动着的分子偶然获得相反两组速度的概率，就会得出与全部空气分子聚集在一个角落的概率相仿的数字；同样，因互相碰撞而使一部分分子失去大部分动能，同时另外一部分分子得到这部分能量的概率，也是小到不必理会的。因此，我们实际看到的情况的速度分布，正是具有最大概率的分布。

如果某个物理过程在开始的时候，其分子的位置或速度未处于最可能的状态，如从屋里的一角释放出一些气体，在冷水上面倒些热水，那么，将会发生一系列物理变化，使整个系统从较不可能的状态达到最可能的状态。气体将均匀地扩散到整个房间，上层水的热量将向底层传递，直到全部水取得一致的温度。因此，我们可以这样说：一切有赖于分子无规则热运动的物理过程都朝着概率增大的方向发展，而当过程停止，即达到平衡状态时，也就达到了最大的概率。在房间内空气分布的那个例子中，我们已经看到，分子各种分布的概率往往是一些很不方便的小数字（如空气聚集在半间屋里的概率为 $10^{-3 \times 10^{26}}$），因此，我们一般都取它们的对数。这个数值称为熵，它在所有与物质无规则热运动有关的现象中起着主导作用。现在，可将前

---

* 必须考虑到，由于动量守恒定律排除了所有分子向同一方向运动的可能性，因此水分子一定是一半对一半的速度分布。

面那些有关物理过程中概率变化的叙述改写如下：一个物理系统中任何自发的变化，都朝着使熵增加的方向发展，而最后的平衡状态，则对应于熵的最大可能值。

这就是著名的熵定律，也称为热力学第二定律（第一定律是能量守恒定律）。瞧，这里头并没有什么可怕的东西啊！

从上述所有例子中，我们都可以看出，当熵达到了极大值时，分子的位置和速度都是完全无规则地分布着，任何使它们的运动有序化的做法都会引起熵的减小。所以，熵定律又称为无序加剧定律。熵定律的另一个比较实用的数学公式，可从研究热变为机械运动的问题中推导出来。大家记得，热就是分子的无规则运动，因此不难理解，把物体的热能全部转变为宏观运动的机械能，就等于强迫物体的所有分子都向一个方向运动。我们已经看到，一杯水中有一半自行冲向天花板的可能性是太微乎其微了，实际上可以看作根本不会发生。因此，虽然机械运动的能量可以完全转化为热（譬如通过摩擦），热能却永远不会完全变成机械能。这就排除了所谓"第二类永动机"*——在室温下吸收物体热量、降低物体温度以获得能量来做功——的可能性。因此，不可能设计出这样一种船，它不用烧煤，只靠把海水吸进机舱并吸收它的热量，就能在锅炉里产生蒸汽，最后再把失掉热量的冰块扔回海里。

那么，真正的蒸汽机是怎样既不违反熵定律同时又把热变为功的呢？它能做到这两点，是由于在燃料燃烧所释放的热中，只有一部分转变成机械能，其余大部分热量或者由废气带入大气，或者被专门的冷却设备所吸收。这时，整个系统有两种相反的熵变化：①一部分热转变为活塞的机械能，这时熵会减小；②其余热量从锅炉进入冷却设备，这时熵会增大。熵定

---

* 还有所谓"第一类永动机"，即不用提供能量而能自行做功的机械装置。这是违背能量守恒定律的。

律说明，系统的总熵要增大，因此，只要第二个因素比第一个因素大一些就行了。我们可以这样来更好地说明这种情况：在 6 英尺高的架子上，放着一个 5 磅*的重物，按照能量守恒定律，这个重物不可能在没有外力帮助的情况下，自行升向天花板。但是，它能向地板上甩下自身的一部分，并用这时释放出的能量使其余部分上升。

同样，我们可以使一个系统中某一部分物体的熵减小，只要这时在剩下的部分中有相应的熵增大来补偿它就行了。换句话说，对于一些进行无序运动的分子，如果我们不在乎其中一部分变得更无序的话，那是能够使另外一部分变得有序一些的。的确，在所有热机械的场合以及其他许多情况下，我们正是这样做的。

五、统计涨落

通过前一节的讨论，大家想必已经弄清，熵定律及其一切推论是完全建立在以数量极大的分子为对象的基础上的，只有这样，所有基于概率的推测，才会变为几乎绝对肯定的事实。如果物质的数量很小，这类推测就不那么可信了。

举例来说，如果把前面例子中那个充满空气的大房间，换成边长各为百分之一微米**的正方体空间，情况就完全两样了。事实上，由于这个立方体的体积为 10^{-18} 立方厘米，只包含 $\dfrac{10^{-18} \times 10^{-3}}{3 \times 10^{-23}} \approx 33$ 个分子，它们全部聚集在一半空间内的概率就变为 $\left(\dfrac{1}{2}\right)^{30} = 10^{-10}$。

同时，由于这个立方体的体积很小，分子改变混合状态的次数达到每

---

* 1 磅=0.4536 千克。
** 1 微米等于 0.000 1 厘米，常用希腊字母 μ 表示。

秒钟 $5×10^{10}$ 次（速度为 0.5 千米/秒，距离只有 10^{-6} 厘米），因此，这个空间每一秒钟都可能有 10 次空出一半的机会。至于在这个空间里，分子在某一端比在另一端更集中些的情况就更可能经常发生了。例如，20 个分子在一头，10 个分子在另一头（即有一端多出 10 个分子）的情况，就会以

$$\left(\frac{1}{2}\right)^{10}×5×10^{10}=10^{-3}×5×10^{10}=5×10^{7}$$

即每秒 5000 万次的频率发生[*]。

因此，在小范围内，空气分子的分布远不是均匀的。如果能把分子放得足够大，我们将会看到，分子不断地在某个地方较为集中一下子，然后又散开，接着又在其他地方发生某种程度的集中。这种效应叫作密度涨落，它在许多物理现象中起着重要作用。例如，当太阳光穿过地球大气时，大气的这种不均匀性就造成了太阳光谱中蓝色光的散射，因而使天空带上我们所熟悉的蓝色，同时使太阳的颜色变得比实际上红一些。这种变红的效应在日落时尤为显著，因为这时太阳光穿过的大气层最厚。如果不存在密度涨落，天空就永远是黑的，我们在白天里也能见到星辰。

液体中也同样发生密度涨落和压力涨落，只不过不那么显著罢了。因此，布朗运动又有了新的解释，即悬浮在水中的微粒被推来搡去，是由于微粒在各个方面所受到的压力在迅速变化。当液体越来越接近沸点时，密度涨落也越来越显著，以致使液体微呈乳白色。

我们不禁要问，对于这种涨落占主导地位的小物体，熵定律还起不起作用呢？一个细菌，一生都被分子冲来撞去，它当然会对我们关于热不能变成机械运动的观点嗤之以鼻！不过，我们应该看到，这时熵定律已失去了它本来的意义，而不应认为这个定律不正确。事实上，这个定律叙述的是：分子运动不能完全转化成包含有极大量分子的物体的运动。而一个细菌，

---

[*] 严格地说，这是起码有 10 个分子聚在半边的概率，而不是刚好有 10 个分子在一端，另外 20 个在另一端的概率。——译者

它比周围分子也大不了许多，对它来说，热运动和机械运动的区别已经不存在，它被周围分子冲来撞去，就好像一个人在激动的人群中被大家冲得东倒西歪一样。如果我们是细菌，那么，只要把我们自己接到一个飞轮上，就会造成一台第二类永动机。但这时我们已经没有大脑来想办法利用它了。因此，我们无须因我们不是细菌而感到遗憾！

当把熵的增加定律应用到生物体时，仿佛产生了矛盾。事实上，生长着的植物（从空气中）摄入二氧化碳的简单分子，（从土壤里）吸收水，并把它们合成复杂的有机物分子以组成自身。从简单分子到复杂分子意味着熵的减小。在其他一般情况下，如燃烧木头而把木头分子分解成二氧化碳和水分子时，这个过程是熵增大的过程。难道植物真的违反了熵的增加定律吗？是不是植物内部真的像过去的一些哲学家所认为的那样，有种神秘的活力在帮助它生长呢？

对这个问题所进行的分析表明，并不存在这种矛盾。因为植物在摄入二氧化碳、水和某些盐类的同时，还吸收了许多阳光。阳光中除了有能量——它被植物储存在体内，将来又在植物燃烧时释放出去——之外，还有所谓"负熵"（低熵），当植物的绿叶将光线吸收进去时，负熵就消失了。因此，在植物叶片中所进行的光合作用包括以下两个相关的步骤：①太阳的光能转变为复杂有机物分子的化学能；②太阳光的低熵降低了植物的熵，使简单分子构筑成复杂分子。用"有序对无序"的术语来说就是：太阳的光线在被绿叶吸收时，它的内部秩序也被剥夺走，并传给了分子，使它们能够构成更复杂和更有秩序的分子。植物从无机界得到物质供应，从阳光得到负熵（秩序）；而动物靠吃植物（或其他动物）来得到负熵，因而可以说是负熵的间接使用者。

第九章　生　命　之　谜

一、我们是由细胞组成的

在讨论物质结构时，我们有意忽略了相对数量很少却极为重要的一类物体。这类物体由于是活的而和宇宙间其他一切物体有所不同。生物和非生物间有什么重要区别呢？曾经成功地解释了非生物的各种性质的物理学基本定律，现在用以解释生命现象时有多大的可信度呢？

当谈到生命现象时，我们往往想到一些很大、很复杂的生物体，如一棵树、一匹马、一个人。但是，如果从这样复杂的机体着手研究生物的基本性质，那就无异于在分析无机物的结构时以汽车之类的复杂机器为对象，结果必然是无益的。

这样做会遇到的困难是显而易见的。一部汽车是由材料、形状和物理状态各不相同的成千个部件组成的。有一些是固体（如钢制底盘、铜制导线、玻璃风挡等），有一些是液体（如散热器中的水、油箱中的汽油、气缸中的机油），还有一些是气体（如由汽化器送入气缸的混合气）。因此，在分析这个叫作汽车的复杂物体时，第一步是把它分解成物理性质一致的分离部件。这样我们就会发现，汽车是由各种金属（如钢、铜、铬等）、各种非晶体（如玻璃、塑料等）和各种均匀的液体（如水、汽油等）所组成的。

然后，我们可进一步凭借各种物理研究手段进行分析，从而发现，铜制部件是由小粒晶体组成的，每粒晶体又是由一层层铜原子有规则地刚性连接叠成的；散热器内的水由大量松散聚集在一起的水分子组成，每一个水分子又由一个氧原子和两个氢原子组成；通过汽化器阀门进入气缸的混合气则是由一大群高速运动的氧分子、氮分子和汽油蒸气分子掺杂在一起组成的；而汽油分子又是碳原子和氢原子的结合体。

同样，在分析像人体那样复杂的活机体时，我们也得先把它分成单独的器官，如脑、心、胃等，然后再把它们分开成各种生物学上的单质，即通常所说的"组织"。

这各种各样的组织，可以说是构成复杂生物体的材料，正如各种物理上的单质组成了机械装置一样。从这个意义上来说，根据各种组织的性质来研究生物体作用的解剖学和生物学，是和根据各种物质的力学、磁学、电学等性质来研究这些物质所组成的各种机器的作用的工程学相类似的。

因此，单靠弄清各组织如何组成复杂的机体，还不能够解答生命之谜，我们必须搞清楚各机体中的组织在根本上是如何由一个个不可分的单元组成的。

如果你认为可以将活的单一生物组织比作普通物理单质，那可是一个大错误。事实上，随意选取一种组织（皮肤组织、肌肉组织、脑组织等）在低倍显微镜下观察一下，就会发现这些组织里包含有许多小单元，这些小单元的本性或多或少地决定了整个组织的性质（图90）。生物的这些基本组成单元一般称为"细胞"，也可以叫作"生物原子"（也就是"不可再分者"），这是因为各种组织的生物学性质至少要在有一个单个细胞时才能保持下去。

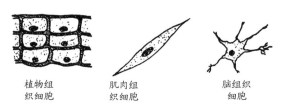

植物组
织细胞   肌肉组
织细胞   脑组织
细胞

图 90   各种类型的细胞

例如，要是把肌肉组织切成半个细胞那么大，它就会完全失去肌肉所具有的收缩性和其他性质，正如半个镁原子就不再是镁一样*。

构成组织的细胞是很小的（平均粗细只有百分之一毫米）**。一般的植物和动物都由很多个细胞组成。例如，一个成年人就是由几百万亿个细胞组成的！

小一些的生物体，细胞总数当然要少些，如一只苍蝇或一只蚂蚁，至多不过有几亿个细胞。还有一大类单细胞生物，如阿米巴、真菌（能引起"金钱癣"的那一种）和各种细菌，它们都是由单独一个细胞构成的，只有在高倍显微镜下才能看到。对于这些在复杂机体中泰然担当其"社会职能"的单个活细胞所进行的研究，是生物学上最激动人心的篇章之一。

为了对生命问题有个概括的了解，我们必须对活细胞的结构和性质做出解答来。

活细胞凭什么性质而和一般无机物或死细胞——如做书桌的木头、制作鞋子的皮革中的细胞——不同呢？

活细胞有如下几个特殊的基本性质：①能从周围物质中攫取自己需要的成分；②能把这些成分变为供自己生长所用的物质；③当它的体积变得

---

* 大家想必还记得原子结构那一章的内容：一个镁原子（原子序数 12，原子量 24）的原子核有 12 个质子和 12 个中子，核外环绕着 12 个电子。把镁原子核对半分开，就会得到两个新原子，每个原子有 6 个质子、6 个中子和 6 个电子——这正是两个碳原子。
** 有的细胞是很大的。例如，整个鸡蛋黄就是一个细胞。不过，即使在这种情况下，细胞中有生命的部分仍然是只有显微尺寸的，其余大部分黄色物质只是一些为鸡的胚胎发育所储存的养料。

足够大时，能够分成两个与原来相同但小一半的细胞（每个新细胞仍然能再长大）。由单个细胞组成的复杂机体，不用说也都具有"吃""长""生"这三种能力。

好挑剔的读者可能会反对说，这三种性质也存在于普通的无机物质之中。例如，在过饱和的食盐水*中扔进一小粒食盐，在它的表面上就会"长"出一层层来自溶液（更确切地说，是从溶液中被赶出来）的食盐分子。我们还可以进一步设想，当这粒晶体达到一定的大小后，会因某种机械效应——如重量的增加——而裂成两半；这样形成的"子晶"还可以接着长下去。为什么不把这个过程看作"生命现象"呢？

在回答这一类问题时，首先要指出，如果只把生命现象看成较为复杂的普通物理及化学现象，那么，生物和非生物之间是不会有什么明确的界线的。这正如在以统计定律描述大量气体分子的运动状况时，我们不能确定统计定律的适用界限一样（见第八章）。事实上，我们知道，充满一个大房间的气体不会突然自行聚集在一个角落里，至少这种可能性几乎是不存在的。但我们也知道，如果在整个房间里只有两个、三个或者四个分子，那么，这种集中的情况就会经常发生了。

但是，我们能找到这两种不同情况在数量上的分界线吗？那是 1000 个分子，100 万个分子，还是 10 亿个分子呢？

同样，在涉及食盐在水溶液中的结晶之类现象和活细胞的生长分裂现象时，也不能期望存在一个明确的界线。生命现象虽然比结晶这种简单分子现象复杂得多，但从根本上来讲，并没有什么不同。

不过，对于刚才那个例子，我们倒是可以这样说：晶体在溶液中生长的

---

* 过饱和食盐水可按下法制得。在热水中溶解多量的盐，然后冷却到室温。由于溶解度随温度的降低而减小，水中就会含有比水能够溶解的数量还要多的食盐分子。然而，这些多余的分子能在溶液中保持很长时间，直到扔进一小粒盐为止。可以说，这粒盐提供了起动力，是将食盐分子从溶液中"驱赶"出来的组织者。

过程，只不过是把"食物"不加变化地集中在一起，只是原来和水混在一起的盐分子简单地聚集到晶体表面上来，这只是物质的单纯机械增减，而不是生物化学上的吸收；晶粒的偶然裂开也不过是由重力造成的，而且各裂块的大小也不成比例，这与活细胞由于内部作用力的结果而不断准确分成两个细胞实在没有什么相似之处，因此，不能将它看成生命现象。

再来看看下面这个例子，它与生物学过程更为相似。如果在二氧化碳水溶液中加入一个酒精分子（C_2H_5OH）后，这个酒精分子能够自行把水分子和二氧化碳分子一个个合成新的酒精分子*（图91），那么，我们只要往苏打水中滴入一滴威士忌，就会把全部苏打水变成纯威士忌酒。这下子，酒精就真的可算是个活物了！

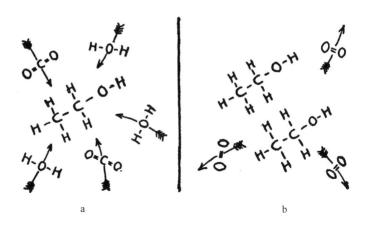

a   b

图91　假如一个酒精分子能够把水分子和二氧化碳分子组合成一个个新的酒精分子的话，就会是这个样子。如果这种"自我合成"真能实现的话，那就真该把酒精看作活物了

这个例子并非纯属虚构，后面我们可以看到，确实存在一种叫作病毒的复杂化学物质，它的复杂分子（由几十万个原子组成）就能够从周围环境

---

* 这个想象的化学反应的方程式如下：
$$3H_2O+2CO_2+C_2H_5OH=2\left[C_2H_5OH\right]+3O_2。$$

中取得分子，把它们构成与自己相同的分子。这些病毒既应被看作普通的化学分子，又应被看作活的机体，因而正是连接生物与非生物的那一个"丢失的环节"。

但是现在，我们还是回到普通细胞的生长和繁殖的问题上来，因为尽管细胞很复杂，但它毕竟还是最简单的活机体。

在一架功能强大的显微镜下可以看到，一个有代表性的细胞是一种具有相当复杂的化学结构的半透明胶状物质，这种物质一般称为原生质。原生质外面有一层细胞包层包着，在动物细胞中这是一层薄而柔软的膜，在各种植物细胞中则是一层使植物获得一定强度的厚而硬的壁（参看图90）。每一个细胞内都有一个小小的球状物，称为细胞核，它是由外形像一张细网的叫作染色质的东西构成的（图92）。要注意，细胞中原生质的各部分在正常情况下对于光的透射率都是相同的，因此我们不能直接在显微镜下看到活细胞的结构。为了看到细胞的结构，我们必须给细胞染色，这是利用原生质各部分吸收染料的能力不同这一原理。细胞核的细网特别能吸收加入的染料，因此就能在浅色背景上突出地显露出来*。"染色质"（即"吸收颜色的物质"）的名称就是这样得来的。

当细胞即将进行分裂时，细胞核的网状组织会变得大大不同于往常，成了一组丝状或棒状的东西［图92（b）、图92（c）］，它们叫作"染色体"（即"吸收颜色的物体"）。请看书末图版V的a和b**。

任意选定一个物种，它体内的所有细胞（生殖细胞除外）都含有相同数目的染色体。而且一般说来，生物越高级，染色体的数目也就越多。

---

* 在一张纸上用白蜡写字，字迹也是显露不出来的。如果此后用铅笔将纸涂黑，由于被蜡覆盖的纸面不会沾上石墨，字迹就清楚地在黑色背景上显现出来了。两者是同一个道理。

** 应该注意，给细胞染色往往会把它们杀死，从而观察不到细胞的活动。因此，图92所示的细胞分裂并不是观察一个细胞，而是给处于不同发展阶段的不同细胞染色的结果。从原理上说，这两者是没有什么不同的。

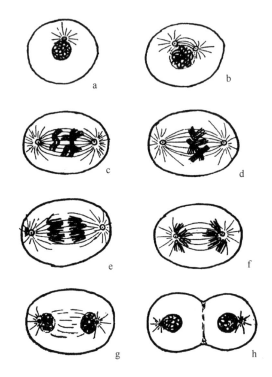

图 92 细胞分裂的各个阶段（有丝分裂）

　　小小的果蝇曾大大帮助过生物学家了解生命之谜，它的每个细胞里有8 条染色体。豌豆有 14 条染色体，玉米有 20 条。生物学家自己以及其他所有的人，细胞里都有 46 条染色体。看来人们可以自豪一下了，因为这从数学上证明了人比苍蝇优越 6 倍；可是蛤蜊的细胞里却有 200 条染色体，又是人的 4 倍多，所以，看来还是不能一概而论啊！

　　重要的是，一切物种细胞内染色体的数目都是偶数，而且构成几乎完全相同的两套（见书末图版Ｖ a，例外的情况要在本章中另行讨论），一套来自父体，一套来自母体。来自双亲的这两套染色体决定了一切生物复杂的遗传性质，并且代代相传下去。

　　细胞的分裂是由染色体发端的：每一条染色体先沿长度方向整齐地分

成较细的两条。这时，细胞体仍作为一个整体存在［图 92（d）］。

当这团纠缠的染色体开始变整齐些，并要进行分裂的时候，有两个靠近细胞核外缘、相互离得很近的中心体逐渐离开，移向细胞的两端［图 92（a）、（b）、（c）］。这时，在分开的中心体和细胞核中的染色体间有细线相连。当染色体分开后，每一半都因细线的收缩而被拉向相邻的中心体［图 92（e）、（f）］。当分裂过程将近尾声时［图 92（g）］，细胞膜（壁）沿中心线凹陷进去［图 92（h）］，每一半细胞都长出一层薄膜（壁），这两个只有一半大的细胞互相离开，于是出现了两个分开的新细胞。

如果这两个子细胞从外界获得充足的养分，它们就会长得和上一代细胞一样大（即长大一倍），并且再经过一段时间，又会按同样方式进行进一步的分裂。

对于细胞的分裂，我们只能给出如上的各个步骤，这是来自直接观察的结果。至于对这些步骤进行科学的解释，则由于对相应各个物理化学作用力的确切本质知道得太少，至今还不能做出。要对细胞整体进行物理分析，细胞似乎还是太复杂了些，因此，在攻克细胞问题之前，最好先弄清染色体的本质。这比较简单一些，我们要在下一节讲到。

不过，如果先把由大量细胞组成的复杂生物的繁殖过程弄清楚，还是比较有用的。这里可以提出这么一个问题：是先有蛋还是先有鸡？其实，在这类反复循环的过程中，无论是先从会生蛋的鸡开始，还是先从能孵出小鸡的蛋开始，情况都是一样的（其他动物也是一样）。

我们就从刚出壳的小鸡开始吧。一只正在孵化的小鸡，是经历了一系列连续分裂而迅速长成的。大家记得，一只长成的动物体是由上万亿个细胞组成的，而它们统统由一个受精卵细胞不断分裂而成。乍一看来，恐怕自然会以为这个过程一定需要好多代的分裂才能成功。不过，如果大家还记得我们在第一章所讨论过的问题，即西萨·班·达依尔向打算赏赐他的那位国王索取构成几何级数的 64 堆麦粒，或是重新安置决定世界末日的 64 叶金片所需的时间，便能看出，只需为数不多的分裂次数，就能产生出极多的细胞来。如果用 x 表示从一个细胞变为成年人所有细胞所需的分裂次数，根据每一次分裂都使细胞数目加倍（因为每一个细胞都变为两个），便可以列出下式：

$$2^x=10^{14}。$$

求解后得

$$x=47。$$

因此，我们身体里的每一个细胞，都是决定我们的存在的那个卵细胞的大约第五十代后裔[*]。

动物在小时候，细胞分裂进行得很快，但在成熟的生物体内，大多数细胞在正常情况下处于"休眠状态"，只是偶尔分裂一下，以补偿由于外损内耗所造成的数量减少，做到"收支平衡"。

现在，我们来讨论一类特殊的细胞分裂，即负责生殖的"配子"（又叫"婚姻细胞"）的分裂过程。

各种具有两个性别的生物体，在它们的早期阶段，都有一批细胞被放到一边"储备起来"，以供将来生殖时使用。这些位于专门生殖器官内的细胞，只在器官本身成长时进行几次一般分裂，分裂次数大大少于其他器官中细胞的分裂次数，因此，到了该用这些细胞来产生下一代时，它们仍然还是生命力旺盛的。这时，这些生殖细胞开始进行分裂，不过是以另一种方式、一种比上述一般分裂大为简单的方式进行：构成细胞核的染色体不像一般细胞那样劈成两半，而是简单地互相分开［图 93（a）、（b）、（c）］，从而使每个子细胞得到原来染色体的一半。

---

[*] 将这个计算式和结果同决定原子弹爆炸的公式（见第七章）比较一下是很有趣的。使 1 千克铀的每一个原子（共 2.5×10^{24} 个）都进行裂变所需的次数是由类似的式子 $2^x=2.5\times10^{24}$ 决定的。求解后，得 $x=61$。

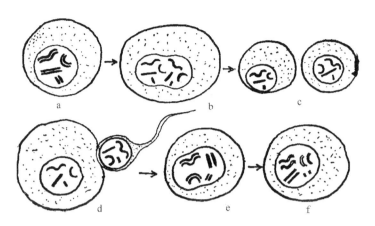

图 93　配子的生成（a、b、c）和卵细胞的受精（d、e、f）。在第一阶段（减数分
裂），所储备的生殖细胞未经劈裂就分成两个"半细胞"；在第二阶段（配合），精
子细胞钻入卵细胞，它们的染色体配合起来，这个受精卵从此开始进行图 92
那样的正常分裂

　　细胞的一般分裂被称为有丝分裂，而这种产生部分染色体细胞的分裂
方式被称为减数分裂。由这种分裂所产生的子细胞叫作精子细胞和卵细胞，
或者叫雄配子和雌配子。

　　细心的读者可能会产生一个疑问：生殖细胞是分裂成两个相同的部分
的，那怎么能产生雄、雌两种配子呢？情况是这样的：在我们前面已提到过
的那两套几乎完全相同的染色体中，有一对特殊的染色体，它们在雌性生
物体内是相同的，但在雄性生物体内是不同的。这对特殊的染色体叫作性
染色体，用 X 和 Y 这两个符号来区别。雌性生物体内的细胞只有两条 X 染
色体，雄性生物体内则有 X、Y 染色体各一条*。把一条 X 染色体换成 Y 染
色体，就意味着性别的根本不同（图 94）。

---

* 这种说法对人类和所有其他哺乳动物都是适用的。鸟类的情况恰恰相反，如公鸡有两
条相同的性染色体，母鸡却有不同的两条性染色体。

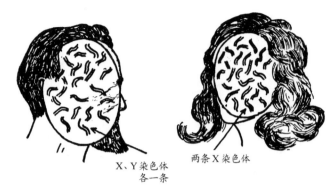

图 94　男子和女子"票面值"的不同。女子的所有细胞都含有 23 对两两相同的
染色体，男子却有一对染色体不相同。这一对染色体中有一条 X 染色体和一条 Y
染色体。在女子的细胞中，两条都是 X 染色体

　　雌性生物的生殖器官中，所有细胞都有一对 X 染色体，当它们进行减数分裂时，每个配子得到一条 X 染色体。但是每个雄性生殖细胞有 X 染色体和 Y 染色体各一条，在它所分裂成的两个配子中，一个含有 X 染色体，一个含有 Y 染色体。

　　在受精过程中，一个雄配子（精子细胞）和一个雌配子（卵细胞）进行结合，这时可能产生含有一对 X 染色体的细胞，也可能产生含有 X 染色体和 Y 染色体各一条的细胞，这两者的机会是均等的。前者发育成女孩，后者发育成男孩。

　　这个重要的问题，我们在下一节还要讲到。现在还是接着讲生殖过程。

　　精子细胞和卵细胞结合，这叫"配子配合"，这时得到了一个完整的细胞，它开始以图 92 所示的有丝分裂方式一分为二。这两个新细胞在经过短暂的休整后，各自一分为二，这四个细胞又各行分裂。这样进行下去，每一个子细胞都得到原来那个受精卵中染色体的一份精确的复制品。所有的染色体有一半来自父体，另一半来自母体。受精卵逐步发育成为成熟个体的过程由图 95 简略地表示出来。

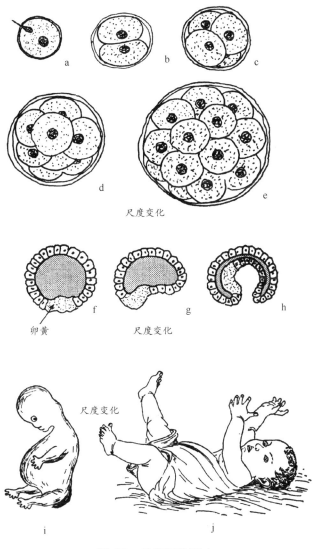

尺度变化

卵黄　　　　尺度变化

尺度变化

图 95　从卵细胞到人

　　在图 95（a）中，我们看到的是精子进入休眠的卵细胞中，这两个配子的结合促发这个完整的细胞开始进行新的活动。它先分裂成两个，然后是4 个、8 个、16 个……［图 95（b）—（e）］。当细胞数目变得相当大时，它们就会排列成肥皂泡状，每个细胞都分布在表面上，以利于更方便地从周围的营养介质中得到食物［图95（f）］。再往后，细胞会向内部空腔里凹陷进去［图95（g）］，进入"原肠胚"阶段。这时，它像是一个小荷包，荷包的开口兼供进食和排泄之用。珊瑚虫之类动物的发育就到此为止，更为进化的物种则继续生长和变形。一部分细胞发展成为骨骼，一部分细胞则变为消化、呼吸和神经系统。在经历了胚胎的各个阶段后［图95（i）］，最终成为可辨认出其所属物种的生物［图95（j）］。

我们已提到过，在发育的机体中，有一些细胞从早期发展阶段起就可以说是被放到一旁保存起来，以供将来繁殖之用。当机体成熟后，这些细胞又经历了减数分裂，产生出配子，再从头开始上述整个过程。生命就是这样延续下来的。

二、遗传和基因

在生殖过程中，最值得注意的是，来自双亲的两个配子发育成的新生命，不会长成任何一种别的生物，它一定会成为自己父母以及父母的父母的复制品，虽然不完全一样，却也相当忠实。

事实上，我们确信，一对爱尔兰塞特猎犬生下的小狗崽，长不出一头大象或一只兔子的模样，也不会长成大象那么大，或长到兔子那么大就不再长。它生就一副犬相：有四条腿、一条长尾巴、两只眼睛，头部两侧各有一只耳朵。我们同时还可以颇有把握地预言，它的耳朵会是软软地下垂着的，它的毛会是长长的、金棕色的，它大概一定很喜欢出猎。此外，它身上一定还在许多细微的部分保留着它的父母甚至它的老祖先的特点；与此同时，它一定也有若干自己的独特之处。

所有这各种各样被赋予良种塞特猎犬的特性，是怎样被放进用显微镜才能看到的配子中去的呢？

我们已经知道，每一个新生命都从自己的父母那里各自得到正好半数的染色体。很明显，作为整个物种的大同之处，一定是在父母双方的染色体中都具备的，而单独个体的小异之处，一定是从单方面得来的。而且，尽管我们可以相当肯定地认为，在长期的发展过程中，在许多世代之后，各种动、植物的大多数基本性质都可能发生变化（物种的进化就是个明证），但在有限的时间内，人们只能观察到很微小的次要特性的变化。

研究这些特性及其世代延续，是新兴的基因学的主要课题。这门学科虽然尚处于萌芽时期，但已能给我们讲许多关于生命的最深层的隐秘而激动人心的故事。例如，我们已经知道，遗传是以数学定律那样简洁的方式进行的，这就与绝大部分生物学现象截然不同，因而也就说明，我们所研究的正是生命的基本现象。

下面就以大家熟知的色盲这种人眼的缺陷为例来探讨一下。最常见的色盲是不能区别红、绿二色。要想弄清色盲是怎么回事，先得明白为什么我们能看到颜色，又得研究一下视网膜的复杂构造和性质，还得了解不同光波所能引起的光化学反应，等等。

如果再问及关于色盲的遗传这个问题，乍一看来似乎比解释色盲现象本身还要复杂。可是，答案却是意想不到的简单明了。由直接统计可以得出：①色盲中男性远多于女性；②色盲父亲和"正常"母亲不会有色盲孩子；③"正常"父亲和色盲母亲的儿子是色盲，女儿则不是。由这几点可以清楚地看出，色盲的遗传必然与性别有一定关系。只需假定产生色盲的原因是一条染色体出了毛病，并且这条染色体代代相传，我们就可以用逻辑判断得到进一步的假设：色盲是由 X 染色体中的缺陷造成的。

从这一假设出发，从经验得来的色盲规律就真相大白了。大家还记得，雌性细胞中有两条 X 染色体，而雄性只有一条（另一条为 Y 染色体）。如果男子中这唯一的一条 X 染色体有色盲缺陷，他就是色盲；而女子只在两条 X 染色体都有色盲缺陷时才会成为色盲，因为一条染色体已足以使她获得感觉颜色的能力。如果 X 染色体中带有色盲缺陷的概率为千分之一，那么，1000 个男子中就会有 1 个色盲。同样推算的结果，女子中两条 X 染色体都有缺陷的可能性则应按概率乘法定理计算（见第八章），即

$$\frac{1}{1\ 000} \times \frac{1}{1\ 000} = \frac{1}{1\ 000\ 000}。$$

所以，100 万个女子中，才有发现 1 名先天色盲的希望。

我们来考虑色盲父亲和"正常"母亲［图 96（a）］的情况。他们的儿子只从母亲那里接受了 1 条"好的"X 染色体，而没有从父亲那里接受 X 染色体，因此，他不会成为色盲。

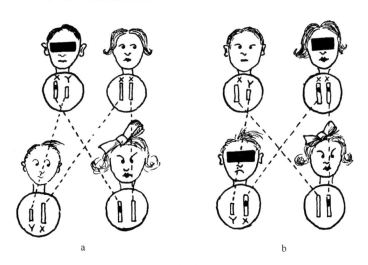

图 96　色盲的遗传

另外，他们的女儿会从母亲那里获得一条"好的"X 染色体，而从父亲那里得到的则是"坏的"X 染色体，这样，她不会是色盲，但她将来的孩子（儿子）可能是色盲。

在"正常"父亲和色盲母亲［图96（b）］这种相反情况下，他们儿子的唯一 X 染色体一定来自母体，因而一定是色盲；而女儿则从父亲那里得来一条"好的"染色体，从母亲那里得来一条"坏的"染色体，因而不会是色盲。但也和前面的情况一样，她的儿子可能是色盲。这不是再简单不过了吗?!

像色盲这样需要一对染色体全部有了改变才能表现出某种后果来的遗传性质，叫作"隐性遗传"。它们能以隐蔽的形式，从祖父、外祖父一辈传给孙子、外孙一辈。在偶然情况下，两只漂亮的德国牧羊犬会生出一只与德国牧羊犬完全不同的小崽来，这个悲惨事件就是由上述原因造成的。

与此相对的"显性遗传"也是有的，这就是在一对染色体中只要有一条起了变化就会表现出来的方式。我们在这里离开了基因学的实例，用一种想象的怪兔来说明这类遗传。这种怪兔生来就长着一对米老鼠*那样的耳朵。如果假设这种"米式耳朵"是一种显性遗传特性，即只需一条染色体的变化就能使兔子耳朵长成这种丢脸相（对兔子来说），我们就能预言后代兔子的样子会如图97所示（假定那只怪兔及其后代都与正常兔子交配）。造成"米式耳朵"的那条不正常的染色体在图中用一小块黑斑标出。

除了显性和隐性这两种非此即彼的遗传特性之外，还有可称作"中间型"的一种。如果我们在花园里种上一些开红花和开白花的茉莉，那么，当红花的花粉（植物的精子细胞）被风或昆虫送到另一朵红花的雌蕊上时，它们就与雌蕊基部的胚珠（植物的卵细胞）结合，并发育成种子，这些种子将来还开红花。同样，白花与白花的种子，也还会开出白花来。但是，如果白花的花粉落到红花的雌蕊上，或者红花的花粉落到白花的雌蕊上，这样得到的种子将会开出粉红色的花朵来。然而不难看出，粉红色花朵并不代表

---

* 米老鼠是美国迪士尼乐园中的一个重要角色。它是一只老鼠，但耳朵长成半圆形。
——译者

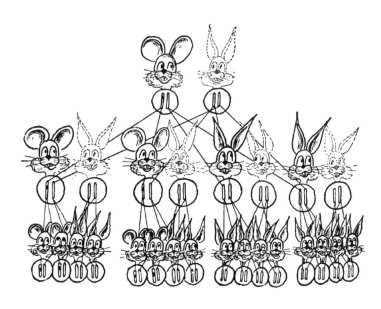

图 97

一种稳定的生物品种。如果在它们之间授粉，将会有 50% 的下一代开粉红花朵，25% 开红色花朵，25% 开白色花朵。

对于这种情况，只需假设花朵的红色或白色的性质是附在这种植物细胞的一条染色体之中，就很容易得到解释。如果两条染色体相同，花的颜色就会是纯红或纯白；如果一条是红的，另一条是白的，那么这两条染色体争执的结果，是开出粉色的花朵来。请看图 98，这张图绘出了"颜色染色体"在下代茉莉花中的分布，我们可以从中看出前面提到的那种数值关系。照图 98 的式样，我们可以毫不费力地画出，在白色和粉色茉莉的下一代中，含有 50% 的粉花和白花，但不会有红花；同样，从红花和粉花可育出一半的红花和一半的粉花，但是不会出现白花。这些就是遗传定律，是 19 世纪的一位摩拉维亚教派信徒、谦和的孟德尔*在布鲁恩的修道院里栽种豌豆时

---

* 孟德尔（Gregor Mendel，1822—1884），奥地利植物学家。——校者

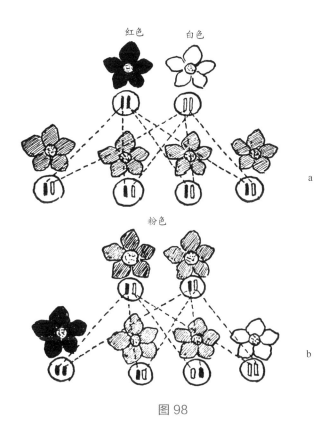

图 98

发现的。

到目前为止，我们已经把新生生物继承来的各种性质与它们双亲的不同染色体联系起来了。不过，生物的各种性质多得几乎数不清，而染色体的数目相对来说又为数不多（果蝇有 8 条、人类有 46 条），我们必须假设每一条染色体都携有一长串特性才行。因此，可以想象这些特性是沿着染色体的丝状形体分布着。事实上，只要看一看书末图版 V a 中的果蝇唾液腺体的染色体*，就很难不把那些沿横向一层层分布的许多黯黑条纹看成载有各

---

* 大多数生物的染色体都极小，而果蝇的染色体相对说来要大得多，因此进行显微摄影比较容易。

种性质的处所；其中有一些横道控制着果蝇的颜色，另一些决定了它翅膀的形状，还有一些分别注定它要有 6 条腿、身长 1/4 英寸左右，并且看得出它是一只果蝇，而绝不是一条蜈蚣或一只小鸡。

事实上，遗传学告诉我们，这种印象是正确的。我们不但可以证明染色体上的这些小小的组成单元——即所谓"基因"——本身载有各种遗传性质，还常常能指出其中的哪些基因决定了什么具体特性。

不过，即使用最大倍率的显微镜来观察，所有的基因也都有几乎同样的外表，它们的不同作用一定是深深地隐藏在分子结构内部的某个地方。

因此，想要了解每个基因的"生活目的"，就得细心研究动植物在一代代繁衍中各个遗传性质的传递方式。

我们已经知道，每一个新生命从自己父母那里各得到一半数目的染色体。既然父母的染色体又都是由它们自己父母染色体的一半组成的，我们可能会想到，这个新生命从祖父或祖母、外祖父或外祖母方面，只能分别得到一个人的遗传信息。但事实不一定如此，有时祖父、祖母、外祖父、外祖母都把自己的某些特性传给了自己的孙辈。

这是否推翻了上述染色体的传递规律呢？不，这个规律没有错，只是过于简单了。我们必须考虑到这样一种情况：当被储备起来的生殖细胞准备进行减数分裂而变成两个配子时，成对的染色体往往会发生缠结，交换其组成部分。图 99（a）和图 99（b）简示了这类导致来自父母的基因混杂化的交换过程，这就是混合遗传的原因。还有这样一种情况：一条染色体本身也可能弯成一个圈，然后再从别的地方断开，从而改变了基因的顺序[图99（c）、书末图版 V b]。

显然，两条染色体的部分交换及一条染色体的变更顺序非常可能使原来相距很远的基因接近，而使原来的近邻分开。这就如同给一副扑克牌错一下牌，这时虽然只分开一对相邻的牌，却会改变这一副牌上下两部分的相对位置（还会把首尾两张牌凑到一起）。

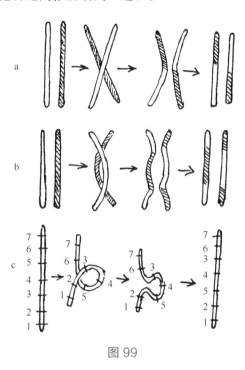

图 99

因此，如果某两项遗传性质在染色体发生改变的情况下，仍然总是一起发生或消失，我们就可以判断说，它们所对应的基因在染色体中一定是近邻；相反，经常分开出现的性质，它们所对应的基因一定处在染色体中相距很远的两个位置上。

美国遗传学家摩尔根（Thomas Hunt Morgan）和他的学派沿着这个方向进行研究，并为他们的研究对象果蝇确定了染色体中各基因的固定次序。图 100 就是通过这种研究工作给果蝇的 4 条染色体列出的基因位置。

像图 100 这样的图，当然也能以更复杂的动物和人为对象编制出来，只不过这种研究需要更加仔细、更加小心谨慎*。

* 目前这样的图表已由包括我国科学家在内的多国科学家合作编制出来了。——校者

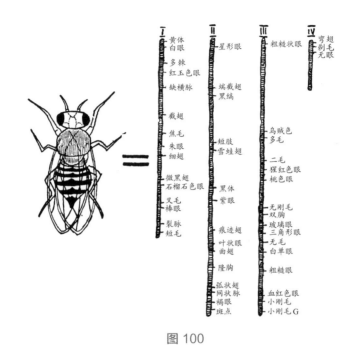

图 100

三、"活的分子"——基因

对活机体的极为复杂的结构逐步进行分析之后，我们现在似乎已经接触到生命的基本单元了。事实上，我们已经看出，活机体的整个发展过程和生物发育成熟后的几乎所有性质，都是由深深藏在细胞内部的一套基因控制着的。简直可以这样说，每一个动物和每一株植物，都是"围绕"其基因生长的。如果打一个极其粗略的比方，可以说，活机体和基因之间的关系，正类似于大块无机物质和原子核之间的关系。任何一种物质的一切物理性质和化学性质，都可以归结到以一个数字表示其电荷数的原子核的基本性质上去。例如，有 6 个基本电量单位的原子核，周围会聚拢来 4 个电子；具有这种结构的原子倾向于排成正四面体，成为有极高硬度和高折射率的物质，即所谓金刚石。再如一些分别带有 29 个、16 个和 8 个电荷的原子核，会形成一些紧紧连在一起的原子，它们组成那种称为硫酸铜的浅蓝色物质。当然，活的机体，即使是最简单的种类，也远比任何晶体复杂得多，但是，它的各个宏观部分，都是由微观上进行组织的活性中心完全决定的。就这个典型的特点来说，两者是相同的。

这些决定生物一切性质（从玫瑰的香味到大象鼻子的模样）的组织中心有多大呢？这个问题很容易回答：把染色体的体积，除以它所包含的基因数目。通过显微镜观测，一条染色体的平均粗细有千分之一毫米，也就是说，它的体积为 10^{-14} 立方厘米。实验表明，一条染色体所决定的遗传性质竟有几千种之多，这可通过计数果蝇那条大染色体上横列的暗道（单个基因）的个数而直接得出*（书末图版 V）。用染色体总体积除以单个基因的个数，得出一个基因的体积不会大于 10^{-17} 立方厘米。原子的平均体积约为 10^{-23} [$\approx$（2×10^{-8}）^{3}] 立方厘米，因此，结论是：每个单个的基因一定是由约 100 万个原子组成的**。

我们还可以计算出基因的重量。以人为例，大家知道，成年人有 10^{14} 个细胞，每个细胞有 46 条染色体，因此，人体内染色体的总体积约为 $10^{14}\times46\times10^{-14}\approx50$ 立方厘米，也就是不到两盎司***重（人体密度与水的相近）。就是这点微不足道的"组织物质"，能够在它的周围建立起比自己重几千倍的动植物体的复杂"包装"来。正是它们"从内部"决定着生物生长的每一步和结构的每一处，甚至决定着生物的绝大部分行为。

不过，基因本身又是什么呢？它是不是也应被看作能够再细分下去，成为更小的生物学单元的复杂"动物"呢？答案是一个斩钉截铁的"不"

---

* 一般的染色体都太小了，显微镜无法分辨出单个基因来。
** 后来发现基因与基因之间有大量的"垃圾片段"，因此实际组成单个基因的原子数应不超过 100 万。——译者
*** 盎司，英制重量单位，1 盎司约为 28.35 克。——译者

字。基因是生命物质的最小单元。进一步说，我们除了肯定基因具有生命的一切特性，因而和非生物不同之外，现在也不怀疑它们同时还和遵从一般化学定律的分子（如蛋白质）有关。

换句话说，有机物质和无机物质之间那个过渡的环节（即本章开头时所考虑到的"活分子"），看来就存在于基因之中。

基因一方面具有明显的稳定性，可以把物种的性质传递几千代而不发生任何变化；另一方面，构成一个基因的原子数目相对说来并不很大，因此，确实可以把它看作设计得很好的、每一个原子或原子团都按预定位置排列的一种结构。不同的基因有不同的性质，这反映到外部来，就产生了各种不同的器官。这种情况可以认为是由基因结构中原子分布的变化所引起的。

我们来看一个简单的例子。TNT 是在两次世界大战中起了重要作用的爆炸性物质，它的分子是由 7 个碳原子、5 个氢原子、3 个氮原子和 6 个氧原子按下列方式之一排列成的：

这三种方式的不同之处在于 N 原子团与碳环的连接方式不同。由此得到的三种物质一般叫作 α TNT、β TNT 和 γ TNT。这三种物质都能在实验室

中合成，而且都有爆炸性。但在密度、溶解度、熔点和爆炸力等方面，三者

稍有差别。使用标准的化学方法，人们可以不大费力地把N 原子团从一

个连接点上移到同一分子的其他连接点上去，从而把一种 TNT 换成另外一

种。这类例子在化学中是很普遍的，分子越大，可以得到的变种（同分异构

体）就越多。

如果把基因看作由 100 万个原子组成的巨大分子，那么，在这个分子

的各个位置上安排各个原子团的可能情况，可就多得不得了啊！

我们可以把基因设想成由周期性重复的原子团组成的长链，上面附着

各种其他原子团，像手镯上面挂有坠饰那样。近年来，生物化学已进展到能

确切地画出遗传"手镯"的式样了。它是由碳、氮、磷、氧和氢等原子组成

的，叫作核糖核酸。在图 101 中，我们把决定新生婴儿眼睛颜色的遗传"手

镯"，以超现实主义的手法画出了一部分（省去了氮原子和氢原子）。图中

的 4 个"坠饰"表明婴儿的眼睛是灰色的。把这些"坠饰"换来换去，可以

得到几乎是无限多的不同分布。

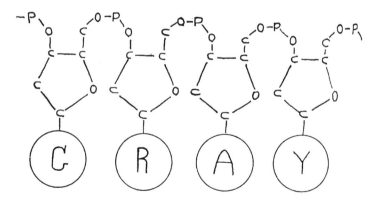

图 101　决定眼睛颜色的遗传"手镯"（核酸分子）的一部分（已被大大简化了）

例如，如果一个遗传"手镯"有 10 个不同的"坠饰"，它们就会有

$1×2×3×4×5×6×7×8×9×10=3\ 628\ 800$ 种不同的分布。

如果有一些"坠饰"是相同的，不同排列的总数就会少一些。上述那10 个"坠饰"如果两两相同（共 5 种），就只会产生 113 400 种不同的排列。然而，当"坠饰"的总数增多时，排列的可能数目就会迅速增加。例如，当"坠饰"为 5 种、每种 5 个（即共 25 个）时，可产生约 62 330 000 000 000 种分布！

因此可以看出，既然在大的有机分子里，各种不同的"坠饰"在各个"悬钩"上可以产生如此众多的分布，这就不但可以满足一切实际生物变化的需要，而且哪怕是我们用想象力发明出最荒诞的生物来，这个数目也是应付得了的。

对于这些沿丝状基因分子排列的、起决定生物性质作用的"坠饰"来说，有一点很重要，这就是它们的分布有可能自发地改变，从而使整个生物体在宏观上发生相应改变。造成这种改变的最常见的原因是热运动。热运动会使整个分子的形体像大风中的树枝一样弯来扭去，在温度足够高时，分子体的这种振摆会强烈到足以把自己撕裂开来——这就是热离解过程（见第八章）。但是，即使在温度较低、分子能够保持完整时，热振动也可能造成分子内部结构的某些变化。例如，可以设想，连接在分子某处的"坠饰"在分子扭动时会与另外一个"悬钩"接近，这时，它有可能相当容易地脱离自己原来的位置，而连接到新的"悬钩"上去。

这种同分异构*转变现象会在普通化学中那些较为简单的分子中发生，这是大家都知道的。这种转变也和一切其他化学反应一样，遵从这样一条基本的化学动力学定律：每当温度升高 10℃，反应速率大约加快一倍。

对于基因分子这种情况，它们的结构太复杂，恐怕在今后一段相当长的时间内，有机化学家也未必能把它们搞清楚。因此，目前还没有一种化学

---

* "同分异构"一词是指构成分子的原子都相同但相对位置不同的现象。

分析方法能直接验证基因分子的同分异构变化。不过，有一种现象，从某种角度来说，可以说比费力的化学分析要好得多。这就是：如果在雄配子或雌配子的基因中有一个发生了同分异构变化，它们结合成的细胞将会把这种变化在基因劈分和细胞分裂的一系列过程中忠实地保留下来，并使所产生的后代在宏观特征上表现出明显的改变。

事实上，基因研究所取得的一个最重要的成果，就是发现了生物体中遗传性质的自发改变总是以不连续的跳跃形式发生，这就叫作突变。这一点是荷兰生物学家德弗里斯（Hugo de Vries）在 1902 年发现的。

为举例说明，我们来看看前面提到过的果蝇。野生的果蝇是灰身长翅，随便从野外抓来一只，几乎没有例外地都是这个样子。但是，在实验室条件下，一代一代地培育果蝇，突然会有一次得到一只"畸形"果蝇，它有不正常的短翅，身体差不多是黑色的（图 102）。

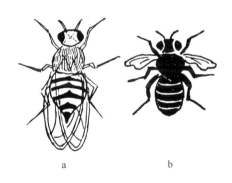

a   b

图 102 果蝇的自发变异

a. 正常种：灰色身体，长翅；b. 变异种：黑色身体，短翅（退化翅）

重要的是，在果蝇的"正常"先辈和黑身短翅这种走极端的例外情况之间，不会找到呈现各种灰色、翅膀长短不一的果蝇，就是说不会找到介于祖先和新种之间、外观逐渐改变的类型。所有的新的一代（有上百只！）几乎都是同样的灰色，同样的长翅，只有一只（或几只）截然不同。要么不变，要么大变（突变），这是个规律。同样的情况已发现上百例。例如，色盲就不是完全来自遗传。一定有这样的情况，祖先都是"无辜"的，但孩子却是色盲。人出现色盲，就如同果蝇长短翅一样，都遵照"全有或全无"的原则进行。这里要考虑的并不是一个人辨色本领的强弱，而是他能否把颜色分辨出来。

凡是听说过达尔文*的人都知道，生物新的一代在性质上的这种改变，再加上生存竞争、适者生存，就使物种的进化不断地进行下去**。正是由于这个原因，几十亿年前大自然的骄子——简单的软体动物——才能发展成像诸君这样具有高度智慧、连本书这样佶屈聱牙的东西都读得出、看得懂的生物啊！

遗传性质的这种跳跃式的改变，如果从前面所说过的那种基因分子同分异构变化的角度来进行解释，是完全行得通的。事实上，如果决定性质的"坠饰"改变了它在基因分子中的位置，它是不能只改变一半的，它要么留在原处，要么连到新位上，造成生物体性质的不连续的变化。

"突变"是由基因分子的同分异构变化造成的这个观点，又从生物的突变率与周围培养环境有关这一事实得到了有力的支持。梯莫菲耶夫（Timoféëff）和齐默尔（Zimmer）就温度对突变率的影响所做的实验工作表明，（在不考虑周围介质和其他因素所引起的复杂变化时）一般分子反应所遵从的基本物理化学定律，在这里也同样适用。这项重大的发现促使德布瑞克（Max Delbrück，他原来是理论物理学家，后来成为实验遗传学家）得出了一个具有划时代意义的观点，即认为生物突变现象和分子同分异构变化这个纯物理化学过程等效。

关于基因理论的物理基础，特别是 X 射线和其他辐射造成的突变所提

---

* 达尔文（Charles Darwin，1809—1882），英国博物学家，进化论的创立者。他所著的《物种起源》一书是进化论的经典著作。——译者
** 突变现象的发现，对达尔文的经典理论只做了一点修改，即物种进化是由不连续的跳跃式变化造成的，而不是由于连续的小变化所致。

供的重要证据，我们是可以无休止地谈下去的。但仅就已经谈到的情况来看，读者们已经能够相信，科学现在正在跨越对"神秘的"生命现象进行纯物理解释的门槛。

在结束这一章之前，我们还得谈谈一种叫作病毒的生物学单元，它很可能是不处在细胞内的自由基因。就在不久以前，生物学家还认为生命的最简单形式是各种细菌——在动植物组织内生长繁殖，有时还引起疾病的单细胞微生物。例如，人们已用显微镜查明，伤寒是由一种 3 微米长、1/2 微米粗的杆状细菌引起的；猩红热是由直径 2 微米左右的球状细菌引起的。可是，有一些疾病，如人类的流行性感冒和烟草植株的花叶病，用普通显微镜却怎么也看不到细菌。但是，由于这些特别的"无菌"疾病从患病机体转移到健康机体上去的方式和所有一般传染病相同，又由于这样受到的"感染"会迅速地传遍受害个体的全身，人们自然会假设，这些疾病是由一些假想的生物载体携带着的，于是便给它们起名叫病毒。

直到后来，由于使用了紫外线显微技术（用紫外光），特别是由于发明了电子显微镜（用电子束代替可见光可获得更大的放大率），微生物学家才第一次见到了一直没露过面的病毒的结构。

人们发现，病毒是大量小微粒的集合体。同一种病毒的大小完全一样，而且都远比细菌小（图 103）。流感病毒的微粒是一些直径为 0.1 微米的小球，烟草花叶病毒的微粒则是些长 0.280 微米、粗 0.015 微米的细棒。书末图版 Ⅵ 是用电子显微镜给已知的最小生命单元烟草花叶病毒拍摄的照片。它给人以深刻的印象。大家还记得，单个原子的直径是 0.0003 微米，因此，我们推断烟草花叶病毒的横向大约只有 50 个原子，而纵向则约有 1000 个原子，总共不超过 200 万个原子*！

---

* 病毒微粒中的原子总数可能还要少些，因为它们很可能像图 103 所画的那样，具有螺旋状的分子结构，内部是空的。如果真的如此，烟草花叶病毒中的原子就只会待在圆柱形的表面上，每个病毒里的原子数会减少到几十万个。基因里的情况也可能是如此。

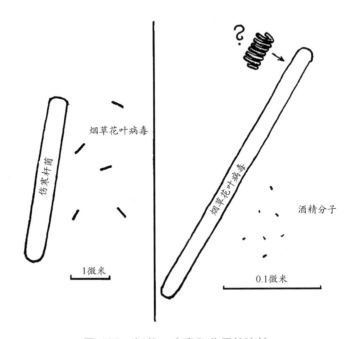

图 103　细菌、病毒和分子的比较

　　这个数字好熟悉啊！它不正好是单个基因中的原子数吗？因此，病毒微粒可能是既没有在染色体中占据一席领地也没有被一大堆细胞质所包围的"自由基因"。

　　此外，病毒的繁殖过程看来也确实和染色体在细胞分裂过程中的倍增现象完全相同：整个病毒体沿轴线劈裂成两个同样大小的新病毒微粒。很明显，在这个基本的繁殖过程中（如同图 91 那个虚构的酒精增加过程），整个复杂分子的各个原子团都从周围介质中引来相同的原子团，并把它们按自己原来的式样精确地排列在一起。当这种安排进行完毕，已经成熟的新分子就从原来的分子上脱离下来。事实上，在这种原始的生物中，看来并不发生"成长"的过程，新的机体只是在旧机体周围"拼凑"出来。这种情况如果发生在人类身上，那就是孩子在外边和母体相连，当他（她）长大成人后，就离开母体跑开了。不用说，要使这个繁殖过程成为可能，它必须在特殊的、具备各种必要成分的介质中进行。事实上，和自备细胞质的细菌不同，病毒只能在生物组织的活细胞质中才能繁殖，也就是说，它们是很"挑食"的。

病毒的另一个共同特点，就是它们能发生突变，并且突变后的个体能把新特性传给自己的后代。这也和遗传学定律相符。事实上，生物学家已经能区分出同一病毒的几个遗传植株，并能对它的"种族繁衍"进行监视。当一场流行性感冒在村镇上蔓延开来时，人们就知道，这是由某一种新的突变型流感病毒引起的，因为它们经突变后获得了一些新的险恶性质，而人体却还没有来得及发展自己相应的免疫能力。

在前面几页里，我进行了大量的热烈议论，证明病毒应被看作生命体。我同时也要以同样的热情，宣传病毒也应被看作正规的化学分子，它们遵从一切物理的和化学的定律与法则。事实上，对病毒体所进行的化学分析已经表明：病毒可以看作有确定组成的化合物，它们可以被当成各种复杂的有机（但又是无生命的）化合物对待，并且它们可以参与各种类型的置换反应。因此，把各种病毒的化学结构式像酒精、甘油、糖等物质的结构式一样写出来，看来只是个时间问题。更令人惊奇的是，同一种病毒的大小是完全一样的。

事实证明，脱离了营养介质的病毒体会自行排列成普通正规晶体的样子。例如，"番茄停育症"病毒就会结晶成漂亮的大块斜十二面体！你可以把它和长石、岩盐一样放在矿物标本柜里。不过，一旦把它放回番茄地里，它就会变成一大堆活的个体。

由有机物合成活机体的第一大步是加利福尼亚大学病毒研究所的弗兰克尔–康拉特（Heinz Fraenkel-Conrat）和威廉斯（Robley Williams）迈出的。

他们把烟草花叶病毒分离成两个部分，每一部分都是一种很复杂的但没有生命的有机物。人们早就知道，这种病毒具有长棒的形状（书末图版Ⅵ），是由一束长而直的分子（叫作核糖核酸）作为组织物质，外面像电磁铁的导线那样环绕着蛋白质的长分子。弗兰克尔-康拉特和威廉斯使用了许多种化学试剂，成功地把这些病毒体分成核糖核酸分子和蛋白质分子，而没有破坏它们。这样，他们在一个试管里得到核糖核酸的水溶液，在另一个试管中得到蛋白质的水溶液。用电子显微镜进行检查后，证明试管里只有这两种物质，但没有一丝一毫的生命迹象。

但是，一旦把两种液体倒在一起，核糖核酸的分子就开始以每24个组成一束，蛋白质分子就开始把核酸分子环绕起来，形成与实验开始时完全一样的病毒微粒。把它们施在烟草植株上，这些分而复合的病毒就会造成花叶病，好像它们压根儿就没有被分开过似的。当然，在这里，试管里的两种化学成分是靠分离病毒得来的。不过，生物化学家已经掌握了由普通化学物质合成核糖核酸和蛋白质的方法。尽管目前（1960年）还只能合成一些较短小的分子，但毫无疑问，将来一定能用简单成分合成病毒里的那两种分子，把它们放在一起，就会出现人造病毒微粒。

ONE TWO THREE... INFINITY

宏观世界

第十章　不断扩展的视野

一、地球与它的近邻

现在，让我们结束在分子、原子、原子核里的旅行，回到比较熟悉的不大不小的物体上来。不过，我们还要再旅行一趟，这一次是向相反的方向，即朝着太阳、星星、遥远的星云和宇宙的深处。科学在这个方向上的发展，也像在微观世界中的发展一样，使我们离开所熟悉的物体越来越远，视野也越来越广阔。

在人类文明的初期，所谓的宇宙真是小得可怜。人们认为，大地是一个大扁盘，四面环绕着海洋，大地就在这洋面上漂浮。大地的下面是深不可测的海水，上面是天神的住所——天空。这个扁盘的面积足以把当时的地理学已知的地方统统容纳进去，它包括了地中海和濒海的部分欧洲与非洲地区，还有亚洲的一小块；大地的北部以一脉高山为界，太阳夜间就在山后的"世界洋"海面上休憩。图 104 相当准确地表示出古代人关于世界面貌的概念。但是，公元前 3 世纪，有一个人对这种简单而被人们普遍接受的世界观提出了异议。他就是古希腊著名哲人（当时这个名称是用来称呼科学家的）亚里士多德（Aristotle）。

图 104　古代人认为世界只有这么大

　　亚里士多德在他的著作《天论》里，表述了这样一个理论：大地实际上是一个球体，一部分是陆地，一部分为水域，外面被空气包围着。他引证了许多现象来证明自己的观点，这些现象在今天的人们看来是很熟悉的，似乎还显得有些琐碎。他指出，当一艘船消失在地平线上时，总是在船身已看不见时，桅杆还露出水面上。这说明洋面不是平的，而是弯曲的。他还指出，月食一定是地球的阴影掠过这个卫星的表面时引起的。既然这个阴影是圆的，大地本身也应该是圆的。但是，当时并没有几个人相信他的话。人们不能理解，如果他的说法确实不对，那么，住在球体另一端（即所谓对跖点，对我们来说是澳大利亚*）的人怎么会头朝下走路呢？难道他们不会掉下去吗？为什么那里的水不会流向天空呢（图 105）？

　　你瞧，当时的人们并没有理解到，物体的下落是由于受到了地球的吸引力。对于他们来说，"上"和"下"是空间的绝对方向，不论在哪里都是一样的。在他们看来，说我们在这个世界走上一半远，"上"就会变成"下"，

---

* 这是对美国而言，中国的对跖点是巴西。——译者

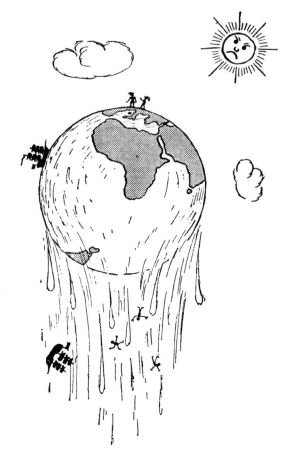

图 105 反对大地为球形的论点

"下"就会变成"上",这简直是在说胡话。当时,人们对亚里士多德这种
观点的看法,正像今天某些人对爱因斯坦相对论的看法一样。当时,重物下
坠的现象,被解释成一切物体都有向下运动的"自然倾向",而不是像现在
这样解释成受到地球的吸引。因此,当你竟然敢冒险跑到这个地球的下面
一半时,就会向下掉到蓝天中去!对老观念进行调整的工作是异常艰难的,
新观念遭到了极为强烈的反对,甚至到了 15 世纪,即亚里士多德去世后两

千年，还有人用地球对面的人头朝下站着的画片，来嘲笑大地是球形的理论。就连哥伦布*在动身前去寻找通往印度的"另一条路"时，也未必意识到他自己的计划是健全的，而且他的行程也因美洲大陆的阻挡而未能全部实现。直到麦哲伦进行了著名的环球航行后，人们对大地是球体的怀疑才最后消失掉。

当人们首次意识到大地是球体后，自然要给自己提出这样的问题：这个球到底有多大？和当时已知世界相比情况如何？但是，古希腊的哲人们显然是无法进行环球旅行的，那又怎么来量度地球的尺寸呢？

嘿！有一个办法。这个办法是公元前 3 世纪古希腊著名科学家埃拉托色尼（Eratosthenes）最先发现的。他住在古希腊当时的殖民地——古埃及的亚历山大里亚城。当时有个塞恩城，位于亚历山大里亚城以南 5000 斯塔迪姆远的尼罗河上游**。他听那里的居民讲，在夏至那一天正午，太阳正好悬在头顶，凡是直立的物体都没有影子。另外，埃拉托色尼又知道，这种事情从来没有在亚历山大里亚发生过；就是在夏至那一天，太阳离天顶（即头顶正上方）也有 7°的角距离，这是整个圆周的 1/50 左右。埃拉托色尼从大地是圆形的假设出发，给这个事实做了一个很简单的解释，这很容易从图 106 上看懂。事实上，既然两座城市之间的地面是弯曲的，竖直射向塞恩的阳光一定会和位于北方的亚历山大里亚成一定的交角。从地球中心画两条直线，一条引向塞恩，一条引向亚历山大里亚，则从图上还可以看出，两条引线的夹角等于通过亚历山大里亚的那条引线（即此处的天顶方向）和太阳正射塞恩时的光线之间的夹角。

---

* 哥伦布（Christopher Columbus，1451—1506），意大利航海家，于 1492 年发现新大陆——美洲。——译者

** 即现今阿斯旺水坝附近。——译者

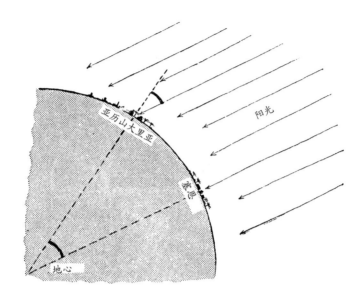

图 106

由于这个角是整个圆周的 1/50，整个圆周就应该是两城间距离的 50 倍，即 250 000 斯塔迪姆。1 斯塔迪姆约为 1/10 英里，所以，埃拉托色尼所得到的结果相当于 25 000 英里，即 40 000 公里，和现代的数值真是非常相近。

然而，对地球进行第一次测量所得到的结果，重要的倒不在于它是如何精确，而是它使人们发现地球真是太大了。瞧，它的总面积一定比当时已知的全部陆地面积还要大几百倍呢！这能是真的吗？如果是真的，那么，在已知的世界之外又是些什么呢？

说到天文学距离，我们先得熟悉一下什么叫视差位移（简称视差）。这个名称听起来有点吓人，但实际上，视差是个简单而有用的东西。

我们可以从穿针引线的尝试来认识视差。试试闭上一只眼睛来穿针，你很快就会发现这么做并不怎么有把握：你手中的线头不是跑到针眼后头老远，就是在还不到针眼时你就想把线穿进去。只凭一只眼睛是判断不出针和线离我们有多远的。但是，如果睁开双眼，这件事就很容易做到，至少是很容易学会怎样做到。当用两只眼睛观察一个物体时，人们会自动地把两只眼睛的视线都聚焦在这个物体上，物体越近，两个眼珠就转动得更接近一些。而做这种调整时眼球上肌肉所产生的感觉，就会相当可靠地告诉你这段距离是多少。

如果你不同时用两只眼睛来看，而是分别用左、右眼来看，就会看到物体（在此例中为针）相对于后面背景（如房间里的窗子）的位置是不一样的。这个效应就叫作视差位移，大家一定都很熟悉。如果你从来没听说过，不妨自己试验一下，或看一看图 107 所示的左眼和右眼分别看到的针与窗。物体越远，视差位移越小，因此，我们可以用这种效应来测量距离。视差位移是可以用弧度表示出来的，这要比靠眼球肌肉的感觉来判断距离的简单方式准确得多。不过，我们的两只眼睛仅相距 3 英寸左右，因此，当物体的距离在几英尺开外时就不能量得很准了，这是因为物体越远，两只眼睛的

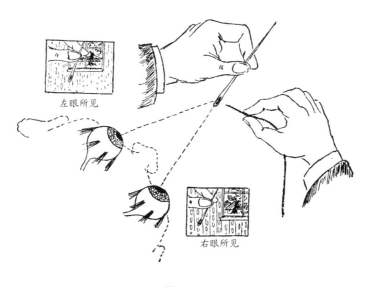

图 107

235

视线就越趋于平行，视差位移也就越不显著。为了测量更远的距离，就应该把眼睛分得开一些，以增大视差位移的角度。当然，这可用不着做外科手术，只要用几面镜子就行了。

在图 108 上，我们能看到海军使用的这样一种测量敌舰距离的装置（在雷达发明以前）。这是一根长筒，两眼前面的位置上各有一面镜子（A，A′），两端各有一面镜子（B，B′）。从这样一架测距仪上，真能够做到一只眼在 B 处看，另一眼在 B′ 处看了。这样，你双眼间的距离——所谓光学基线——就显著增大了，因此，所能估算的距离也就会长得多。当然，水兵们是不会单靠眼球肌肉的感觉来判断的。测距仪上装有特殊部件和刻度盘，这样能极精确地测定视差。

图 108

这种海军测距仪，即使对于出现在地平线上的敌舰，也是很有把握测准的。然而，用它来测量哪怕是最近的天体——月亮——效果就没有这么好了。事实上，要想观测月亮在恒星背景上出现的视差，光学基线（也就是两眼间的距离）非得有几百英里不行。当然，我们没有必要搞出一套光学系统，使得我们能用一只眼在华盛顿看，另一只眼在纽约看，只要在两地同时拍摄一张位于群星中的月亮照片就行了。把这两张照片放到立体镜*里，就能看到月亮悬浮在群星前面。天文学家就从这样两张在地球上两个地点同时拍摄的月亮和星星的照片（图 109），算出从地球一条直径的两端来看月亮

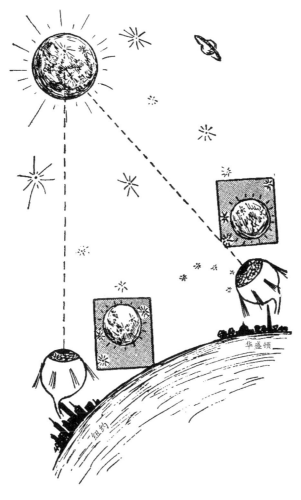

图 109

---

* 立体镜是一种观看图片立体效果的装置。把两张从两个适当角度拍摄的同一物体的照片放到里边，两眼分别观看其中一张，就能产生立体效果。——译者

的视差是 1°24′5″，由此得知地球和月亮的距离为地球直径的 30.14 倍，即 384 403 公里，或 238 857 英里。

根据这个距离和观测到的角直径，我们算出这颗地球卫星的直径为地球直径的 1/4。它的表面积为地球面积的 1/16，这约等于非洲大陆的面积。

用同样的方法也能求出太阳离我们的距离。当然，由于太阳要远得多，测量就更加困难一些。天文学家测出这个距离是 149 450 000 公里（约 92 870 000 英里），也就是月地距离的 385 倍。正是由于距离这么大，太阳看起来才和月亮差不多大小，实际上，太阳要大得多，它的直径是地球直径的 109 倍。

如果太阳是个大南瓜，地球就是颗豌豆，月亮则是粒小米粒，而纽约的帝国大厦只不过是在显微镜下才能看到的顶小的细菌。不妨顺便提一下，古希腊有个进步哲人阿那克萨戈拉（Anaxagoras），仅仅因为在讲学时提出太阳是个像希腊那样大小的火球，就遭到了流放的惩罚，并且还受到处死的威胁呢!

天文学家还用同样的方法计算出了太阳系中各行星与太阳的距离。不久前发现的距离太阳最远的冥王星，离太阳的距离约为地球和太阳的距离的 40 倍，准确点说，这个距离是 3 668 000 000 英里*。

二、银河系

再向空间迈出一步，就从行星走到恒星世界了。视差方法在这里仍然可以应用，不过，即使是离我们最近的恒星，同我们的距离也是很远很远

---

* 2006 年国际天文学联合会正式定义行星概念，将冥王星排除出行星行列，将其重新划为矮行星。其远日点为 73.760 亿千米，近日点为 44.368 亿千米。——编者

的，因此，即便是在地球上距离最远的两点（地球的两侧）进行观测，也无法在广袤的星际背景上找出什么明显的视差。然而，我们还是有办法的。如果我们能根据地球的尺寸求出它绕日轨道的大小，那么，为什么不用这个轨道去求恒星的距离呢？换句话说，从地球轨道的两端去观测恒星，是否可以发现一两颗恒星的相对位移呢？当然，要这样做，两次观测的时间要相隔半年之久，但那又有什么不可以的呢？

怀着这样的想法，德国天文学家贝塞尔（Friedrich Wilhelm Bessel）在1838年开始对相隔半年的星空进行了比较。开始他并不走运，他所选定的目标都未显示出任何明显的视差。这说明它们都太远了，即使以地球轨道直径为光学基线也无济于事。可是，瞧，这里有一颗恒星，它在天文学花名册上叫作天鹅座61（也就是天鹅座的第61颗暗星），它的位置和半年前稍有不同（图110）。

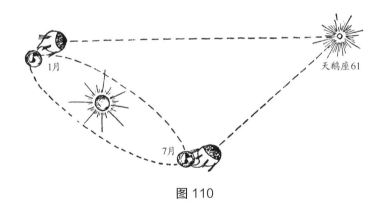

图 110

再过半年进行观测时，这颗星又回到了老地方。可见，这一定是视差效应无疑。因此，贝塞尔就成了拿着尺子跨出太阳系进入星际空间的第一个人。

在半年间观察到的天鹅座61的位移是很小的，只有0.6弧秒*，这就是你在看500英里之外的一个人时视线所张的角度（如果你能看见这个人的

---

* 精确数值为 0.600″ ± 0.06″。

话）！不过，天文仪器是很精密的，就连这样小的角度也能以极高的精确度测出来。根据测出的视差和地球轨道直径的已知数值，贝塞尔推算出这颗星在 103 000 000 000 000 公里之外，比太阳还远 690 000 倍！这个数字的意义可不容易体会。在我们打过的那个比方中，太阳是个南瓜，在离它 200 英尺远的地方有颗豌豆大小的地球在转动，而这颗恒星则处在 3 万英里远的地方！

在天文学上，往往把很大的距离表示成光线走过这段距离所用的时间（光的速度为 300 000 公里/秒）。光线绕地球一周只用 1/7 秒，从月亮到地球只要 1 秒出头，从太阳到地球也不过是 8 分钟左右。而从我们在宇宙中的近邻天鹅座 61 来的光，差不多要 11 年才能到达我们这里。如果天鹅座 61 在一场宇宙灾难中熄灭了，或者在一团烈焰中爆炸了（这在恒星中是常常发生的），那么，我们只有经过漫长的 11 年之后，才能从高速穿过星际空间到达地球的爆炸闪光和最后一线光芒得知，有一颗恒星已不复存在了。

贝塞尔根据测得的天鹅座 61 的距离，计算出这颗在黑暗的夜空中静悄悄地闪烁着的微弱光点，原来竟是光度仅比太阳小一点、大小只差 30% 的星体。这对于哥白尼（Copernicus）关于太阳仅仅是散布在无垠空间中、彼此遥遥相距的无数星体中的一个星体这样一个革命性论点，是第一个直接的证据。

继贝塞尔的发现之后，又有许多恒星的视差被测出来了。有几颗比天鹅座 61 近一些，最近的是半人马座 α（半人马座内最明亮的星，即南门二），它离我们只有 4.3 光年。它在大小和光度上都与太阳相近。其他恒星大多要远得多，远到即使用地球轨道的直径作为光学基线，也测不出视差来。

恒星在大小和光度上的差别也很悬殊。大的有比太阳大 400 倍、亮 3600 倍的猎户座 α（即参宿四，300 光年）之类光辉夺目的巨星，小的有比地球还小并比太阳暗 10 000 倍的范马南星（直径只有地球的 750，距我们 13 光年）之类昏暗的矮星。

现在我们来谈一谈恒星的数目这个重要的问题。许多人，可能包括读者诸君在内，都以为天上星星数不清。然而，正如其他许多流行的看法一样，这种看法也是大错而特错的，起码就肉眼可见的星星而论是如此。事实上，从南北两个半球可直接看到的星星加起来只有六七千颗；又因为在任何一处地面上只能看到一半天空，还因为地平线附近大气吸收光线的结果使能见度降低，所以，即使在晴朗的无月之夜，凭肉眼也只能看到 2000 颗左右的星星。因此，以每秒钟一颗的速度勤快地数下去，半小时左右就可把它们数完了。

不过，如果用普通的双筒望远镜来观测，就可以多看到 5 万颗星，而通过一架口径为两英寸半的望远镜，则会看到 100 多万颗。从安放在加利福尼亚州威尔逊山天文台的那架有名的 100 英寸口径的望远镜里观测时，能看到的星星就会达到 5 亿颗。一秒钟数一颗，每天从日落数到天明，一位天文学家要数上一个世纪才能把它们数完！

当然，不会有人真的通过望远镜去一颗颗地数数，星星的总数是把几个不同区域内星星实际数目的平均值推广到整个星空而得出的。

一百多年前，著名的英国天文学家赫歇耳（William Herschel）用自制的大型望远镜观察星空的时候，注意到了这样一个事实：大部分肉眼可见的星星都分布在横跨天际的一条叫作银河的微弱光带内。由于他的研究，天文学上才确立了这样的概念：这条银河并不是天空中的一道普通星云*，而是由为数极多、距离很远因而暗到肉眼不能一一分辨的恒星组成的。

使用功能强大的望远镜，我们能看到银河是由为数很多的一颗颗恒星组成的；望远镜的功能越强大，看到的星星就越多。但是，银河的主要部分依然处在一片模糊之中。然而，如果就此以为，在银河范围内的星星比其他

---

* 星云一般是稀薄的气体和尘埃在宇宙空间中形成的不规则巨团。——译者

地方的星星稠密些，那可是大错而特错了。实际上，星星在某个区域内看起来数目比较多的现象，并不真的是分布比较集中，而是星星在这个方向上分布得深远些。在沿银河伸展的方向上，星星一直伸展到目力（在望远镜的帮助下）所能及的边缘；而在其他方向，星星并不伸展到视力的界限，在它们的后边，几乎是空虚无物的空间。

沿银河伸展的方向看去，就好像在密林里向远处张望，看到的是许多重叠交织的树枝树干，形成一片连续的背景；而沿其他方向，则能看到一块块空间，正如我们在树林里面，透过头上的枝叶，可以看见一块块的蓝天一样。

可见，这一大群星体在空间里占据了一个扁平的区域；在银河平面内伸向很远的地方，而在垂直于这个平面的方向上，相对说来范围并不那么远。太阳只不过是银河中无足轻重的一员。

经过几代天文学家的仔细研究，已得到了结论——银河包含有大约40 000 000 000 颗恒星，它们分布在一个凸透镜形的区域内，直径有 100 000 光年左右，厚度为 5000—10 000 光年。我们还得知道，太阳根本不处在这个大星系的中心，而是位于靠近外缘的部分。对我们人类的自尊心来说，这可真是当头一棒啊！

我们想用图 111 来告诉读者们，银河这个由恒星组成的大"蜂窝"看起来是什么样子。顺便提一下，银河在科学的语言中应该用银河系这个名称来代替。图中的银河系是缩小了 1 万亿亿倍的，而且，代表恒星的点也比 400 亿少得多，这当然是出自印刷角度的考虑。

这个由一大群星星所组成的银河系，最显著的一个性质，就是它也和我们这个太阳系一样，处于迅速的旋转状态中。就像水星、地球、木星和其他行星沿着近于圆形的轨道绕太阳运行一样，组成银河的几百亿颗星也绕

图 111　一位天文学家在观察银河系。银河系被缩小了
100 000 000 000 000 000 000 倍。太阳的位置大致就在天文学家的头顶

着所谓银心转动。这个旋转中心位于人马座的方向上。因为在你顺着天河跨过天空的方向找去时，会发现它那雾蒙蒙的模糊外形在接近人马座时变得越来越宽，这表明你现在望见的正是这个凸透镜状物体的中心部分（图111 中的那位天文学家正是朝这个方向看去的）。

银心看起来是什么样子呢？我们现在还不知道，因为这一部分不幸被浓云一般黯黑的星际悬浮物质所遮盖了。事实上，如果观察人马座区域中银河变厚的那一部分*，你起初会认为这条神话中的河分成两支"单航道"。

---

* 这种观察在初夏的晴夜进行最为有利。

但这种分汉并不是真实情况，这种印象是由悬浮在我们和银心之间的星际尘埃与气体的暗云块造成的。它不同于银河两侧的黑暗区，那些暗区是空间的黯黑背景，而这里却是不透明的黑云。在中间那片黑云上可看到的几颗星星，其实是位于我们和黑云之间的（图 112）。

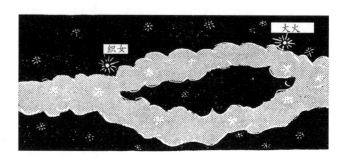

图 112　向银心看去，给人的感觉是这条神话中的河分成两汉

看不到这个神秘的、连太阳都绕着它旋转的银心以及其他数十亿颗恒星，当然是件大憾事。不过，通过对散布在银河之外的其他星系的观察，我们也能够大致判断出这个银心的样子。在银心中，并没有一个像我们这个行星系中的太阳一样的超级巨星在控制着星系的所有成员。对其他星系的研究（以后我们要讲到）表明，它们的中心也是由许多恒星组成的，不过这里的恒星要比太阳附近的边缘地区拥挤得多就是了。如果把行星系统比作由太阳统治着的封建帝国，那么，银河系就像是一个民主国家，有一些星星占据了有影响的中心位置，其他星星则只好屈尊于外围的卑下地位。

如上所述，所有的恒星，包括太阳，统统在巨大的轨道上围绕银心运转。可是，这是怎么证明出来的呢？这些星星的轨道半径有多大呢？绕上一周需要多长时间呢？

所有这些问题，都由荷兰天文学家奥尔特（Jan Hendrik Oort）在几十年前做出了回答。他使用的观察方法与哥白尼用以考察太阳系的方法很相似。

先看一看哥白尼的思考方式。古代巴比伦人和古埃及人，以及其他古代民族，都注意到木星、土星一类大行星在天空运行的奇特路线。它们似乎先是顺着太阳行进的方向沿着椭圆形轨道前进，然后突然停下来，向后走一段，再折回来朝原来的方向行进。在图113下部，我们画出了土星在两年时间内的大致行进线（土星运转周期为29.5年）。过去，出于宗教偏见，把地球当作宇宙的中心，认为所有行星和太阳都绕着地球旋转，对于上面这种奇怪的运动，只好用行星轨道是一圈一圈的环套连成的假设来进行解释。

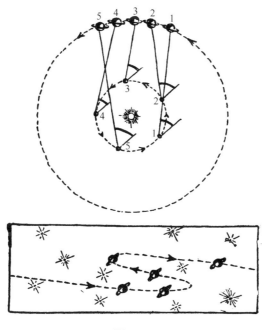

图113

但是，哥白尼的目光却敏锐得多。他以天才的思想解释道：这种神秘的连环现象，是地球和其他各行星都围绕太阳做简单圆周运动的结果。看看图113的上部，这种解释就好理解了。

图的中心是太阳，地球（小一些的那个球）在小圆上运动，土星（有环者）以相同的方向在大圆上运转。数字1，2，3，4，5标出了地球和土星在一年中的几个位置。我们要记住，土星的运行比地球慢许多。从地球各个位置上引出的那些垂直线是指向某一颗固定恒星的。从地球的各个位置向相应时刻的土星上引连线，我们看出这两个方向（指向土星和固定恒星）间的夹角先是增大，继而减小，然后又增大。因此，那种环套式行进的表面现象并不意味着土星运动有任何特别之处，只不过是我们在本身也在运动着的地球上观测土星时的角度不尽相同罢了。

奥尔特关于银河系中恒星做圆周运动的论点，可从图 114 弄明白。在图的下方，可以看到银河系中心（有暗云之类的东西），环绕中心，整个图上都有恒星。3 个圆弧代表着距中心不同距离的恒星轨道，中间的那个圆表示太阳的轨道。

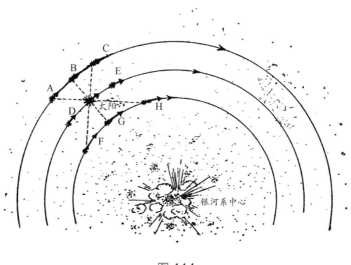

图 114

我们来看 8 颗恒星（以四射的光芒标出，以区别于其他恒星），其中的两颗与太阳在同一轨道上运动，一颗超前一些，一颗落后一些；其他的恒星，或者轨道远一些，或者近一些，如图 114 所示。要记住，由于万有引力的作用,外围恒星的速度比太阳小,内层恒星的速度比太阳大(图上用箭头的长短表示)。

这 8 颗恒星的运动情况,从太阳也就是从地球上看来,是怎样的呢?我们这里所指的是恒星沿观察者视线方向的运动,这可以根据多普勒效应*很容易地看明白。首先,与太阳同轨道同速度的两颗恒星(标以 D 和 E 的两颗)显然相对于太阳(或地球)是静止的。这一点也适用于与太阳处于同一半径上的两颗(B 和 G),因为它们与太阳的运动方向平行,沿观测方向没有速度分量。处于外围的恒星 A 和 C 又如何呢?因为它们都以低于太阳运动的速度运行,从图上可以清楚地看出,A 会逐渐落后,C 会被太阳赶上。因此,到 A 的距离会增大,到 C 的距离会减小,而从这两颗恒星射来的光线则会分别显示多普勒红移效应和紫移效应。对于内层的恒星 F 和 H,情况正好相反,F 会表现出紫移效应,H 会表现出红移效应。

假定刚才所描述的现象仅仅是由于恒星的圆周运动所引起的,那么,如果恒星确实有这种运动,我们就不仅能证明这种假设,还能计算出恒星运动的轨道和速度来。通过搜集天空中各颗恒星的视运动的资料,奥尔特证明了他所假设的红移和紫移这两种多普勒效应确实存在,从而确凿地证明了银河系的旋转。

同样也能够证明,银河系的旋转也会影响到各恒星沿垂直于视线方向的视速度。尽管精确测定这个速度分量要困难得多(因为远处的恒星哪怕具有很大的线速度,也只能产生极小的角位移),这种现象也被奥尔特和其他人观察到了。

精确地测定出恒星运动的奥尔特效应,我们就能够求出恒星轨道的大小及运行周期。现在已经知道,太阳以人马座为中心的运行半径是 30 000 光年,这相当于整个银河系半径的 2/3。太阳绕银心运行一周的时间为两亿

---

* 见本书第 283 页介绍多普勒效应的部分。

年左右。这当然是段很长的时间，不过要知道，我们这个银河系已有 50 亿岁*
了；在这段时间内，太阳已带着它的行星家族一起转了 20 多圈。如果照地球
年这个术语的定义，把太阳公转一周的时间称为"太阳年"，我们就可以说，
我们这个宇宙只有 20 多岁。在恒星的世界上，事情的确是发生得很缓慢的，
因此，用太阳年作为记载宇宙历史的时间单位，倒是颇为方便的。

三、走向未知的边界

前面已经提到过，我们这个银河系并不是唯一的在巨大的宇宙空间中
飘浮的、孤立的恒星社会。通过望远镜的研究已经在空间深处揭示出了许
多巨大的系统，它们和我们这个太阳所属的星群很相似。距我们最近的一
个是著名的仙女座星云，它可直接用肉眼看到，它的样子是一个又小又暗
的相当长的模糊形体。书末图版Ⅶ的 a 和 b 是用威尔逊山天文台的大型望
远镜所拍摄到的两个这样的天体，它们是后发座星云的侧观和大熊星座星
云的正观。可以注意到，它们有典型的旋涡结构，而在总体上构成了和我们
这个银河系一样的凸透镜形，因此这些星云被称为"旋涡星云"。有许多证
据表明，我们的这个银河系也是这样一个旋涡体。当然，要从内部来确定这
一点是件很困难的工作，但我们还是了解到，太阳非常可能位于我们这个
"银河大星云"的一条旋涡臂的末端上。

在很长一段时间内，天文学家并未意识到这类旋涡星云是与我们这个
银河系相类似的巨大星系，却把它们和一般的弥散星云混为一谈，后者是
散布在空间中的微尘所形成的巨大云状物，如悬浮在银河内恒星之间的猎
户座星云。但是，人们后来发现，这些看起雾蒙蒙的旋涡状天体根本不是尘

---

* 根据目前公认的数据，太阳系从诞生到现在已经有 46 亿年的历史。

埃和雾气。使用最高倍的望远镜，可以看到一个个小点，这证明它们是由单独的恒星组成的。不过它们离我们太远了，无法用视差法求出距离来。

看来，我们量度天体距离的手段好像是到此为止了。但是，不！在科学研究中，当我们在某个无法克服的困难面前停止下来时，耽搁往往只是暂时的；人们总是有新的发现，从而使我们再前进下去。在这里，哈佛大学的天文学家沙普利（Harlow Shapley）又找到了一根新式的"量天尺"——所谓脉动星或造父变星*。

天上星，难数清。大多数星星宁静地吐着光辉，但有一些星星，它们的光度则有规律地发生明暗的变化。这些巨大的星体像心脏一样规则地搏动着，它的亮度也随着搏动而发生周期性变化** 。恒星越大，脉动周期越长，这就像钟摆越长，摆动就越慢一样。很小的恒星（就恒星而论）几小时就完成一个周期，巨星则需要很多年。而且，既然恒星越大就越明亮，因此，造父变星的脉动周期与平均亮度之间一定存在着相互关系。通过观测离我们相当近、因而能够直接测出距离和绝对亮度的仙王座造父变星，这种关系是可以确定下来的。

如果我们发现了一颗脉动星，它的距离超出了视差法的量程，那么，我们只要从望远镜里观测它的脉动周期，就能知道它的真实亮度，再把它与视亮度对比，就可以立即知道它的距离。沙普利就是用这种机敏的方法，成功地测出了银河内的极远距离，并有效地估计出我们这整个星系的大小。

当沙普利用这种方法来测量仙女座星云中的几颗脉动星时，所得到的结果令他大吃一惊：从地球到这几颗恒星的距离——这当然也就是到仙女座星云本身的距离——竟达 1 700 000 光年。这就是说，它比银河系的直径还要大得多。仙女座星云的体积原来只比我们这个银河系略小一些。书末

---

* 这种星的脉动变化现象是首先在仙王座 β 星（造父一）上发现的，因而就以此命名。
** 不要和交食变星，即两个互相围绕对方转动的双星的周期性互相掩食现象相混。

图版Ⅶ上的两个旋涡星云还要更远，它们的直径也和仙女座星云不相上下。

这个发现宣判了原先那种认为旋涡状星云是银河系内的"小伙"的观点的死刑，并确立了它们作为类似于银河系的独立星系的地位。如果在仙女座星云数以亿计的恒星当中，有一颗恒星所属的行星上有"人类"存在，那么，他们所看到的我们这个银河系的形状，就和我们现在看他那个星系的形状差不多一样。对此，天文学家现在已不再有什么怀疑了。

由于天文学家，特别是著名星系观测家、威尔逊天文台的 E.哈勃（Edwin Powell Hubble）的探索，这些遥远的恒星社团已向我们披露了许多有趣而重要的事实。第一点，由功能强大的望远镜所观测到的为数众多——比用肉眼能看到的星星还多——的星系并不都是旋涡状的，而且种类还不少。有球状星系，它看起来像个边界模糊的圆盘；有扁平程度各不相同的椭球状星系；即使是旋涡状的，其"绕卷的松紧程度"也有所不同。此外，还有形状奇特的"棒旋星系"。

把观测到的各种星系类型排列起来，得到一个极为重要的事实（图115），这个序列可能表示了这些巨大星系的各个不同的演化阶段。

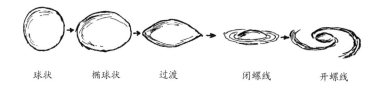

球状　　　椭球状　　　过渡　　　闭螺线　　　开螺线

图 115　星系在正常演化中的几个阶段

关于星系演化的详细过程，我们还远远没有达到了解的地步，不过，演化很可能是由于不断收缩而造成的。大家都知道，当一团缓慢旋转的球状气体逐步收缩时，它的旋转速度会加快，形状也随之变为椭球体。当收缩到一定阶段，即当椭球的极轴半径与赤道半径的比值达到 7/10 时，就会在赤道上出现一道明显的棱，成为凸透镜状的物体。再进一步收缩，旋转的气体物质就会沿棱圈方向散开，在赤道面上形成一道薄薄的气体帘幕，同时整团气体仍大体上保持着透镜形状不变。

英国著名物理学家兼天文学家金斯（James Hopwood Jeans）从数学上证明了上面这些说法对于旋转的球状气体是成立的。同时，这种论述也可以原封不动地应用到星系这类巨大的星云上去。事实上，让单颗恒星扮演分子的角色，我们就可以把这样密集在一起的亿万颗恒星看成一团气体了。

把金斯的理论计算和哈勃对星系的实际分类对照一下，就会发现两者完全吻合。具体地说，我们已发现，所观测到的最扁平的椭球状星云，其半径之比为 7/10（E7），而且这时开始在赤道位置上出现明显的棱圈。至于演化后期出现的旋臂，显然是由迅速旋转时被甩出的物质形成的。不过，迄今，我们还不能非常圆满地解释为什么会出现这种臂，它们是怎样形成的，以及造成普通旋臂和棒形旋臂的差别的原因。

对这些星系的构造、运动和各部分组成的了解，还需要做许多研究工作。例如，有这么一个有趣的现象：前几年，威尔逊山天文台的天文学家巴德（Walter Baade）指出，旋涡星云的中心部分（核）的恒星和球状、椭球状星系的恒星属于同一种类型，但是在旋臂内却出现了新的成员。这种"旋臂型"成员因其既热又亮而和中心部分的成员不同，是所谓"蓝巨星"。在旋涡星系的中心部分和球状、椭球状星系的内部找不到这种恒星。以后（在第十一章）我们将看到，蓝巨星极可能表示新诞生不久的恒星，因此，我们有理由认为，旋臂是星空新成员的产房。可以假设，从正在收缩的椭球状星系那膨胀的"腰部"甩出来的物质，有一大部分是气体，它们来到寒冷的星际空间后，就凝缩为一块块巨大的天体。这些天体以后又经收缩，变得炽热而明亮。

在第十一章中，我们还要再回过头来探讨恒星的产生和经历。现在，我们应该考虑一下星系在广大宇宙空间内的大致分布。

先得说明一点：通过观测脉动星来测量距离的方法，在用来判断银河附近的一些星系时得到了极好的结果。然而，当进入空间的更深处时，这种方法就变得不灵了，因为这时的距离已大到即使用功能最强大的望远镜也不能分辨出单颗星星的程度。这时所看到的整个星系只不过是一团小小的长条星云。在这种情况下，我们只能凭所见到的星系的大小来判断距离，因为星系并不像单颗恒星那样大小有别，同一类型的星系是同样大小的。如果所有的人都是一样高矮，既无侏儒，又无巨人，你就总是可以根据一个人的视大小来判断出他的远近。两者是同样的道理。

哈勃用这种方法估算了远方的星系，他得出了在可见（用最大倍率的望远镜）的空间范围内，星系或多或少均匀地分布的结论。我们说"或多或少"，是因为在许多地方，星系成群地聚集在一起，有时竟达上千个之多，就好像许多恒星聚成银河系那样挤在一起。

我们的这个星系——银河系——看来显然是属于一个比较小的星系群的，它的成员包括 3 个旋涡状星系（包括银河系和仙女座星云）、6 个椭球状星系及 4 个不规则星云（其中有两个是大、小麦哲伦星云）。

不过，除了这种偶尔存在的群聚现象外，从帕洛马山天文台口径为 200英寸的望远镜看去，星系是相当均匀地散布在 10 亿光年的可见距离内的，两个相邻星系的平均距离为 500 万光年，在可见的宇宙地平线上，包含有几十亿个恒星世界！

如果还采用前面用过的比喻，把帝国大厦看作细菌那么大，地球是颗豌豆，太阳是个南瓜，那么，银河系就是分布在木星轨道范围内的几十亿个南瓜，而许许多多这样的南瓜堆又分布在半径略小于从地球到最近的恒星这样一个球形空间内。是啊！实在难找出一种表示宇宙间各种距离所成比例的尺度来啊！瞧，即使把地球比成一颗豌豆，已知宇宙的大小还是个天文数字！我们试图用图 116 告诉大家天文学家是如何一步步地勘测宇宙的：从地球开始到月亮，然后是太阳、恒星，之后是遥远的星系，一直到未知世界的边界。

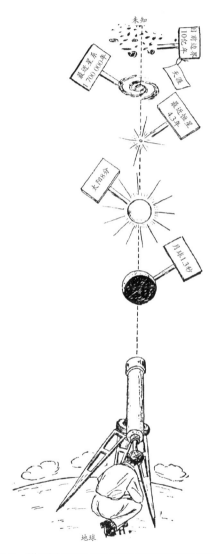

图 116　勘测宇宙的里程碑距离是用光年表示的

现在，我们准备来解答宇宙的大小这个根本问题。宇宙是无限伸展的还是有限的（虽然相当大）体积？随着望远镜越制越大，越造越精密，我们探询的目光到底是总能发现一些新的、未被勘查过的空间，还是与此相反，我们终将至少在理论上审视到最后一颗恒星呢？

当我们说宇宙可能是有"确定大小"的时候，当然并不是想告诉大家，在远到几十亿光年的地方，人们会碰到一堵大墙，上面写着"此路不通"的字样。

事实上，我们在第三章里已经讲过，空间可以是有限而没有边界的。这是因为它可以是弯曲的，并且"自我封闭"起来。这样，一位假想中的空间探险家，尽管他笔直地驾驶着飞船，却会在空间描出一条短程线，并回到他出发的地方来。

这当然就像是一位古希腊探险者，从他的家乡雅典城出发一直向西走，结果在走了许久之后，却发现自己从东门进了这座城一样。

正如同我们无须周游世界，只凭在一个相对来说很小的部位上搞搞几何测量，就可以测定地球的曲率一样，我们也可以在现有望远镜的视程内，测定出宇宙三维空间的曲率。在第五章中，我们曾看到，有两种不同的曲率：相应于有确定体积的闭空间的正曲率和相应于鞍形无限开空间的负曲率（参看图 42）。这两种空间的区别在于：均匀散布在闭空间内的物体，其数目的增长慢于距离的立方；而在开空间内，情形恰恰相反。

宇宙空间内"均匀散布的物体"就是各个星系。因此，要想解决宇宙曲率的问题，只需统计不同距离内单个星系的数目就行了。

哈勃曾做了这种实际统计，他发现，星系的数目很可能比距离的立方增长得慢一些，因此，宇宙大概是个有确定体积的正曲率空间。不过一定要记住，哈勃所观察到这种效应非常不显著，只是在威尔逊山天文台那架口径为 100 英寸的望远镜视线的尽头才刚刚有所觉察。至于用帕洛马山天文台那架新的口径为 200 英寸的反射式望远镜在最近进行的最新观测，还没有对这个重大问题做出更明确的答复来。

现在还不能对宇宙是否有限这个问题做出肯定回答的原因在于：远处星系的距离只能靠它们的视亮度来确定（根据平方反比定律）。使用这个方法，需要假设所有的星系都具有同样的亮度。然而，如果星系的亮度随时变化（即与年代有关），就会导致错误的结论。要知道，通过帕洛马山天文台望远镜所看到的最远的星系，大多都在 10 亿光年的远处，因此我们看到的是它们在 10 亿年前的状况。如果星系随着自己的衰老而变暗（大概是由于有些活动的恒星成员熄灭所致），那就得对哈勃的结论进行修正。事实上，只要星系的光度在 10 亿年里（它们寿命的 1/7 左右）改变一个很小的百分数，就会把宇宙有限这个结论颠倒过来。

这样，大家都看到了，为了确定我们的宇宙到底是有限的还是无限的，还有许许多多的工作等待我们去做哩！

第十一章 "创世"的年代

一、行星的诞生

对于我们这些居住在七大洲（包括南极洲）上的人来说，"实地"这个词可以说是"稳固"的同义语。当我们勘察我们所熟悉的地球表面时，无论是大陆还是海洋，山脉还是河流，它们都像是自开天辟地以来就存在着似的。当然，古代的地质学资料表明，大地的表面一直处于不断的变化之中：陆地的大片面积可能被海洋淹没，海底也可能升出水面；古老的山脉会被雨水逐渐冲刷成平地，新的山系也会由于地壳的变动而不时产生。不过，这些变化仅仅是我们这个星球的固体外壳发生了变动而已。

然而，我们并不难看出，地球曾有过一段根本没有地壳的时代。那时候，地球是一个发光的熔岩球体。事实上，根据对地球内部的研究得知，地球的大部分目前仍然处于熔融状态。我们不经意地说出来的"实地"这个东西，实际上只是漂浮在岩浆上面的一层相对说来很薄的硬壳而已。要得出这个结论，最简单的方法就是测量地球内部各个深度上的温度。测量结果表明，每向下 1000 米，地温就上升 30℃左右（或每向下行 1000 英尺，上升 16°F）。正因为如此，在世界最深的矿井（南非的罗宾逊深井）里，井壁是如此之烫，以致必须安装空气调节装备，否则矿工们就会被活活烤熟。

按照这种增长率，到了地下 50 公里的深度，也就是还不到地球半径的百分之一处，地温就会达到岩石的熔点（1200—1800℃）。在这个深度以下，地球质量的 97% 强都以完全熔融的状态存在。

显然，这种状态决不会永远持续不变。我们现在所观察到的，不过是从地球曾经是一个完全熔融体的过去起到地球冷却成一个完全固体球的遥远将来为止这样一个逐渐冷却的过程的某个阶段，由冷却率和地壳加厚速率粗略计算一下可以得知，地球的冷凝过程一定在几十亿年前就开始了。

通过估算地壳内岩石的年龄，也得到了同样的数据。乍一看来，岩石好像并不包含有改变的因素，因此才会有"不渝如石"这个成语。但实际上，许多种岩石中都有一种天然钟，依靠它们，有经验的地质学家可以判断出这些岩石自熔融状态凝固以来所经过的时间。

这种揭露岩石年龄的地质钟就是微量的铀和钍。在地面和地下各个深度的岩石里，常常会有它们的踪迹。在第七章里我们看到过，这些原子会自发进行缓慢的放射性衰变，并以生成稳定的元素铅而告终。

为了确定含有这些放射性元素的岩石有多大年龄，我们只要测出由于长期放射性衰变而积累起来的铅元素的含量就行了。

事实上，只要岩石处在熔融状态下，放射性衰变的产物就会因扩散和对流作用而离开原处。一旦岩石凝固以后，放射性元素所转变成的铅就会开始积累起来，其数量可以准确地告诉我们这个过程持续的时间。这种情况就和间谍从乱扔在太平洋两座岛屿上棕榈林里的空啤酒罐头盒的数目，就可以判断出一个敌人舰队在这个地方驻扎过多长时间一样。

近来，人们又应用经改进过的技术，精确地测定了岩石中的铅同位素及其他不稳定同位素（如铷 87 和钾 40）的衰变产物的积累量，由此算出最古老的岩石约存在了 45 亿年。因此，我们的结论是，地壳一定是在大约 50 亿年前由熔岩凝成的。

因此，我们能够想象出，地球在 50 亿年前是一个完全熔融的球体，外面环绕着稠密的大气层，其中有空气和水蒸气，可能还有其他挥发性很强的气体。

这一大团炽热的宇宙物质又是从哪里来的呢？是什么样的力决定了它的形成呢？这些有关我们这个星球和太阳系内其他星球起源的问题，是宇宙论（有关宇宙起源的理论）的基本课题，也是多少世纪以来一直萦绕在天文学家头脑中的一个谜。

1749 年，法国著名博物学家布丰首次试图用科学方法来解答这些问题。布丰在他的四十四卷巨著《自然史》中提出，行星系统是由星际空间闯来的一颗彗星和太阳相撞的结果。他的想象力生动地为人们描绘出了这样的情景：一颗拖着明亮长尾巴的"司命彗星"从当时孤零零的太阳的边缘上擦过，从它的巨大形体上撞下一些"小团儿"，它们在冲击力的作用下进入空间，并开始自转起来［图 117（a）］。

几十年后，德国著名哲学家康德（Immanuel Kant）提出了一个截然不同的观点。他认为各行星是太阳自己创造的，与其他天体无关。康德设想，早期的太阳是一个较冷的巨大气体团，它占据了目前的整个行星系空间，并绕自己的轴心缓慢转动。由于向四周空间进行辐射，这个球体逐步冷却，从而使它自己一步步进行收缩，旋转的速度也随之加快，结果，由旋转产生的离心力也随之增大，从而使这个处在原始状态的太阳不断变扁，最后沿不断扩张的赤道面喷射出一系列气体环［图 117（b）］。普拉多（Plateau）曾做过物质团旋转时形成圆环的经典实验：他使一大滴油（不像太阳的情况那样是气体）悬浮在与油的密度相同的另一种液体里，用一种附加机械装置使油滴旋转。当旋转速度达到某个限度时，油滴外围就会形成油环。康德假定，太阳以这种方式形成的各个环，后来又由于某种原因断裂开来，并集中成为各个行星，在不同的距离上绕太阳运转。

图 117　宇宙论的两种学派

a. 布丰的碰撞说；b. 康德的气体环说

后来，这些观点被法国著名数学家拉普拉斯（Pierre-Simon，Marquis de Laplace）所采纳和发展，并于 1796 年发表在《宇宙系统论》一书中。拉普拉斯是一位卓越的数学家，然而在这本书里，他却没有使用数学工具，仅就太阳系形成的理论做了半通俗化的定性论述。

60 年后，英国物理学家麦克斯韦（James Clerk Maxwell）首次试图从数学上说明康德和拉普拉斯的宇宙学说。这时，他遇到了明显而无法解释的矛盾。计算表明，如果太阳系的这几个行星是由原来均匀散布在整个太阳系空间内的物质所形成的，这些物质的密度可是太低了，根本无从凭借彼此间的万有引力聚成各个行星。因此，太阳收缩时甩出的圆环将永远保持着这种状态，就像土星的情况那样。大家知道，土星的外围有一个环，那是由无数沿圆形轨道绕土星运转的小微粒组成的，我们看不出它们有"凝缩"成一个固体卫星的倾向。

要想摆脱这种困境，唯一的出路是假设初始态的太阳所抛出的物质要比现在行星所具有的物质多得多（至少多 100 倍），这些物质中的绝大部分后来又回到太阳内，只有不足1%的一部分留下来，成为各个行星。

然而，这种假设也会导致新的矛盾，这个矛盾的严重性并不亚于原先的一个。这就是：如果这一大部分物质——它们当然具有与行星运动相等的速度——确实落到太阳上，必然会使太阳自转的角速度变为实际速度的5000 倍。那么，太阳就不会像目前这样大约每四个星期自转一周，而是一个钟头要转上 7 圈了。

上述考虑看来已宣判了康德–拉普拉斯假说的死刑，因此，天文学家充满希望的目光又转向别的地方。在美国科学家张伯伦（Thomas Chrowder Chamberlin）、莫尔顿（Forest Ray Moulton）以及英国著名科学家金斯的努力下，布丰的碰撞假说又复活了。当然，随着科学知识的不断增长，他们对布丰原有的观点所涉及的基本知识做了一定的修改。与太阳相撞的那颗彗星被摈弃了，因为这时人们已经知道，彗星的质量小到即使与月亮相比也微不足道的地步。这一回，假设的进犯者是大小和质量都与太阳相当的另一颗恒星。

但是，这个再生的碰撞假说，虽然避开了康德–拉普拉斯假说的根本性困难，它自己却也难以立足。人们很难理解：为什么一颗恒星与太阳猛烈相碰时，磕出来的各个小块物质都沿着近于圆形的轨道运动，而不是在空间中描绘出一些拉得很长的椭圆轨道呢？

为了挽救这个失败，人们又只好假设，在太阳受到那颗恒星冲击而形成行星的时候，它的周围包围着一层旋转着的均匀气体，在这种气体包层的作用下，细长的椭圆轨道就变成了正圆形。但是，在行星运行的这一片区域内，目前并未发现这种介质。因此，人们又得假设，这些介质后来逐渐散入星际空间，目前人们在黄道附近看到的微弱的黄道光，就是这种往日的光轮的残余。这么一来，就得到了一个杂交的理论，其中既有康德-拉普拉斯的原始气体层假说，又有布丰的碰撞假说。这个假说也不能完全令人满意。但正如俗语所说，"两害相权取其轻"，碰撞假说就这样被接受为行星起源的正确学说，直到不久以前还出现在所有科学论文、教科书和通俗小册子中（包括我自己的两本书《太阳的生和死》和《地球自传》在内）。

直到 1943 年秋，才有位年轻的德国物理学家魏茨泽克（Carl Friedrich von Weizsäcker）把这个行星起源理论中的症结解开。魏茨泽克根据最新的天文研究资料指出，康德-拉普拉斯假说中所有的那些阻碍都很容易消除，关于行星起源的详细理论是可以建立起来的，行星系的许多迄今未被原有理论接触到的重要方面也得到了解释。

魏茨泽克的主要论点是建立在最近几十年中天体物理学家完全改变了他们对宇宙化学成分的看法这一基础之上的。过去，人们普遍认为，太阳和其他一切恒星的化学成分的百分比与地球相同。对地球进行的化学分析告诉我们，地球主要是由氧（以各种氧化物的形式）、硅、铁和少量其他重元素组成的，而氢、氦（还有氖、氩等所谓稀有气体）等较轻的气体在地球上只以很少的数量存在*。

当时，由于天文学家没有其他更好的证据，只好假设这些气体在太阳和其他恒星内也是非常稀少的。然而，通过对天体结构所进行的详细理论研究，丹麦天体物理学家斯特劳姆格林（B.Stromgren）下结论说，上述假设大谬不然。事实上，太阳的物质中至少有35%是氢元素。后来，这个比例又增至50%以上**。此外，还有占一定百分比的纯氦。对太阳内部所进行的理论研究［这在史瓦西（M. Schwartzschild）的重要著作中达到了登峰造极

---

* 在我们这个行星上，绝大部分的氢以它的氧化物——水的形式存在。大家知道，水虽然覆盖了地球表面3/4的面积，但其质量与地球总质量相比是很小的。
** 根据最新的数据，目前太阳中的氢的占比最高，为70%以上。

的地步］也好，对太阳表面所进行的精密光谱分析也好，都使天体物理学家做出令人惊讶的结论说，在地球上普遍存在的化学元素，在太阳上只占 1% 左右，其余都为氢和氦所分占，前者稍稍多一些。显然，这个分析也同样适用于其他恒星。

人们还进一步知道，星际空间并非真空，而是充斥着气体和微尘的混合物，平均密度为每 1 000 000 立方英里 1 毫克上下。显然，这种弥漫的、极其稀薄的物质具有与太阳及其他恒星相同的化学成分。

尽管这种物质的密度低得令人难以置信，它的存在却是很容易得到证明的。因为，从遥远恒星发来的光，在进入我们的望远镜之前，要走过几十万光年的空间，这就足以产生可以察觉的吸收光谱了。由这些"星空吸收谱线"的强度和位置，可以相当满意地计算出这些弥漫物质的密度，并判断出它们几乎完全是由氢（可能还有氦）组成的。事实上，其中各种"地球物质"的微尘（直径在 0.001 毫米左右），还占不到总质量的 1%。

现在，让我们回到魏茨泽克的基本论点上来。我们说，对宇宙物质化学成分的最新知识是直接有利于康德-拉普拉斯假说的。事实上，如果太阳外围原有的气体包层是由这种物质组成的，那么，其中就只有一小部分，即较重的那些地球元素，能用于构成地球和其他行星，其余那些不凝的氢气和氦气，必定以某种方式与之分离，要么落到太阳上去，要么逸散到星际空间之中。我们在前面已经说过，第一种情况会使太阳获得很高的自转速度，所以，我们就应该接受第二种说法，即当"地球元素"形成各个行星以后，气态的"剩余物资"就扩散到空间中去了。

这种观点为我们提供了行星系形成的如下图景：当太阳由星际物质凝聚生成时（见下一节），其中一大部分物质，大约有现在行星系总质量的100 倍，仍留在太阳之外，形成一个巨大的旋转包层。（旋转很明显是由于星际物质向原始太阳集中时，各部分的旋转状态不同所造成的。）这个迅速旋转的包层由不凝的气体（氢气、氦气和少量其他气体）以及各种地球物质的尘粒（如铁的氧化物、硅的化合物、水汽和冰晶等）组成，后者被包含在前者之内，并随之一道旋转。大块的"地球物质"，也就是各行星，一定是尘粒互相碰撞并逐步汇聚的结果。在图 118 中，我们表示出了以陨星的速度进行碰撞所造成的后果。

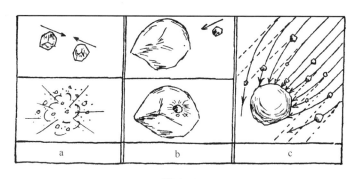

图 118

在逻辑推理的基础上，可以得出结论说，如果两块质量相近的微粒以这种速度相撞，当然会双双粉身碎骨［图 118（a）］，它们非但没有增大，反而变得更小了。与此相反，如果一块小的与一块很大的相撞［图 118（b）］，显然小的一块会埋入大块之内，形成一块稍大一些的新物体。

很明显，这两种过程的进行将使小颗的微粒逐步减少，并形成大块物体。越到后来，物体块就越大，越能凭借自己的万有引力把周围的微粒拉来与自己合并，这个过程也就越加速进行。图 118（c）画出了大块物体的俘获效应增强的情况。

魏茨泽克曾证明，在当今行星系所占据的空间里，那些原来遍布各处的细微尘粒，能够在几亿年的时间内汇聚成几团巨大的物质——行星。

当这些行星在绕太阳行进的路上吞并大大小小的宇宙物质长大的时候，表面一定会由于这些新成员的持续轰炸而变得很热。然而，一旦这些星际微尘、石粒和岩块告罄之后，行星的增长即告终止，表面也就会由于向空间辐射热量而迅速变冷，从而形成一层固态地壳。随着行星内部的缓慢冷却，地壳也变得越来越厚。

各种天体理论试图解释的另一个重要问题，是各行星与太阳的距离所呈现的特殊规律［叫作提丢斯-波得（Titus-Bode）定则］。我们来看看下面列出的这张表，表中所列的是太阳系的九大行星及小行星带与太阳的距离。小行星显然是一群由于特殊情况而没有凝聚成大行星的单独小块。

行星名称	与太阳的距离（以日地距离为标准单位）	各行星与太阳的距离同前一行星与太阳距离的比值*
水星	0.387	
金星	0.723	1.86
地球	1.000	1.38
火星	1.524	1.52
小行星带	2.7 左右	1.77
木星	5.203	1.92
土星	9.539	1.83
天王星	19.191	2.001
海王星	30.07	1.56
冥王星**	39.52	1.31

表中最后一列数字特别令人感兴趣。这些数字虽然有相当出入，但都和数字 2 相差不多。因此，我们可以建立这样一条粗略的规律：每一颗行星的轨道半径都差不多是前一行星轨道半径的两倍。

有趣的是，这条定则也适用于各行星的卫星。例如，下表中所列的土星的九个卫星与土星的距离就证实了这条规律。

---

* 这里的比值因四舍五入而有所偏差。

** 2006 年，国际天文联合会（IAU）将冥王星排除出行星范围，将其划为矮行星。

卫星名称	与土星的距离 （以土星半径为单位）	相邻两颗卫星距离之比 （大数比小数）*
土卫一	3.11	
土卫二	3.99	1.28
土卫三	4.94	1.24
土卫四	6.33	1.28
土卫五	8.84	1.39
土卫六	20.48	2.31
土卫七	24.82	1.21
土卫八	59.68	2.40
土卫九	216.8	3.63

在这里，我们也同太阳系中的情况一样，遇到了很大的出入（特别是土卫九），但我们仍可坚信，卫星中也存在着同样的规则分布。

太阳外围原有的这些微尘为什么不形成一个单独的大行星呢？这些行星又为什么以这种特殊规律分布着？

为了解答这些问题，我们得对原始尘埃云中微尘的运动有一番较为细致的了解。首先，我们都还记得，一切物体——微尘、陨石、行星等——都按牛顿定律沿椭圆形轨道运动，太阳则位于椭圆的一个焦点上。如果形成各行星的这些微尘是些直径为 0.0001 厘米的粒子**，那么，在开始时一定有数量为 10^{45} 的粒子在各种大小不同、圆扁程度不同的轨道上运动。很清楚，在这种拥挤的交通下，粒子间必定经常发生碰撞。整个系统在这种不断地撞击下会逐渐变得整齐些。不难理解，这样的碰撞要不是使"肇事者"粉身碎骨，就必定是迫使它移到不那么拥挤的路线上去。那么，这种"有组织的"（至少是部分"有组织的"）"交通"，是由什么规律控制的呢？

＊ 这里的比值因四舍五入而有所偏差。
** 这是星际空间弥漫物质的平均大小。

对于这个问题，我们先从一群绕太阳公转而周期相同的粒子入手。在这些粒子当中，有一些会在一定半径的圆形轨道上运转，另一些则在扁长程度不等的椭圆轨道上行进［图 119（a）］。现在，我们从一个以太阳为圆心、以粒子公转周期为周期的旋转坐标系（X，Y）来描述这些粒子的运动。

很清楚，从这种旋转坐标系上进行观察时，沿圆形轨道运动的粒子 A 永远静止在某一点 A' 上，而沿椭圆形轨道行进的粒子 B，它有时离太阳近，有时离太阳远；近时角速度大，远时角速度小，因此，从匀速旋转的坐标系（X，Y）上看，B 有时抢在前头，有时又落在后面。不难看出，这个粒子从这个坐标系看来是在空间描绘出一个封闭的蚕豆形轨迹，在图 119 中以 B'表示。另一个粒子 C 的轨道更为扁长，在坐标系（X，Y）上看来，它也描出一个蚕豆形的轨迹，不过要大一些，以 C' 表示。

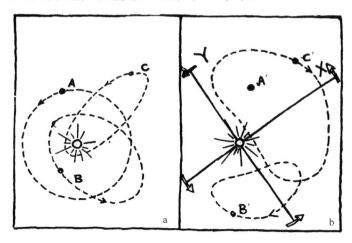

图 119

a. 从静止坐标系上观察圆形和椭圆形运动；b. 从旋转坐标系上观察圆形和椭圆形运动

很明显，要使这一大群粒子不致相撞，各粒子在匀速旋转的坐标系（X，Y）中所描绘出的蚕豆形轨迹必须没有相交的可能才行。

我们还记得，具有相同运行周期的粒子，距太阳的平均距离是相同的。因此，（X，Y）系中各个粒子轨迹不相交的图形一定是像一串环绕太阳的

"蚕豆项链"的样子。

上面这些分析对读者来说恐怕是太艰深了些，实际上它所表述的却是一个相当简单的过程，目的在于弄清一群与太阳的平均距离相同，因而旋转周期相同的粒子不致相交的交通路线图。我们会想到，原先绕太阳运行的那些粒子会有各种不同的平均距离，旋转周期也随之不同，因此实际情况还要复杂得多。"蚕豆项链"不会只有一串，而是有很多串。这些项链以不同的速度旋转着。魏茨泽克以细密的分析指出，为了使这样一个系统能够稳定下来，每一串"项链"必须包括 5 个单独的旋涡状系统，整个情况看来就是图 120 所示的样子。这种安排可以保证同一条链内的"交通安全"。但是，各串"项链"旋转的速度是各不相同的，因而在两串"项链"相遇的地方一定会有"交通事故"发生。在这些作为相邻链环的共同边界的地区，大量的相撞必然造成粒子的汇聚，因而在这些特定距离上会形成越来越大的物体。因此，随着每一条链内物质的逐渐稀薄，在边界地区的物质会逐渐积聚，最后就形成了行星。

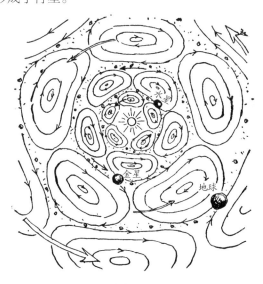

图 120 在早期的太阳包层中微尘的通道

这段对于行星系统形成过程的描述，简单地解释了行星轨道半径所呈现出的规律。事实上，只需进行简单的几何推断，就能看出在图 120 所示的图样中，各条链子的边界半径构成了一个几何级数，每一项都是前一项的两倍。我们还能看出为什么这条规律不是精确成立的，因为事实上，决定这些微尘运动的并不是严格的定律，而只是不规则运动所会达到的一种倾向而已。

这条规律也同样适用于太阳系各行星的卫星系统。事实表明，卫星的形成基本上也遵循了同样的途径。当太阳四周的原始微尘分成各个单独的粒子群以形成行星时，上述过程在各群粒子中都得到重复：各粒子群中的大部分粒子会集中在中心成为行星体，其余的部分则会在外围运转，并逐渐聚成一群卫星。

在讨论这种微尘的碰撞和汇聚时，我们不能忘记考虑原来占太阳包层 99% 上下的那些气体成分的去向。这个问题相对来说是很容易回答的。

当微尘碰来碰去、越聚越大时，那些不能加入这个过程的气体会逐渐弥散到星际空间中去。无须做很复杂的计算就能求出，这种弥散过程所需的时间约为 1 亿年，这和行星系生成所需的时间差不多。因此，在各行星产生的同时，构成太阳包层的大部分氢和氦都逃离太阳系，只剩下微乎其微的一部分，这就是我们以前提到过的黄道光。

魏茨泽克理论的一个重要结论是：行星系的形成并不是偶然的事件，而是在所有恒星周围都必然会发生的现象。碰撞理论则认为，行星的形成在宇宙历史中甚为罕见。计算表明，在银河系的 400 亿颗恒星中，在它几十亿年的历史中，充其量只能发生几起恒星相撞的事件。

魏茨泽克的理论与碰撞理论截然相反。按照他的观点，每颗恒星都有自己的行星系统，因此，就在我们这个银河系内，也一定有数以百万计的行星，它们的各种物理条件都与地球基本相同。如果在这些"可供居住"的地方竟然不存在生命，竟然不能发展到最高阶段，那才是怪事呢！

事实上，我们在第九章中已经看到，最简单的生命，如各种病毒，无非是些由碳、氢、氧、氮等原子组成的复杂分子而已。这些元素在任何新形成的行星体表面上都会大量地存在。因此，我们可以确信，一旦固态地壳生成，大气中大量的水蒸气降落到地面汇成水域后，迟早总会有一些这类分子在偶然的机缘下由必要的原子按必要的次序生成。当然，这些活分子的结构很复杂，因而偶然形成它们的概率极低，如同靠摇动一盒七巧板，就想正好得到某个预定图样的可能性一样低。但是另一方面，我们也不要忘记，不断相撞的原子是那么多，时间又是那么长，迟早总会出现这种机会的。地球上的生命在地壳形成后不久就出现了，这个事实表明，尽管看起来好像不可能，但复杂的有机分子确实能在几亿年的时间内靠偶然的机会生成。一旦这种最简单的生命形式在新行星的表面上诞生，它们的繁殖和逐步进化，必将导致越来越复杂的生物体不断形成*。我们还不知道，在各个"可供居住"的行星上，生命的进化是否也遵循着同地球上一样的过程。因此，对这些地方的生命进行研究，将使我们对进化过程得到根本的了解。

不久的将来，我们会乘核动力推进的空间飞船做进一步的探险旅行，去火星和金星（太阳系中最为"可供居住"的行星）上对它们是否有生命存在进行研究。至于在几百、几千光年远的世界上是否有生命存在，以及那里的生命存在方式，则恐怕是科学上永远无法解答的问题了。

二、恒星的"私生活"

对于恒星如何拥有自己的行星家族，我们已有了一定了解，现在该考

---

* 关于地球上生命起源和进化的详细论述，可参看本书作者的另一本著作《地球自传》。

虑一下恒星本身了。

恒星的履历如何？有关它们的诞生、长期的变化以及最后的结局，详细情况又是怎样呢？

要研究这类问题，我们不妨先从太阳入手，因为它是我们这个银河系的几十亿颗恒星中很典型的一颗。首先，我们知道，太阳的寿数很高，因为据古生物学的资料来判断，太阳已经以不变的强度照耀了几十亿年，使地球上的生物得以发展了。任何普通能源都不可能在这样长的时间内提供这样多的能量，所以，太阳的能量辐射过去一直是科学上最令人惶惑的一个谜。直到不久以前，元素的放射性嬗变和人工嬗变的发现，才揭示出这种潜藏在原子核深处的巨大能量。在第七章中我们曾看到，差不多每一种化学元素都可以被看作一种潜在的、具有巨大能量的燃料，这些能量会在这些元素达到几百万度高温时释放出来。

这样的高温，在地球上的实验室里几乎是无法获得的，然而，在星际空间却不足为奇。以太阳为例，它的表面温度只有 5500℃，但温度向内逐渐升高，直到中心部分达 2000 万摄氏度高温。这个数字并不难得到，根据测得的太阳表面温度和已知的太阳气体的热传导性质就可以求出。这正像我们知道了一个热土豆的表皮有多热，又知道土豆体的热传导系数，就可以推算出它内部的温度，而无须把它切开一样。

把已知的太阳中心温度和各种核嬗变的具体情况结合起来考虑，我们就能得知太阳内部释放出的能量是由哪些反应造成的。这些重要的反应叫"碳循环"，是两位对天体物理学感兴趣的核物理学家贝特（Hans Albrecht Bethe）和魏茨泽克同时发现的。

太阳所释放出的能量，主要是由一系列互相关联的热核转变共同产生的，而不是单靠一种。我们把这一系列转变称为一条反应链。这条反应链的最有趣之处，在于它是一条闭合链，它在进行了 6 步反应之后，又重新回到起点。从图 121 这幅太阳反应链的示意图中，我们可以看出，这个循环反应的主要参与者是碳核和氮核，以及与它们碰撞的高温质子。

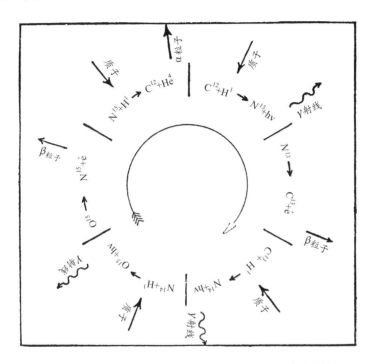

图 121 太阳的能量是由这条循环的核反应链产生的

我们不妨从碳开始。普通碳（C^{12}）和一个质子碰撞，形成了氮的轻同位素（N^{13}），并以 γ 射线的形式放出一些原子核能。这一步反应是核物理学家所熟知的，并已在实验室中用人工加速的高能质子实现了。N^{13} 的原子核并不稳定，它会自动进行调整，放出一个正电子（即 β^+ 粒子），从而变成碳的比较稳定的重同位素（C^{13}），煤中就含有少量这种元素。这个碳同位素的核再被一个质子撞上，就会在强烈的 γ 辐射中变成普通的氮（N^{14}）。（从 N^{14} 开始，我们也可以同样方便地描述这个反应链。）这个 N^{14} 核再和一个（第三个）热质子相逢，就变成了不稳定的氧同位素（O^{15}），它很快就放出一个正电子，变成稳定的 N^{15}。最后，N^{15} 再接受第四个质子，然后分裂成两个不相等的部分，一个就是开头那个 C^{12} 的原子核，另一个是氦核，也就是 α 粒子。

我们可以看到，在这个循环的反应链里，碳原子和氮原子是不断地重新产生的，因此，借用化学术语来形容时，它们只起催化剂的作用。这个反应的实际结果是接连进入反应的四个质子变成一个氦原子核。因此，我们可以这样来表述全过程：在高温下，氢在碳和氮的催化作用下嬗变为氦。

贝特成功地证明了，在 2000 万度高温下进行的这种循环反应所释放的能量，正好与太阳辐射的实际能量相符。其他各种可能发生的反应，其计算结果都与天体物理学的观测不符。因此可以确定，太阳能主要是由碳、氮循环产生的。还应注意，在太阳内部的温度条件下，完成图 121 所示的这样一个循环，差不多需要 500 万年的时间。因此，每当这样一个周期结束时，碳（或氮）的原子核就又会以刚进入反应时的姿态重新出现。

原先曾经有人认为，太阳的热量来自煤的燃烧。现在，在我们了解到碳在整个过程中所起的作用后，仍可以说这句话，不过，这里的"煤"不是真正的燃料，它扮演了神话中"不死鸟"*的角色。

特别值得注意的是，太阳的这种释能反应的速率主要由中心温度和密度决定，同时也在一定程度上依赖于太阳内氢、碳、氮的数量。由此我们可以立即找出这样一种方法，即选择不同浓度的反应物，使它所发出的光度与观测相符，从而分析出太阳气体中的各种成分来。这一方法是史瓦西近年提出的。用这种方法，他发现太阳的一大半物质是纯氢，氦略少于一半，只有很少一部分是其他元素。

对于太阳能量所进行的解释，可以很容易地推广到其他大部分恒星上

---

* 不死鸟是埃及神话中的一种神鸟，每活过 500 年即投火自焚，然后由灰烬中再生。——译者

去。结论是这样的：不同质量的恒星，具有不同的中心温度，因而能量释放率也不同。例如，波江座 O_2-C 的质量约为太阳的 1/5，因此，它的光度只有太阳的 1%左右；而大犬座 α（俗称天狼星）比太阳重约 1 倍半，它的光比太阳强 38 倍。还有更大的恒星，如天鹅座 Y380，它比太阳重 16 倍左右，因此它比太阳亮几十万倍。上述各例所表现出的质量越大、光度越强的关系，都可用高温下"碳循环"反应速率会增大这一点来给出令人满意的解释。在这类属于所谓"主星序"的恒星中，我们还发现，随着恒星质量的增大，它们的半径也增大（波江座 O_2-C 的半径是太阳半径的 0.43 倍，天鹅座 Y380 则为太阳的 5.86 倍），平均密度则随之减小（波江座 O_2-C 为 2.5，太阳为 1.4，天鹅座 Y380 为 0.085）。图 122 上列出了属于主星序的一些恒星的数据。

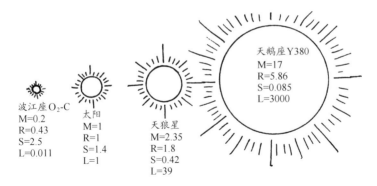

图 122 属于主星序的恒星

除了这些由质量决定其半径、密度和光度的"正常"恒星之外，天文学家还在天空中发现了一些完全不遵从这种简单规律的星体。

首先我们要提到所谓的"红巨星"和"超巨星"，它们具有与"正常"恒星相同的质量和光度，但却要大得多。图 123 上画出了几个这样的异常恒星，它们是著名的御夫座 α、飞马座 β、金牛座 α、猎户座 α、武仙座 α 和御夫座 ε。

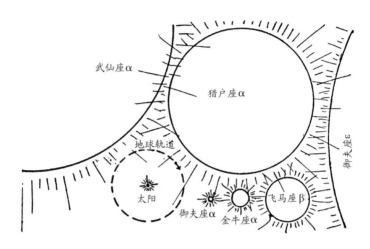

图 123　巨星和超巨星与地球轨道的比较

这些恒星会有令人难以置信的大尺寸，显然是由某种我们还解释不了的内部作用力所造成的。因此，这种星的密度才远比一般恒星为小。

与这种"浮肿"恒星形成对照的是另一类缩得很小的恒星，它们叫作白矮星*。图 124 就画出了一颗，同时还画出地球作为比较。它是天狼星的伴星**，它的直径只有地球的 3 倍大，却具有太阳的质量，因此，它的平均密度一定是水的 50 万倍！毫无疑问，这种白矮星正是恒星耗尽了所有可用的氢燃料后所达到的末期状态。

我们已经知道，恒星的生命来自从氢到氦的缓慢的核嬗变过程。当恒星还年轻、刚刚从星际弥漫物质形成时，氢元素的比例超过了整体质量的50%。我们可以料到，它还有极长的寿命。例如，根据太阳的光度，人们判断它每秒钟要消耗 6.6 亿吨氢。太阳的质量是 2×10^{27} 吨，其中有一半为氢，

---

* "红巨星"和"白矮星"这两个名称，来源于它们的光度和表面的关系。由于那些比重极小的恒星有很大的表面供释放内部产生的能量，因此表面温度较低，呈红色；密度很高的恒星正好相反，表面必定有极高的温度，因而呈白热状态。

** 恒星中有许多是两个为一组、围绕共同的质量中心运转的，这样的星叫作双星。人们往往把双星中较小（或较暗）的一颗称为另一颗的伴星。——译者

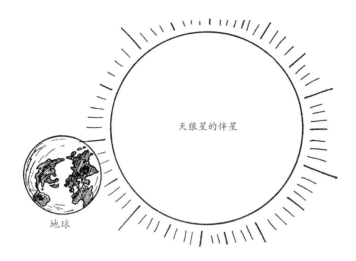

图 124 白矮星与地球的比较

因此，太阳的寿命将是 1.5×10^{18} 秒，即 500 亿年！要知道，太阳现在只有三四十亿岁*，因此，它还很年轻，还能以和目前差不多的光度，连续不断地照耀几百亿年呢！

但是，质量越大，光度也就越强，这样的恒星消耗氢的速度要快得多了。以天狼星为例，它的质量是太阳的 2.3 倍，因此它原有的氢燃料也是太阳的 2.35 倍；但它的光度，却是太阳的 39 倍。在相同的时间里，天狼星所消耗的燃料 39 倍于太阳，而原有的储存量只 2.3 倍于太阳，因此，只需 30 亿年，天狼星就会把燃料用光。对于更亮的恒星，如天鹅座 Y380（质量为太阳的 17 倍，亮度为太阳的 3000 倍），它原有的氢储存量不会支持到一亿年以上。

一旦恒星内的氢终于耗尽以后，它们会变成什么样子呢？

当这种长期支持恒星的核能源丧失以后，星体必然会收缩，因此，在以

---

* 根据魏茨泽克的理论，太阳的形成不会比行星系形成早很久，因而我们地球的年龄也是这么大。

后的各个阶段，密度会越来越大。

天文观测发现了一大批这类"萎缩恒星"的存在，它们的平均密度比水大几十万倍。它们至今仍然还是炽热的，由于表面温度这样高，它们会放射出明亮的白光，因而和主星序中发黄光或者发红光的恒星有显著不同。不过，由于这些恒星的体积很小，它们的总光度就相当低，比太阳要低几千倍。天文学家把这类处于末期演化阶段的恒星叫作"白矮星"，这个"矮"字既有几何尺寸上的意义，又有光度上的含义。再到后来，白矮星将逐渐失去自己的光辉，最后变成一大团冷物质——"黑矮星"。这种天体是普通的天文观测所无法发现的。

还有，我们要注意，这些年迈的恒星在烧光自己所有的氢燃料而逐步收缩和冷却的时候，并不总是安静和平稳的。这些"风烛残年"的恒星经常会发生极大的突变，好像是要反抗命运的判决一样。

这类灾变式的事件——所谓新星爆发和超新星爆发——是天体研究中最令人振奋的话题之一。一颗这样的恒星，原先看起来和其他恒星并没有什么两样，但在几天时间内，它的光度就增加了几十万倍，表面温度也显著地升到极高温。研究它的光谱变化，能看出星体在迅速膨胀，最外层的扩展速度可达每秒 2000 公里。但是，光度的这种增强只是短期的，在达到极大值后，它就开始慢慢地平静下来。一般地说，这颗恒星会在爆发后 1 年左右的时间内回复原有光度。不过，在这以后很长一段时间内，它的辐射强度还会有小的变化。光度是恢复正常了，其他方面却并不一定如此。爆发时随星体一起迅速膨胀的一部分气体，还会继续向外运动。因此，这颗星外面会包上一层不断增大的发光气体外壳。目前，我们只获得了一颗这样的新星在爆发前的光谱（御夫座新星，1918 年），而且就连这唯一的一份资料也很不完全，对它的表面温度和原来的半径都不能十分肯定。因此，关于这一类恒星是否在持续变化的问题，目前还缺乏确定的证据。

另一类星体是所谓超新星，对它们的爆发所进行的观测使我们对这种爆发的后果有了较清楚的了解。这类巨大的爆发在银河系内几个世纪才发生一次（而一般的新星爆发则是每年 40 次左右），爆发时的光度要比一般新星强几千倍。在光度达到极大值时，一颗超新星所发出的光可以抵过整个星系。第谷（Tycho Brahe）在 1572 年所观测到的可在白天见到的星*，中国天文学家在 1054 年记载的客星**，也许还包括犹太星***，都是我们这个银河系内超新星的典型例子。

第一颗河外超新星是 1885 年在仙女座星云附近发现的，它的光度比在这个星系中发现的所有新星都强上千倍。这类大爆发虽然很少发生，但由于巴德和兹维基（Fritz Zwicky）首先认识到了这两种爆发的重大不同之处，并对各遥远星系中出现的超新星进行了系统的研究，我们对这类星体的性质近几年来已有了相当的了解。

超新星爆发时的光度比起普通的新星爆发来差别极大，但它们在许多方面是相似的：由两者光度的迅速增强和后来的缓慢减弱所决定的光度曲线形状相同（比例尺当然是不同的）；超新星爆发也产生一个迅速扩展的气体外壳，不过，这个外壳所含的物质要多得多。但是，新星爆发所产生的外壳会很快变稀薄，并消失到四周的空间内，而超新星所抛出的气体物质却在爆发所及的范围内形成了光度很强的星云。例如，在 1054 年看到超新星爆发的位置上，我们现在看到了"蟹状星云"。这个星云肯定是由爆发时所喷出的气体形成的（见书末图版Ⅷ）。

在这颗超新星上，我们还找到了这颗恒星爆发后的某些残留痕迹的证据。事实上，就在蟹状星云的正中心，我们可以观测到一颗昏暗的星，据判

---

* 指仙后座超新星。——译者
** 指金牛座超新星，即现今的蟹状星云（见书末图版Ⅷ）。我国《宋史》中有关于这颗超新星的准确记载："嘉元年三月，司天监言：'客星没，客去之兆也。'初，至和元年五日晨出东方，守天关。昼见如人白，芒角四出，色赤白，凡见二十三日。"——译者
*** 指蛇夫座超新星。——译者

断，这是一颗高密度的白矮星。

这一切都表明，超新星爆发和新星爆发是类似的过程，只不过前者的规模在各方面都大得多就是了。

在接受新星和超新星的"坍缩理论"之前，我们还得先问问自己：造成整个星体猛烈收缩的原因是什么呢？根据目前看来颇为可信的一种看法，原因是这样的：由大量炽热气体物质构成的恒星，它们原来能处于平衡状态，完全是靠本身内部炽热气体的极高压力在支撑着。只要恒星中心的"碳反应循环"在进行着，星体表面所辐射出的能量就会从内部深处所产生的原子核能得到补充。因此，恒星几乎不发生什么宏观变化。但是，一旦氢元素完全耗尽，再无能量可补充，星体就必然会收缩，并把自己的重力势能转变成辐射。不过，由于星体内的物质极不善于传导热能，热能从内部传到表面的过程进行得很慢，所以，这种重力收缩是相当缓慢的。以太阳为例，计算表明，要使太阳的直径收缩成现在的一半，需要 1000 万年以上。任何能使收缩加快的因素都会马上使星体释放出更多的重力势能，引起内部温度和压力的增长，从而使收缩的速度减慢。根据这个道理，要想造成新星和超新星那样的迅速坍缩，唯一途径是从内部运走收缩时所释放的能量。譬如说，如果星体内部物质的传导率增强几十亿倍，它的收缩速度也会加快同样倍数，因而在几天之内，一颗恒星就会坍缩。然而，目前的理论确切地表明：物质的传导率是其密度和温度的确定的函数，想要把它减小数百倍或甚至只是数十倍，都几乎是不可能的事情。因此，这种可能性被排除了。

我和我的同事申贝格（Schenberg）提出这样一种看法：星体坍缩的真正原因是中微子的大量形成。我们在第七章曾详细讨论过这种微小的核粒子，并且知道，整个星体对于它就如同一块窗玻璃对于可见光那样透明。因此，它恰好可以充当从正在收缩的恒星内部带走多余能量的理想搬运工人。不过，我们得搞清楚，在收缩星体的炽热内部是否会产生中微子，以及中微子的数量是否足够多。

有很多种元素的原子核在俘获高速电子时会发射出中微子。当一个高速电子进入原子核时，马上会放出一个高能中微子。原子核得到电子后，变成原子量不变的另一种元素的不稳定核。由于不稳定，这个新原子核只能存在一定的时期，然后就会衰变，放出一个电子，同时又放出一个中微子。以后，这种过程又可以从头开始，并导致新的中微子的不断产生（图 125）。我们把这种过程叫作尤卡过程。

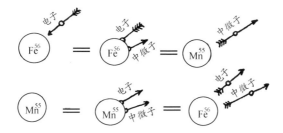

图 125 在铁原子核中发生的尤卡过程可以无止境地产生中微子

在正在收缩的星体内部，如果温度很高，密度很大，那么，中微子所造成的能量损失将是极大的。例如，铁原子核在俘获和发射电子的过程中转换成中微子的能量，可达每克每秒 10^{11} 尔格。如果换成成分为氧（它所产生的不稳定同位素是放射性氮，衰变期为 9 秒）的恒星，那么，它所失去的能量可达每克每秒 10^{17} 尔格之多。在后面这种情况下，能量释放得如此之快，以致只需要 25 分钟，恒星就会完全坍缩。

由此可见，采用在收缩恒星的炽热中心区域开始产生中微子辐射这种说法，就可以完全解释星体坍缩的原因。

不过，我们还得说，尽管中微子所造成的能量损失可以比较容易地计算出来，但要研究恒星坍缩本身还存在着许多数学上的困难，因此，目前我们只能提出某些定性的解释。

我们不妨这样设想：由于星体内部气体的压力不够大，外围的大量物质就会开始在重力作用下落向中心。不过，恒星一般都处于不同速度的旋转之中，因此，坍缩过程进行得并不一致，极区（即靠近旋转轴的部分）物质先落入内部，这样就会把赤道区物质挤出来（图 126）。

图 126　超新星爆发的早期和末期

这样一来，原先藏在深处的物质就跑了出来，并被加热到几十亿度的高温，这个温度会造成星体光度的骤增。随着这个过程的继续进行，原先那颗恒星中收缩进去的一部分就紧紧收缩成极为致密的白矮星，而挤出来的那部分则逐渐冷却，并且继续扩张，形成像蟹状星云那样朦胧的东西。

三、原始的混沌，膨胀的宇宙

把宇宙作为一个整体来看，我们立刻就会面临它是否随时间而演化这样一个极为重要的问题。宇宙在过去、现在和将来都大致永远是目前我们所看到的这副模样还是经过了各个演化阶段而不停地变化着呢？

总结从科学的各个不同分支所得到的经验，我们得到了确定的回答。是的，我们这个宇宙是在不断变化的。它的久已湮没的过去，它的现在，它的遥远的将来，是三种大为不同的状态。由各门学科搜集来的大量事实还进一步表明，我们的宇宙有过一个开端，从这个开端起，宇宙经过不断变化，发展成现在这个样子。大家已经知道，行星系的年龄有几十亿岁了，这个数字在各项不同的独立研究中都顽强地一再出现。月球显然是被太阳用强大吸引力从地球上扯下来的一块物质，同样也应该是在几十亿年前形成的。

对一颗颗恒星的演化所进行的研究（见上节）表明，我们所见到的天上的大多数恒星也都有几十亿年的年龄。通过对恒星运动的普遍研究，特别是对双星、三星和更复杂的银河星团相对运动的考察，使天文学家得出结论说，这几种结构的存在时间不会比几十亿年更长。

另一个独立的证据是由各种化学元素，特别是钍、铀之类缓慢衰变的放射性元素的大量存在这个事实提供的。它们虽然在不断衰变，但至今仍然在宇宙中存在着，这就使我们有根据假定说，要么这些元素目前还在由其他轻元素的原子核不断形成，要么它们是大自然货架上那些年代久远的产物的存货。

我们目前所具备的核嬗变知识，迫使我们放弃第一种可能性。因为即使在最热的恒星内部，温度也未达到足以"炮制"出重原子核的极高程度。事实上，我们已经知道，恒星内部的温度有几千万度，而要想从轻元素的原子核"炮制"出放射性的原子核，温度得有几十亿度才行。

因此，我们必须假设，这些重元素的原子核是在宇宙某个过去的年代里产生的，在那个特殊的时候，所有的物质都受到极为可怕的高温和高压的作用。

我们能够把这个宇宙的"炼狱"*时期大致地计算出来。我们知道，钍232和铀238的半衰期分别约为141亿年和45亿年，而它们迄今还没有大量衰变，因为它们目前的数量还和别的稳定元素一样多。至于铀235，它的半衰期只有5亿年上下，它的数量要比铀238少140倍。钍232和铀238的大量存在说明，这些元素的形成距今不会超过数十亿年，同时，我们还能从含量较少的铀235进一步计算一下这个时间，因为这种元素每隔5亿年减少一半，所以，必须经过7个这样的半衰期（即35亿年），才能减少为原来数量的1/128，这是因为：

$$\frac{1}{2} \times \frac{1}{2} \times \frac{1}{2} \times \frac{1}{2} \times \frac{1}{2} \times \frac{1}{2} \times \frac{1}{2} = \frac{1}{128}。$$

从核物理学角度出发对化学元素的年龄所进行的这种计算，与根据天文学数据算出的星系、恒星和行星的年龄，两者符合得极好！

不过，几十亿年前，在万物刚开始形成的早期阶段，宇宙是处在何种状态之中呢？宇宙又经历了什么变化，才达到现今这种样子呢？

对这两个问题，最恰当的解答是通过研究"宇宙膨胀"现象得出的。前面我们已看到，在宇宙的巨大的空间中，散布着大量的巨大星系，太阳所属的包含几百亿颗恒星的银河只是其中的一个，我们还看到，在我们视力所及的范围内（当然，这视力是由口径为200英寸的望远镜帮了忙的），这些星系基本上是均匀分布的。

威尔逊山天文台的天文学家哈勃在研究来自遥远星系的光线时，发现它们的光谱都向红端做轻微移动；而且，星系越远，这种"红移"就越大。实际上，我们发现，各星系"红移"的大小与它们离开我们的距离成正比。

关于这种现象，最自然不过的解释莫过于假设一切星系都在离开我们，

---

* 基督教认为，在地下存在着永恒的地狱，那里升腾着不熄的火焰，生前作恶多端的人将在这个炼狱里饱受火刑及其他各种酷刑的煎熬。——译者

离开的速度随距离的增大而增大。这个解释建立在所谓多普勒效应上。这就是说，当光源向我们接近时，光的颜色会向光谱的紫端移动；当光源离我们而去时，光的颜色会向红端变化。当然，要想获得明显的谱线移动，光源与观察者之间的相对速度一定要很大才行。伍德（R.W.Wood）教授曾因在巴尔的摩*闯红灯行车而被拘留。他对法官说，由于我们上面所说的现象，他在驶向信号灯的汽车内把信号灯射出的红光看成绿色了。这位教授纯粹是在愚弄法官。如果法官的物理学学得不错，他就会问伍德教授，要把红光看成绿光，汽车得以多高的速度行驶才行，然后再以超速行车的理由课以罚金！

我们还是回到星系的"红移"问题上来吧。这个问题乍一看来有点蹊跷：为什么宇宙间的所有星系都在离开我们的银河系呢？难道银河系竟是一个能吓退一切的夜叉吗？如果真是如此，我们的银河系又具有什么吓人的性质呢？为什么它看来竟会如此与众不同呢？如果好好思考一下这个问题，就很容易发现，银河系本身并无特殊之处，别的星系实际上也并不是故意躲开我们，事实只不过是所有的星系都在彼此分开就是了。设想有一个气球，上面涂有一个个小圆点。如果向这个气球里吹气，使它越来越胀大，各点间的距离就会增大（图 127）。因此，待在任何一个圆点上的一只蚂蚁就会认为，其他所有各点都在"逃离"它所在的这个点。不仅如此，在这个膨胀的气球上，各圆点的退行速度都是与它们和蚂蚁之间的距离成正比的。

这个例子很清楚地说明，哈勃所观察到的星系后退的现象，和我们这个银河系所处的位置或它所具有的性质并没有什么关系，这个现象只不过是由于散布着星系的宇宙空间在经历着普遍的均匀膨胀而已。

根据所观测到的膨胀速度和现今各相邻星系间的距离，可以很容易地

---

* 巴尔的摩，美国一城市名，在马里兰州。——译者

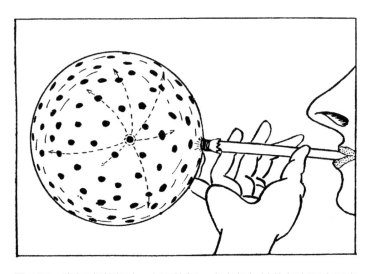

图 127　当气球膨胀时，上面的每一个点都与其他各点逐步远离

算出，这个膨胀至少在 50 亿年前就开始了*。

在这之前，当时的星云（目前的各个星系）正在形成在整个宇宙空间内均匀分布着的恒星。再往前，这些恒星也都紧紧挤在一起，使宇宙充满了连续的炽热气体。再往前，这种气体越来越致密，越来越炽热，这个阶段显然应该是各种元素（特别是放射性元素）产生的时代。再往前去，宇宙间的物质都处于超密和超热的状态下，成了我们在第七章中提到的那种核液体。

现在让我们把这些情况归纳起来，按正常的顺序来看一看宇宙的进化吧。

在整个历史的开端，在宇宙的胚胎阶段，所有用当今威尔逊山天文台上的望远镜（观察半径为 5 亿光年）看到的一切物质都被挤在一个半径 8 倍

---

* 哈勃的原始数据是：两个相邻星系的平均距离为 170 万光年（即 1.6×10^{19} 公里），它们之间相对退行的速度为每秒 300 公里左右。假设宇宙是均匀膨胀的，它膨胀的时间就会是：

$$\frac{1.6 \times 10^{19}}{300} \approx 5 \times 10^{16} \text{ 秒} \approx 1.6 \times 10^9 \text{ 年。}$$

根据目前新取得的数据所算出的值要比上面这个数字更大一些。

于太阳的球体内*。但是这种极为致密的状态不会长期存在。只需两秒钟，在迅速地膨胀作用下，宇宙的密度就将达到水的几百万倍；几小时后，就会达到水的密度。大概就在这个时候，原先连续的气体会分裂成单独的气体球，它们就是如今的恒星。在不断地膨胀下，这些恒星后来又被分开，形成各个星云系统，它们就是现在的各个星系，如今仍在向着不可测的宇宙深处退去。

我们现在可以自问一下：造成这种宇宙膨胀的作用力是怎样的一种力呢？这种膨胀将来会不会停止，并转成收缩呢？宇宙是否有可能掉过头来，把银河系、太阳、地球和人类重新挤成具有原子核密度的凝块呢？

根据目前最可靠的信息，这种事情是绝不会发生的。很久以前，在宇宙进化的早期，宇宙冲决了一切束缚自己的锁链——这锁链就是阻止了宇宙间物质分离的重力——膨胀了，因此，它们就会遵照惯性定律接着膨胀下去。

我们举一个简单例子来说明这种情况。从地球表面向星际空间发射一枚火箭。我们知道，过去所有的火箭，包括著名的 V-2 火箭**在内，都没有足够的推动力以进入空间；在它们上升的路途中就会被重力所阻停，并落回地球上。不过，如果我们能使火箭具有足够的功率，使它的起始速度超过 11 公里/秒，这枚火箭就可以摆脱重力的拉扯而进入自由空间，并且不受阻挡地运行下去。11 公里/秒的速度通常称为克服地球重力的"逃逸速度"。

设想有一发炮弹在空中爆炸了，它的碎片向四面飞去［图 128（a）］。爆炸时产生的力抵抗住了想把它们拉到一起的引力，而使弹片互相飞离。

---

* 核液体的密度为 10^{14} 克/厘米^3，而目前空间物质的密度为 10^{-30} 克/厘米^3，所以宇宙的线收缩率为

$$\sqrt[3]{\frac{10^{14}}{10^{-30}}} \approx 5 \times 10^{14}。$$

因此，5×10^8 光牛的距离在当时只有 $\dfrac{5 \times 10^8}{5 \times 10^{14}} = 10^6$ 光年，即 1000 万公里。

** 德国在第二次世界大战期间使用的一种以液体燃料推动的中程火箭。——译者

不用说，在这个例子中，各弹片之间的引力作用极为微弱，根本不足以影响它们在空间中的运动，因而可以忽略不计。但是，如果这种重力很强，就会使各弹片在中途停住，再转回头来落回它们的共同重心［图 128（b）］。它们到底是落回来还是无限制地飞开，取决于它们的动能和重力势能的相对大小。

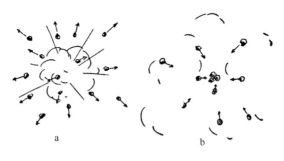

图 128

　　把炮弹片换成星系，就会得到前面所说的膨胀宇宙的图景。不过，这时各星系的巨大质量造成了很强的重力势能，与动能不相上下*，因此，有关宇宙膨胀的前景，只有在仔细研究这两种能量以后才能得知。

　　从目前所掌握的最可靠的星系质量的数据来看，各个互相离开的星系所具有的动能是其重力势能的好几倍。因此，大概可以这样说，宇宙会无限地膨胀下去，而不会被它们之间的引力重新拉近。不过要记住，有关宇宙的数据总的说来都不很准确，将来的进一步研究很可能把整个结论颠倒过来。不过，即使宇宙真的会停止膨胀，并且回转来进行收缩，那也得需要几十亿年的时间。因此，诗歌里所预言的那种"星星开始坠落"、我们在坍缩星系的重压下粉身碎骨的景象，眼下还不会发生。

　　这种造成宇宙各部分以可怕速度飞离的高爆炸力物质究竟是什么东西呢？对这个问题的解答可能会使你失望：事实上，很可能从来就不曾有过

---

* 动能与运动物体的质量成正比，势能却和质量的平方成正比。

所谓爆炸。宇宙现在会膨胀，只是因为在这之前它曾从无限广阔的地域收缩成很致密的状态（当然，这段历史是没有任何记录保留下来的），然后又反弹回来，如同被压缩的物体具有强大的弹力一样。如果你走进一间球室，正好看到一只乒乓球从地板上跳到空中，你当然会得出结论（根本不用怎么思考）说，在你进入这间屋子之前，这个球一定是从某个高度落到了地板上，并由于弹性再次跳起来的。

现在，我们不妨让想象力自由驰骋，设想一下在这个宇宙的压缩阶段，一切事物是否都会与目前进行的顺序相反。

如果是在 80 亿或 100 亿年前，你是否就会从最后一页读起，把这本书倒着读到第一页？那时的人是否会从自己嘴里扯出一只油炸鸡，在厨房里使它复活，再把它送到养鸡场，在那里，它从一只大鸡"长"成一只小鸡，最后缩进一个蛋壳里，再经几周的时间变成一枚新鲜鸡蛋呢？这倒是很有趣的。不过，对于这类问题，是不可能从纯粹的科学观点进行解答的，因为在这种情况下，宇宙内部的极大压力会把一切物质挤成一种均匀的核液体，从而把以前的一切痕迹完全抹掉。

译 后 记

记得上中学时，在科学兴趣小组里与同学和老师聊起什么样的书是好书这个话题时，我给好书下过这样一个定义：能让我产生"学而时习之"的愿望——看过以后，过了一段时间还想再读，读时能常有"温故而知新"的感觉——的书。大家认为这个标准太泛了些，适用于各类读物。于是，我们最后就科技书刊达成了这样的共识：能使读者觉得越读越薄的，就是好的科技作品。有趣的是，我们所给出的定义都相当抽象，但在座的人似乎都能意会，一如鉴酒家多能理解同行对某种酒的风味所下的诸如"中间宽、底下小"之类的考语。

我当过不少年的中学教师。我的同行中，有一位是教物理的，他的教学水平是人人折服的。至于好在哪里，却是仁者见仁、智者见智，从只需捏着几支粉笔上课，到信手能在黑板上画出不逊于用圆规所画的圆来，都是众师生津津乐道的话题。我曾经同他梳理过别人对他的评论，他告诉我说，这些评论，大多涉及的只是些皮毛，其实，最使他莫逆于心的评论是一个学生在毕业后来信所说的——这位老师使他认识到，物理学竟这样有趣。

希望伽莫夫所著的《从一到无穷大》这本书，能被读者认为是符合上述标准的好书，是那位物理教师一样的良师。至少我每次在看这本书的时候，这种感觉都是非常强烈的。

看了这本书而不承认科学的有趣，恐怕是不大可能的。固然，作者本人所继承的俄罗斯博大精深的文学传统，移民美国后感染的开朗乐天的情绪，妙趣横生的行文，与之相得益彰的作者亲手绘制的漫画式插图，生动贴切的比喻及科学家的名言轶事，都对增加这本书的可读性大有裨益。不过，真正吸引人的本质性东西，是这本书道出了真理，揭示了真理间的关联，提出了令人信服的预言，并将科学知识与民众生活交织起来。这就使读者有幸体验悟道的欣喜、出谷迁乔的舒畅，以及"万物皆备于我"的自信。从这个意义上说，《从一到无穷大》既像渊博的历史书，娓娓而谈，又像满腹哲理的老叟在从容讲述，丰富、生动、形象而又不强加于人。这些才是使这本书有趣的根蒂所在。

就一部综合性的科普著作而言，这本书的篇幅实在是不算大，译成中文后只有 300 页左右，去掉其中 100 多幅插图后，也就只有 20 多万字。比起始自苏联作家伊林的不断扩展，直至形成 18 本分册，计 600 万字和 7000 余幅图片的《十万个为什么》，或美国作家阿西莫夫的《阿西莫夫科学导游》（原作近 900 页，科学出版社出版的中译本是分为四册出版的，每册都比《从一到无穷大》厚出不少来）等同类书籍来，只能算是个小不点儿。然而，就在这区区 20 多万字中，作者伽莫夫以一位长期处于科学前沿的一流科学家的学识，用一流的表现技巧，全面讲述了近代科学活动中最提纲挈领的内容，实在令人叹服，真是名家大手笔！

这本书有一条明显的主线，就是世界是无穷的，认识是无穷的，然而也是相互联系的。人类的认识与知识的发展，既有沿逻辑在现行体系内的延伸，也有打破现有框架、另辟蹊径的突破，而突破后出现的新体系，又会将原有体系作为特例包含在内，如此发展，既有循序渐进的攀登，又不时会出现柳暗花明的大胆越堑。能认识到这一点，这本书也就读到了最薄的程度，也就是使读者确立了一种世界观、科学观与研究观。即使这不是读者的目的，书中精彩的逻辑推理，采用近似方法时的行事原则，对理论进行实践检验时所应遵照的规范，也都会使读者从根本上理解后有了融会贯通的能力，于是这本书也就相应薄了不少。

越是博大精深的著作，就越值得一再拜读，而且会觉得越读越有味道。这正像看《红楼梦》或金庸的小说那样，第一次读时可能会猎奇心太重，因急于想知道下文的内容而只是匆匆浏览一遍。以后再读时，悬念少了，注意到的内容就不同了。也可能就在这时，我们才能发现其他的或许更值得一读的东西——人物心理和性格的铺排，优美的修辞技巧，不同理念的冲突，社会前进的必然，以及看到美被丑毁灭的可叹可泣，虚美之下的丑恶被揭穿时的痛快淋漓，对了，还有对时弊的巧妙针砭，等等。而且，读者在不同的心态下，有所悟的内容也会不同。《从一到无穷大》也有这样的功效。此时阅读会因推理的言简意赅击节赞叹，彼时又会发现这段与那节间的联系而若有所悟，再次打开时，也许又会对科学发现的必然和偶然有了更深的体会。即使是无意于高屋建瓴地掌握科学思想也不希冀参与科学研究工作的人，经常翻翻这本书，也可以增进对人类文明进程的理解——毕竟，人类的文明活动是现代社会中的每个人都在积极参与的，而科学技术活动又是人类文明的重要组成部分，而且其重要性正与日俱增。此外，通过浏览此书而附带地了解科学界的逸闻趣事，连同发现引人一粲的行文，也不失为积极的休息之道。

以往的科普著作，往往侧重于传授科学知识，教化科研方法，因此读者面往往不很宽，真正得益的人比例并不很大。其实，科普著作最重要的作用，是使读者认识到世界需要科学，科学也需要世界。科普作品的读者，其目的未必就是要本人去走攀登科学的道路，但至少要学会尊重科学、尊重知识、尊重科技工作者，同时也有责任对科学界进行监督。这对全面与世界接轨的中国来说，是十分重要的。美国著名科普作家卡尔·萨根有这样的认识：人类目前所处的这个时代，说它好也罢，说它糟也罢，反正是科学的时代；而在科学的时代里，如果公众对有关技术的东西连最起码的内容也不懂得，便不能批评议论，也就不能明智地投票表决。这样，社会也就无法实现真正的民主。科普作品作为科学教育和社会学教育的手段，其重要性是不能小觑的。《从一到无穷大》这样一本堪称经典科普的著作，自然会对此发挥突出的作用。它通过讲述科学入门知识的"一"，使读者向纵与深双向的"无穷大"方向努力；通过从人类的林林总总的科学活动中摘取沧海"一"粟，使读者窥到科学大千世界的"无穷大"的壮美和改造世界的"无穷大"的潜力。希望这本书有更多的读者，都来为祖国的科学事业直接或间接地尽自己的"一"点绵薄，而使祖国有"无穷大"的力量，使中国人民实现自己"无穷大"的抱负。

最后，我再来谈谈听到的一件有关《从一到无穷大》的故事。

我有一位文化程度很高的朋友，她说自己也是这本书的读者，家里的书架上就有一本。而她后来发现，自己家里一个从农村来打工、文化程度并不很高的年轻保姆，也在不时地看这本书，而且，当这个小姑娘辞工回家后，这本书也从书架上消失了。当然，我并不会因为孔乙己曾说过"窃书不能算偷"就因此而原谅她的这一行为，这里只是通过这个例子说明这本书有异乎寻常的普适性。它既有"ABC"，也有高精尖，所以初中生看了会觉得受益匪浅，大学教师和科技人员读了也会认为开卷有益。这样的科普作品委实难得一见。希望读者们在繁忙的现代生活中，能找出时间来读读这本书，颔首赞道一下，会心微笑一下，如果有可能，再掩卷沉思一下。如果有这种感觉，相信大多数人会在以后找出时间再读、再想的。这样，译者在译这本书时"字典不离手，冷汗不离身"的感觉，也就会被"曲终人不见，江上数峰青"的适意取代了。

2002 年 8 月

图　　版

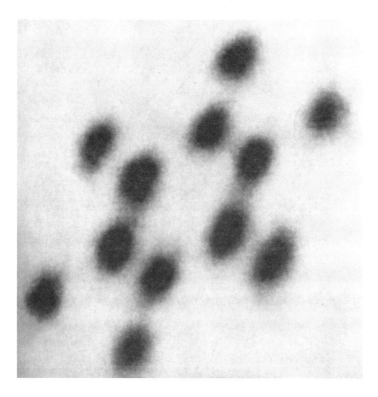

图版 I　放大 140 000 000 倍的六甲苯分子

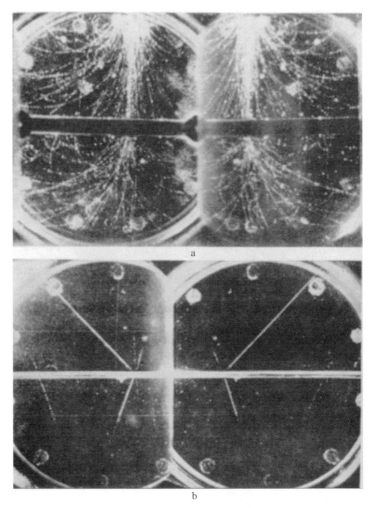

图版 Ⅱ a. 开始于云室外壁和中央铅片的宇宙线簇射。在磁场的作用下，簇射产生的正、负电子向相反方向偏转；b. 宇宙线粒子在中央隔片上引起核衰变

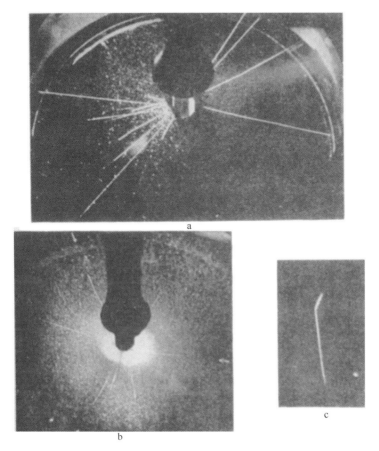

图版 Ⅲ 人工加速的粒子所造成的原子核嬗变

a. 一个快氘核击中云室中重氢气体的一个氘核，产生一个氚核和一个普通的氢核（$_1D^2+_1D^2 \longrightarrow _1T^3+_1H^1$）；b. 一个快质子击中硼核后，硼核分裂成三个相等的部分（$_5B^{11}+_1H^1 \longrightarrow 3_2He^4$）；c. 一个看不见的中子从左方射来，把氮核分裂成一个硼核（向上的径迹）和一个氦核（向下的径迹）（$_7N^{14}+_0n^1 \longrightarrow _5B^{11}+_2He^4$）

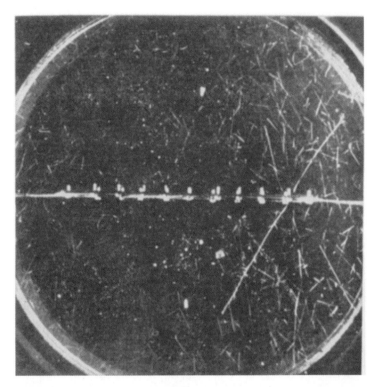

图版Ⅳ 在云室里拍摄的铀核裂变照片。一个中子（当然是看不见的）击中横放在云室中的薄铀箔的一个铀核。两条径迹表明，两块裂变产物带着一亿电子伏的能量飞离

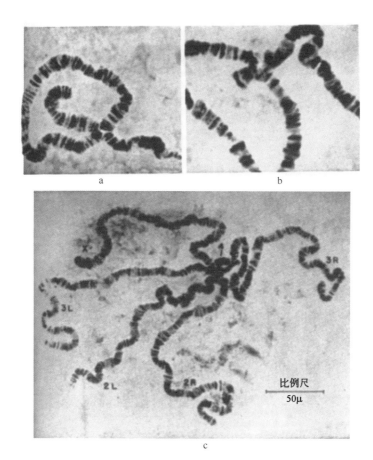

图版 V　a 和 b. 果蝇唾液腺体中染色体的显微照片，从图中可以看到倒位和相互易位的现象；c. 雌性果蝇幼体染色体的显微照片，图中标有 X 的是紧紧挨在一起的一对 X 染色体，2L 和 2R 是第二对染色体，3L 和 3R 是第三对染色体，标有 4 的是第四对染色体

图版Ⅵ　这是活的分子吗?放大 34 800 倍的烟草花叶病病毒体
这幅照片是用电子显微镜拍摄的

a

b

图版Ⅶ　a. 大熊座中的旋涡星系，它是一个遥远的宇宙岛（正视图）；
　　　　　b. 后发座中的旋涡星系 NGC4565（侧视图）

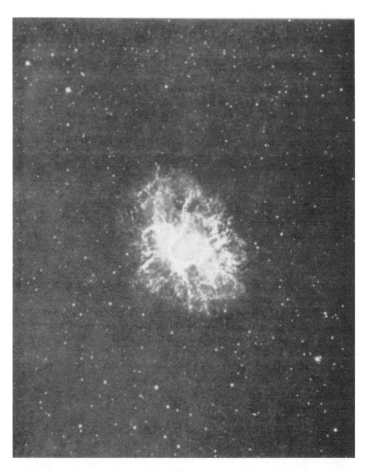

图版Ⅷ 蟹状星云。中国古代天文学家于 1054 年在这个星云的位置上观测到一颗超新星爆发，这个星云是爆发时抛出的气体膨胀而成的包层

ONE TWO THREE... INFINITY

宏观世界

不同凡响的科坛"顽童"[*]

2008 年，"大爆炸宇宙学"年届花甲，又逢其奠基者乔治·伽莫夫逝世 40 周年，遂为斯文，兼志纪念。

跳来跳去大顽童

在美国的乔治·华盛顿大学，有一块铭牌，上面写着：

乔治·伽莫夫

物理学教授

乔治·华盛顿大学

1934 年至 1956 年

伽莫夫（1904—1968）因如下事迹而著称：发展宇宙的"大爆炸理论"（1948 年）；用量子隧道解释原子核的 α 衰变（1928 年）；与爱德华·泰勒共同描述自旋诱发的原子核 β 衰变（1936 年）；在原子核物理中始创液

---

[*] 本文作者为著名科普作家、天文学家卞毓麟，原载于《巨匠利器——卞毓麟天文述说》，科学普及出版社 2015 年版，原标题为"不同凡响的科坛'顽童'——写在伽莫夫逝世 40 周年前夕"。

滴模型（1928 年）；在恒星反应速率和元素形成方面引入"伽莫夫"因子（1938 年）；建立红巨星、超新星和中子星模型（1939 年）；首先提出遗传密码有可能如何转录（1954 年）；以及通过一系列著作——包括"汤普金斯先生的奇遇"——普及科学（1939—1967 年）。

乔治·华盛顿大学物理学系为纪念他们的同事乔治·伽莫夫敬立此牌。

2000 年 4 月

一个生活在 20 世纪的现代人，居然能天马行空似地在大不相同的学科领域中一再做出开创性的贡献，真是一种奇迹。美籍波兰裔著名数学家斯坦尼斯拉夫·M. 乌拉姆曾经这样评论伽莫夫："总而言之，人们在他的研究中除了能看到各种出类拔萃的特点之外，还能看到业余性质的研究可以在很广的科学领域中进行的最新例证。"当然，在这个五光十色的世界上，如此例证毕竟只是凤毛麟角而已。

伽莫夫作为一名"重量级"的科学家，并未获得过诺贝尔奖。但是，却有那么多的诺贝尔奖得主对他钦佩有加。例如，美国生物化学家詹姆斯·杜威·沃森与英国生物化学家弗朗西斯·克里克因合作发现 DNA 双螺旋结构而同获 1962 年诺贝尔生理学或医学奖。沃森在其名著《基因·女郎·伽莫夫》中谈到伽莫夫时说："一个大顽童，从原子跳到基因，又跳到空间旅行。乔（伽莫夫的昵称）同时涉足这些领域……他从不指望每次探索都有结果，因而总是在过程中寻找乐趣。如今回首自己的人生，才明白乔的睿智远远超出了我最初对他的评价。"

乔治·华盛顿大学的那块铭牌，将"发展宇宙的'大爆炸理论'"列为伽莫夫诸多贡献之首，这是无可争议的。如今，伽莫夫等人基于"大爆炸理论"预言的宇宙微波背景辐射，已经两度成为诺贝尔奖的颁奖缘由：美国科学家阿尔诺·艾伦·彭齐亚斯和罗伯特·伍德罗·威尔逊因发现宇宙微波背景辐射而获得 1978 年度的诺贝尔物理学奖；28 年之后，美国科学家约翰·C. 马瑟和乔治·F. 斯穆特又因发现宇宙微波背景辐射的黑体谱形和各向异性而获得 2006 年度诺贝尔物理学奖。几乎无须证明，倘若伽莫夫依然健在，那么他终将成为这同一奖项的得主。当然，先于伽莫夫 15 年去世的现代观测宇宙学奠基人、美国天文学家埃德温·鲍威尔·哈勃亦当如此。

因建立基本粒子的电弱统一理论而获得 1969 年诺贝尔物理学奖的美国科学家史蒂文·温伯格，在其脍炙人口的科普读物《最初三分钟：关于宇宙起源的现代观点》中，专门反思了宇宙微波背景辐射的发现史。他写道：

阿尔弗、伽莫夫和赫尔曼是非常值得推崇的，因为他们认真地去解决早期宇宙的问题，弄清了应该怎样用已知的物理定律去推断最初三分钟的情形。但即使他们，也没有做完最后的一步，说服射电天文学家去探索某种微波辐射背景。

这是科学史中最发人深省的部分。科学史的编纂中连篇累牍地写着它的成功、深谋远虑的发现、辉煌的推导或者有如牛顿和爱因斯坦的奇迹般的跃进，这是可以理解的。但是我认为，如果不了解科学中的险阻，即多么容易走上歧途，多么难以知道走完一步之后应该迈向什么地方，那就不可能真正理解科学的成就。

关于《我的世界线—— 一部非正式的自传》

伽莫夫的主要功绩已如乔治·华盛顿大学的铭牌所记，其生平大要则有如其本人所列：

1904 年 3 月 4 日，生于俄国敖德萨市

1922—1923 年：敖德萨市诺沃罗西亚大学学生

1923—1928 年：列宁格勒大学学生

1928—1929 年：哥本哈根大学理论物理研究所研究人员

1929—1930 年：剑桥大学，洛克菲勒基金资助的研究人员

1930—1931 年：哥本哈根大学理论物理研究所研究人员

1931 年：与柳波芙·伏克明采娃（即"罗"）结婚，1956 年离婚

1931—1933 年：列宁格勒大学教授

1933—1934 年（冬季和春季）：法国居里研究所研究人员，伦敦大学访问教授

1934 年（夏季）：密歇根大学讲师

1934 年（秋季）—1956 年：华盛顿市乔治·华盛顿大学教授

1935 年：儿子卢斯特姆·伊戈尔出生

1954 年：加利福尼亚大学伯克利分校访问教授

1956 年：获联合国教科文组织的卡林加科普奖

1956—1958 年：科罗拉多大学教授

1958 年：与巴巴拉·帕金斯（即"帕基"）结婚

1965 年（秋季）：剑桥大学丘吉尔学院国外研究员

这份简历，见诸伽莫夫那部趣味盎然但实际上并未写完的自传。起初，他将此书称为"往事片段"，后来又取了一个别致的书名——"我的世界线——一部非正式的自传"。伽莫夫在该书"前言"中对书名的解释言简意赅："至于说到书的题目，它指的是相对论性的四维时空连续统，在这个连续统中，任一时间、任一地点发生的任一事件都由一点来代表，这样的点（或事件）的序列就形成一条世界线。"可见，所谓"我的世界线"，其实就是"我的人生轨迹"。此书于 1970 年由美国的维京出版社出版，其时作者本人已去世多时。许多人都有过这样的疑问：伽莫夫本是俄国人，他的名字用拉丁文拼写为何是 Gamow，而不像同为著名俄裔美国人的艾萨克·阿西莫夫（Isaac Asimov）那样用字母 v 结尾？

《我的世界线——一部非正式的自传》用一个脚注对此做了清晰的解释："这个名字的正确发音是 Gamov，其中字母 a 的发音同'妈妈'或'爸

爸'中的韵母。如果我当初直接从俄国去英国或美国，那么我用英文拼写自己的姓名就会以字母 v 结尾。之所以会写成这个读音容易混淆的 w，原因在于我最初是为一家德国刊物用拉丁字母拼写自己的姓名；德语中的 v 发音类似英语中的 f，而 w 则类似于英语中的 v。"

其实，伽莫夫的俄文原名是 Георг Гамов，加入美国国籍后成为 George Gamow；后来，人们又把 George 翻译成俄文的 Джордж。所以，俄文文献中经常提到的 Джордж Гамов，其实还是那个乔治·伽莫夫。

《我的世界线——一部非正式的自传》写得简练、诙谐、率真、洒脱，很能体现伽莫夫的风格。例如，他的父亲是一所私立男子中学的俄语和俄罗斯文学教员。书中说他父亲很喜欢一个天资出众的学生列夫·布朗斯坦，可后者却不喜欢他父亲，还向校方请愿要求解雇这位老师。布朗斯坦很有心计，他起草的请愿书的字数和班里学生的人数一样多，并让每个同学用自己的笔迹写一个字。布朗斯坦参加共产党之后，将名字改成了托洛茨基。

第一次世界大战、十月革命和国内战争，使战略要地敖德萨动荡不安。伽莫夫虽然在上学，但获取知识主要是靠自学。他一直是班上最优秀的学生，并且对诗歌和几何学有着浓厚的兴趣。童年时代有两件事，对于他日后投身科学大有影响：一次是父亲给他一架小显微镜，他用它做了一个实验，检验从圣餐上领取的红酒和面包是否与血和肉的组成相同；另一次是他 13 岁生日时得到了一件礼物——一架小望远镜，仰望星空激发了他探索宇宙奥秘的热情。

1922 年，伽莫夫进入敖德萨的诺沃罗西亚大学数理系学习。一年之后，又转往列宁格勒大学物理系。他在列宁格勒曾做过林业研究所的气象站观测员，后来又到一所红军野战炮校兼做教官，讲授物理学，为自己赚取学习费用。

在列宁格勒大学，伽莫夫看到了 20 世纪初以来量子论与相对论的重大进展。他选了数学系教授亚历山大·亚历山德罗维奇·弗里德曼开设的课程

"相对论的数学基础"。弗里德曼对于相对论宇宙学贡献很大，他是最早对爱因斯坦的静态宇宙模型提出否定意见的人物之一。在弗里德曼的影响下，伽莫夫成了膨胀宇宙观念的积极拥护者。1925 年春，伽莫夫以优异的成绩通过学位课程考试。他对刚刚问世的矩阵力学和波动力学深感兴趣，并和伊万年科合作把薛定谔的波函数引入相对论的四维时空中。1926 年，伽莫夫得到了攻读博士学位的奖学金，可惜弗里德曼已去世，他只得放弃了研究宇宙学的打算。1928 年，伽莫夫有幸被推荐到德国的哥本哈根大学理论物理研究所去学习与工作，那里汇集着大批物理学精英，形成了著名的哥本哈根学派。

就在 1928 年，伽莫夫用量子理论中的隧道效应成功地解释了 α 衰变过程。后来，人们赞誉这一成就"标志着核物理学的起点"。此后多年中，伽莫夫在原子核的量子理论方面继续开拓，他最早提出了原子核的液滴模型思想，解释了受激核的 γ 发射，还提出了 β 衰变的伽莫夫-特勒选择定则。他于 1949 年出版的《原子核理论与核能源》一书，是概括这一时期核物理学理论的经典文献。

1928 年暑假，伽莫夫去哥本哈根拜访物理学大师尼尔斯·玻尔。玻尔很赞赏他的才干，为他提供了丹麦皇家科学院的卡尔斯伯奖学金，让他留在哥本哈根工作一年。伽莫夫干得很出色。1929 年夏天他回到苏联，受到了热情洋溢的欢迎。报纸上称赞他："一个工人阶级的儿子解释了世界最微小的结构：原子的核。""一个苏联学生向西方表明，俄国的土壤能够孕育出她自己的柏拉图们和才智机敏的牛顿们。"

1929 年秋天，伽莫夫前往英国剑桥的卡文迪什实验室，在另一位物理学大师卢瑟福手下工作。伽莫夫把量子论关于原子核的最新思想和处理方法带到了剑桥。他还指出使用质子来轰击原子核，其能量只需 α 粒子能量的 1/16。这使卢瑟福很受鼓舞，并由此催生了第一台质子加速器。

《我的世界线——一部非正式的自传》的英文原版书在中国各大图书馆似付阙如,但它却有一个中译本。事情的梗概如下:20 世纪 80 年代前期,我在努力搜集阿西莫夫、卡尔·萨根、伽莫夫等科普大家的有关资料,1984 年 2 月 11 日,我收到 20 年前自己在南京大学天文系求学时的老师汪珍如教授从美国史密森天体物理台寄来的英文版 *My World Line: An Informal Autobiography* 全书复印件。当时,汪老师正在那里做访问学者。后来,《物理世界奇遇记》的中译本译者吴伯泽先生借阅了这份复印件,归还时告诉我已将此书推荐给上海翻译出版公司,纳入"科学家传记丛书",由王晓华执译。王晓华那时三十来岁,是吴伯泽先生的同事、科学出版社一位优秀的年轻编辑。她工作认真,译笔也好,但后来离开出版界了。1988 年 3 月,中译本面世,易名为"伽莫夫自传"。问题在于:英文原版书配备的将近 40 幅很有意思的照片或插图,在中译本里却踪影全无了。原因看来是译者和出版社手中都没有原版书,仅据我提供的复印件是无法制作插图的。这个中译本印了 3000 册,如今已不多见。

转向天体物理学

1931 年春天,伽莫夫回到苏联,发现科学和科学家受到的对待已与两年前大不相同。这使他大失所望。1933 年,在玻尔和法国著名物理学家朗之万的促请下,伽莫夫通过布哈林和莫洛托夫的关系,终于获准带着新婚妻子出席在比利时举行的一次国际会议。会后,他在巴黎的居里研究所、剑桥的卡文迪什实验室和哥本哈根的玻尔研究所逗留了两个月,接着又到美国的密歇根大学讲学。1934 年秋天,伽莫夫被美国的乔治·华盛顿大学聘为教授。他在该校主办每年一度的华盛顿理论物理会议,吸引了美国和欧洲很多优秀的物理学家前来参会,并取得许多重大成果,如恒星能源的碳氮循环和质子-质子循环、原子核裂变的机制等。

在美国,伽莫夫的兴趣开始转向天体物理学领域。1933 年他与早先在列宁格勒求学时的同学列夫·达维多维奇·朗道合作，提出可以根据恒星表面存在的锂元素推知其内部温度；他与匈牙利裔美籍物理学家爱德华·特勒合作，研究了红巨星内部的核反应和能源问题。

伽莫夫还与巴西裔的理论物理学家马里奥·申贝格合作，提出某些恒星内部的核反应会产生大量的中微子和反中微子，它们的突然逸出将导致巨额光能的释放，这种所谓的"尤卡过程"，可以解释超新星爆发现象。非常有趣的是，"尤卡"原本是巴西里约热内卢市一个赌场的名字。据说，在途经那里时，申贝格向伽莫夫幽默地比喻："在超新星核心能量的消失就像金钱在那个轮盘赌桌上的消失那样快。""尤卡过程"即由此而得名。此外，在伽莫夫讲的方言中，"尤卡"还有"强盗"的意思。到 20 世纪 40 年代中期，伽莫夫还研究了白矮星的机制、造父变星的机制、恒星内部元素的产生等各种课题。

第二次世界大战期间，伽莫夫在美国海军部军械局的高爆研究室中担任顾问。他多次以官方代表的身份向爱因斯坦报告有关研究方案，并讨论了许多物理学问题。战后，他曾有一段时间与特勒等人在洛斯·阿拉莫斯国家实验室从事氢弹研制工作。

从 20 世纪 40 年代中期起，伽莫夫将研究的目标转向了宇宙学。宇宙学是将宇宙作为一个整体来研究其结构、运动、起源和演化的学科。1917年，爱因斯坦发表《根据广义相对论对宇宙学所作的考察》一文，建立了一个"静态、有限、无界"的宇宙模型，为现代宇宙学奠定了理论基础。1922年，苏联物理学家亚历山大·弗里德曼通过求解爱因斯坦的引力场方程，论证了宇宙随时间而膨胀的可能性。1927 年，比利时天文学家勒梅特也通过求解爱因斯坦的引力场方程，得出我们的宇宙正在随时间而膨胀的结论。

另一方面是天文观测的进展。美国天文学家哈勃于 1929 年发现了著名的"哈勃定律"，即河外星系的视向速度与其距离存在着正比关系。1930

年，英国天文学家爱丁顿将这种现象看成是非静态宇宙的膨胀效应。1932年勒梅特据此推测，宇宙早期处于极端稠密的状态，有如一个超级的原子核，并把它称为"原始原子"。1948年，伽莫夫进一步发展勒梅特的思想，正式提出后来被称为"大爆炸"的宇宙起源和演化理论，为现代宇宙学竖起了一座里程碑。他先前在核物理，特别是天体物理学方面的工作，则是他在宇宙学研究中获得丰硕成果的前奏。

大爆炸宇宙学

1946年4月，伽莫夫发表了题为"膨胀宇宙和元素的起源"的论文，分析了化学元素起源与宇宙早期膨胀过程的联系。他设想，在宇宙早期的迅速膨胀过程中，高密度的自由中子迅速地复合出各种核素，而在以后较冷的状态下又通过 β 衰变转变成各种不同的原子核。这篇论文是热大爆炸宇宙学思想的奠基石。

此后，伽莫夫与其研究生拉尔夫·阿舍·阿尔弗合作，继续深入研究，并在 1948 年 4 月 1 日出版的《物理评论》上发表了署名为阿尔弗、贝特和伽莫夫的论文。其实，理论物理学家汉斯·阿尔布雷克特·贝特原本与这篇题为"化学元素的起源"的文章并没有任何关系，伽莫夫添上他的名字，只是为了使作者署名取得 α-β-γ 的谐音效果。后来，此文关于宇宙中的核子如何逐步综合成较复杂的原子核的这套理论，也就被世人称为 α-β-γ 理论了。贝特本人因在原子核物理理论方面的成就早已闻名于世，他于 1938 年提出，恒星的能量来自其内部氢聚变为氦的热核反应，这正是他获得 1967 年度诺贝尔物理学奖的重要原因。

1948 年，伽莫夫还发表了《元素起源和星系分离》，并同阿尔弗和罗伯特·赫尔曼合作发表了《膨胀宇宙中的热核反应》。同年，伽莫夫又向英国的《自然》寄去《宇宙的演化》一文，并将此文手稿寄了一份给阿尔弗和赫尔曼。阿尔弗和赫尔曼复核后发现文中有误，遂致电伽莫夫指出瑕疵之所在。伽莫夫感到由他本人纠正文稿为时已过晚，就鼓励阿尔弗和赫尔曼给《自然》另投一篇评论文章。他通知《自然》说，阿尔弗和赫尔曼的文章就要寄到，希望《自然》在他的论文之后尽快发表。阿尔弗和赫尔曼正是在这篇文章中，第一次预言了宇宙黑体辐射的存在，并以相当简洁的方法推算出现今的宇宙背景辐射温度为 5K。遗憾的是，这个极重要的结论，却被世人忽视了十多年，1964 年，彭齐亚斯和威尔逊意外地发现了温度为 3K 的宇宙微波噪声。这既使热大爆炸宇宙理论获得了直接的定量支持，也使彭齐亚斯和威尔逊获得了 1978 年的诺贝尔物理学奖。

伽莫夫打算继续推进"α-β-γ"式的"把戏"，甚至怂恿赫尔曼把姓氏改成德尔塔（Delter），以便同第四个希腊字母 δ 谐音。尽管赫尔曼拒绝了，但伽莫夫还是在一篇文章中提到了"由阿尔弗、贝特、伽莫夫和德尔特发展的中子俘获理论"。

1956 年，伽莫夫发表《膨胀宇宙的物理学》一文，更清晰地描述了宇宙从原始高密状态膨胀、演化的概况。此后，他基本上退出了宇宙学领域的前沿研究。但是，从现代宇宙学发展史的角度看，伽莫夫及其主要合作者已经基本建成了大爆炸宇宙学的主要框架。

"大爆炸"的英文名 Big Bang，最初是其反对者、英国天文学家弗雷德·霍伊尔以嘲弄的口吻对它的调侃，后来却被正式沿用下来。在这一理论艰难曲折的成长过程中，曾经有过许多误解和讹传。为此，阿尔弗和赫尔曼在 1988 年 8 月号的《今日物理》上发表长文《大爆炸宇宙学早年工作的反省》，披露了他们开创性研究的前前后后。经作者允许以及美国物理学会授权，此文由王树军译成中文，1990 年初分两次在中国的《科学》杂志上发表，而今重读，兴味依旧。

遗 传 密 码

本文无意逐一铺陈伽莫夫的成就和趣闻，但乔治·华盛顿大学那块铭牌所列的最后两项却不能不提。从 1954 年开始，伽莫夫的兴趣转向了分子生物学。当时该领域中一系列的突破性进展，对他的诱惑力似乎胜过了宇宙的演化。

早在 19 世纪后期，科学家业已查明，细胞核主要由性质与蛋白质大不相同的核酸组成。核酸有两大类：核糖核酸（RNA）和脱氧核糖核酸（DNA）。"脱氧"这一称呼的由来是这种核酸所含的五碳糖分子要比核糖核酸所含的五碳糖少一个氧原子。科学家们还查明，DNA 分子中含有 4 种含氮化合物：腺嘌呤（A）、鸟嘌呤（G）、胞嘧啶（C）和胸腺嘧啶（T）；RNA 分子中也含有 A、G 和 C，但不含 T，而是含尿嘧啶（U）。

核酸可以分解成各种含有一个嘌呤（或一个嘧啶）、一个核糖（或一个脱氧核糖）和一个磷酸基的组合。这类组合叫作核苷酸。核酸分子仅由 4 种核苷酸单元组成：一种含 A，一种含 G，一种含 C，一种含 T（在 DNA 中）或 U（在 RNA 中）。

20 世纪前期，生物化学家逐渐弄清楚，对于生命的遗传性状而言，关键性的物质是 DNA。1953 年，英国生物化学家克里克和美国生物化学家沃森证明，DNA 分子的结构呈双螺旋状，并且精密地确定了此类双螺旋结构的各种相关参数。后来，他们因此与威尔金斯共同荣获 1962 年的诺贝尔生理学或医学奖。在查明 DNA 结构的基础上，人们又进而阐明了在细胞分裂过程中 DNA 是如何自我复制的。

然而，复制只是使 DNA 能够继续存在下去。进一步的问题是：DNA 又怎样执行合成某种特定的蛋白质分子这项任务呢？蛋白质分子是由 20 种氨基酸构成的。要合成一种蛋白质，DNA 分子必须指导这 20 种氨基酸在由成百上千个单元组成的分子里按照某种特定的次序排列。对于每一个位置，它都必须从 20 种不同的氨基酸中选出一个正确的。

倘若 DNA 分子上拥有 20 种与氨基酸一一对应的单元，那么事情就好办了。然而，DNA 仅仅由 4 种不同的构件——4 种核苷酸构成。这 4 种核苷酸同 20 种氨基酸是怎样对应的呢？

1954 年，伽莫夫提出，4 种核苷酸的不同组合可以充当"遗传密码"的角色，就像莫尔斯电码用各种方式将点和划组合起来代表字母与数字一般。假如从 4 种不同的核苷酸中每次任取两个，那只能有 4×4=16 种不同的组合，还是不够用。因此，伽莫夫在《我的世界线——一部非正式的自传》中回忆道：

> 我脑子里冒出一个简单的想法：数出这 4 种不同的基质形成的所有可能的三联体的数目，就能从 4 得出 20。比方说，有一副扑克牌，如果我们只要求三联体的花色相同，那么我们能得到多少种不同的同花三联体呢？当然是 4 个，它们各由 3 张红桃、3 张方块、3 张黑桃和 3 张梅花组成。那么，能得到多少种由 2 张同花牌加 1 张不同花牌组成的三联体呢？当然，对于同花对有 4 种选择，而一旦选好了同花对，那么不同花的第三张牌就只有 3 种选择。因此，可能的三联体就有 4×3=12 种。此外，我们还能得到 3 张牌都不同的 4 种三联体。这样 4+12+4=20，这个数目恰好是我们想得到的氨基酸数目。

有关伽莫夫这些工作的报道，最初见于 1954 年英国《自然》的一篇短讯，随后在《丹麦皇家科学院纪录汇编》中又有一篇较长的介绍。1966 年，克里克在《遗传密码——昨天、今天和明天》一文中谈道：

> 我是有幸见到这篇论文初稿的读者之一，当时它的题目为"DNA 分子进行的蛋白质合成"，作者是乔治·伽莫夫和 C. G. H. 汤普金斯！（伽莫夫有一次告诉我，他曾把这篇论文投给《美国科学院纪录汇编》，可是编辑

反对把汤普金斯先生这个虚构的人物作为作者署名。由于这个原因，论文最终由丹麦皇家科学院发表，尽管署名作者也只是伽莫夫一人）。

克里克还说：

这篇文章的基础是这样一个想法：蛋白质是在双螺旋 DNA 的表面上合成的，这种结构内部的基质序列形成一系列孔穴，每一小孔专门和一种氨基酸匹配。文章虽未详细说明氨基酸如何识别这些小孔，但是相当清楚地暗示了氨基酸是靠以立体化学方式排列的侧链来识别它们的，没有专门的酶参与这个过程。

伽莫夫的工作的重要性在于，这是一种真正抽象的密码理论，没有那些冗赘而不必要的化学细节，尽管他的基本观念——认为双链 DNA 是蛋白质合成的模板——显然是完全错误的。

20 世纪 60 年代前期至中期，美国科学家 M. W. 尼伦伯格等最终攻克了这一难题。对此，伽莫夫写道：“从形式上看，他们的答案远远不如我当初想象的那种理论上的简单关联那么优美，但是不管优美与否，它毕竟是正确的，因而具有无可争辩的优势。”尼伦伯格等由于成功“解释遗传信息及其在蛋白质合成中的作用”，获得了 1968 年度的诺贝尔生理学或医学奖。不过，伽莫夫没能听到这一消息，他在此前几个月刚刚去世。

汤普金斯先生之回归

现在，该来谈谈上文提及的那个虚构的人物 C. G. H. 汤普金斯了。这个名字包含着 3 个基本物理常量：c 是光速，g 是引力常量，h 是普朗克常量。1938 年冬天，34 岁的乔治·伽莫夫写了一则短篇科学故事，意在向物理学的“门外汉”解释空间曲率和膨胀宇宙的基本概念。他尽量夸张地描述相对论性现象，以便故事的主人公——银行小职员汤普金斯先生能观察到它们。

伽莫夫把这篇文章投给一家杂志，结果是退稿。接着，他又试投了另外五六家刊物，遭遇也是一样。1939 年夏季，在一次理论物理学的国际会议上，伽莫夫同一位老朋友达尔文——他是写《物种起源》的那个查尔斯·达尔文的孙子——谈到了科学普及工作。伽莫夫提及那篇"倒霉"的文章，达尔文随即嘱咐他，把稿子"寄给 C. P. 斯诺博士，他是剑桥大学出版社出版的科普杂志《发现》的编辑"。

稿件寄出一星期后，伽莫夫便收到斯诺的电报："大作将在下一期发表，望多赐稿。"于是，以汤普金斯先生为主人公的普及相对论和量子论的故事，便在《发现》上接连出现了。后来，剑桥大学出版社建议伽莫夫将这些故事集中起来，再增添几篇新的文章出版成书，于是就有了《汤普金斯先生身历奇境》（ *Mr. Tompkins in Wonderland* ）这本书，1940 年由剑桥大学出版社出版。

1944 年，这本书的续集《汤普金斯先生探索原子世界》（ *Mr. Tompkins Explores the Atom* ）问世。1965 年，剑桥大学出版社决定把上述两本书合并，出一个平装本。为此，伽莫夫又增添了反映宇宙学和物理学新进展的若干新故事，书名干脆就叫"平装本中的汤普金斯先生"（ *Mr. Tompkins in Paperback* ）。后来，该书不仅出了平装本，而且出了精装本，但书名保留如初。

1977 年初，吴伯泽遵当时主持科学出版社编辑部工作的林自新先生之嘱，将《平装本中的汤普金斯先生》译成中文。鉴于原先中国读者并不熟悉"汤普金斯先生"其人，所以吴伯泽将书名意译成了"物理世界奇遇记"。1978 年 4 月中译本面世，首印 480 500 册。后来又重印一次，累计印数达 60 万册之巨！

20 世纪 90 年代，剑桥大学出版社意识到，为了保持"汤普金斯先生"的生命力，有必要对原书修订更新。这项任务由英国著名科普作家拉塞尔·斯坦纳德承担。"作者伽莫夫对现代物理学的精辟介绍具有持久不衰的普遍魅力。我自己就总是以最好的心情去迎接汤普金斯先生。因此,我十分乐意对本书进行增订。"斯坦纳德如是说。

1999 年,新版本的 *The New World of Mr. Tompkins* 在英国面世,书名直译当为"汤普金斯先生的新大陆"或"汤普金斯先生的新世界",作者署名是伽莫夫和斯坦纳德。新的中译本仍由吴伯泽执译。出于前述的同一理由,他把书名译为"物理世界奇遇记"(最新版),2000 年 8 月纳入"世界科普名著精选"丛书,由湖南教育出版社出版。吴译口碑甚佳,可惜译者因病不治,已于 2005 年 4 月西归,去见他所钦佩的伽莫夫了。

2007 年初夏,年逾八旬的科普活动家李元老先生兴致勃勃地送我一本书。我一看,可乐坏了,那是英文原版的 *The New World of Mr. Tompkins*,而为书中的《宇宙大爆炸抒情曲》等歌曲配上中文歌词的,正是李元先生本人。

1978 年 11 月,科学出版社还出版了伽莫夫的另一佳作 *One Two Three ... Infinity*(1947 年)的中译本,书名定为"从一到无穷大",首印 55 万册,大受读者欢迎。译者暴永宁说:"一般科普读物,往往怕数学太'枯燥'和'艰深'而不敢使用它,只局限于做定性的概念描述。这本书则恰恰相反,全书都用数学贯穿起来,并讲述了许多新兴的数学分支的内容。也因为使用了数学工具,本书才达到了相当的深度。"斯言不谬,伽莫夫勇于和善于这样做,真是印证了一句老话:艺高人胆大!

科学家和科学普及

1968 年夏季,伽莫夫在英国剑桥大学开设关于宇宙理论的讲座。这时,困扰了他数年之久的循环系统疾病突然恶化,返回科罗拉多州之后不久,便于当年 8 月 20 日去世。美国许多重要的报刊相继发出讣告和悼文。他给人类带来了种种新思想,而他留给人们的普遍印象是:个子很高,碧眼红发,浑身充满了幽默感。

伽莫夫在核物理学、天体物理学、宇宙学以至分子生物学等领域都做出了开创性的工作，这在现代科学家中是很罕见的。伽莫夫认为，科学工作者最重要的素质乃是极普通的好奇心。他写道："有人说，'好奇心能够害死一只猫'，我却要说：'好奇心造就一个科学家'。"他不断变换研究方向，就可以归因于这种气质。他创作大量的通俗科学读物，也与保持和培养对自然界的持久好奇心密切相关。伽莫夫极为推崇卢瑟福的名言："我们应该发现它（指世界或大自然）比我们猜测的更为简单。我总是简单性的信徒，自己也做个简单的人。"这种思想贯穿于他研究工作的始终。

伽莫夫非常强调科学对于人类发展的重要作用，他不赞成科学的作用仅仅在于"达到改善人类生产条件的实际目的"。他认为，科学的这个目的是次要的："难道你认为搞音乐的主要目的就是吹号叫士兵早上起床，按时吃饭，或者催促他们去冲锋？"他认为科学的来源就是人类追求对于自然和自身的理解。他不介入政治，但在科学受到干扰时还是出来为之辩护，例如他在 20 世纪 30 年代曾与朗道等联名写信挖苦那些围攻爱因斯坦相对论的"权威"们，因而险遭迫害。他还竭力揭露像李森科那种所谓的"遗传学"乃是意识形态的产物，因而没有什么科学价值。

令伽莫夫在公众中获得巨大声望的原因在于他的一系列科普佳作。为此，联合国教科文组织向伽莫夫颁发了 1956 年度的卡林加科普奖。除《物理世界奇遇记》和《从一到无穷大》外，《物理学发展史》和《原子能与人类生活》等也都有了中译本。

关于伽莫夫，可圈可点的事情实在太多了。现在，还是让我们用伽莫夫自己的话来结束这篇文章吧：

我真的那么喜欢写科普作品吗？是的。我是不是把它当作自己的主要职业呢？不是。我的最大兴趣是攻克自然界的难题，不管它是物理学的、天文学的还是生物学的。然而在科学研究的领域里取得进展需要一种灵感，一种思想，而新颖、激动人心的思想并不是每天都出现的。每当我苦于缺乏新鲜想法来推进自己的研究时，我就写一本书；而每当一种对科学研究有效的新思想涌现时，写作就放在一边了……如果把 3 本有关核物理的书也算在内，那么我就写了 25 本书，对于人的一生来说，这也足够了。我已不打算写更多的书，原因之一是我实际上已把自己所知道的倾囊而出了。

人们常常问我是怎样写出这些大获成功的书的，这可是一个很深奥的问题，深奥得连我自己都不知道该如何回答。

这就是伽莫夫的风格，也是《我的世界线——一部非正式的自传》的结尾。伽莫夫认为，科学的来源就是人类追求对于自然和自身的理解。确实，他在这种追求中丰富了人类的智慧宝库，也为自己画了一条不同凡响的世界线。

暴永宁、刘兵、吴伯泽对谈录

名著名译引发的思考*

如今很多人可能并不知道《从一到无穷大》这本书，不过对一些老读者而言，这本书带来的阅读快乐和震动恐怕是他们终生都无法忘记的。《从一到无穷大》于1978年由科学出版社出版，首印55万册，两年时间便销售一空，并且至今还被许多读者认为是所读过的最好的科普书。清华大学科技与社会研究中心的刘兵教授就是持有这种想法的读者之一。日前，该书的译者暴永宁先生由加拿大回到国内，而且，暴先生和《从一到无穷大》的责任编辑、科学出版社原编审吴伯泽先生最新合作翻译的《艺术与物理学》[刘兵主编的"大美译丛"（第一辑）之一]也即将出版，借此机会，本报约请刘兵教授对暴先生及吴先生进行了采访。话题就从《从一到无穷大》开始。

刘兵：暴先生，一开始，还是请您先谈谈当年翻译《从一到无穷大》的情况。

暴永宁：我是学物理出身，但"文化大革命"期间根本没条件搞物理，

---

* 本文原载于2001年6月13日《中华读书报》，原标题为"从《从一到无穷大》到《艺术与物理学》"。

钻研学问，后来自学了英语，就产生了一个朦胧的想法：也许把物理和英语结合起来能做点事。1974 年左右，我在天津图书馆看书，当时对许多书还未完全开禁，因为我那时认识图书馆的一个馆员，另外大家对外文不太懂，对科学书控制也不太严格，所以我才得以看到一些原版的科学书。很偶然地，我看到了伽莫夫（当时译作盖莫夫）的《从一到无穷大》，觉得在所有那些书里，就数这本最好看，就有了把它翻译过来的想法。1976 年，唐山大地震，我就在防震棚里译这本书，译完后寄给了科学出版社，没想到他们很快接受了这份书稿。当时，负责该书出版的就是吴伯泽先生。我是第一次译书，吴先生下了很大功夫给润色、修改。

吴伯泽：除了一般性的编辑工作以外，当时出版界对一些政治问题特别注意。记得《从一到无穷大》的开头就写到有一位匈牙利的贵族云云，因为当时中国与匈牙利的关系还比较紧张，所以"匈牙利"三个字比较敏感，后来就改成了某外国贵族的表达方式。

刘兵：现在，一般的科普书印量不过 1 万册左右，《从一到无穷大》首印就是 55 万册，今天的出版者和读者都是无法想象的，您能否讲一下这背后的奥妙？

吴伯泽：这个，年轻的朋友可能不了解。那时主要是新华书店发行，下面征订了多少，出版社就印多少。当时"文化大革命"刚刚结束，整个的情况是"书荒"，稍稍好一点的书就可以印几十万册。实际上，这个"高峰"过去，图书的销售很快出现了一个极低的"低谷"。到 80 年代中期，有的书征订数上来可能只有几十册、几百册，都无法开印。1984 年，科学出版社接到了商务印书馆（香港）的电话，说《从一到无穷大》被评为当年的"十佳科普读物"。我们把版权卖给了香港，印了 4000 册。看到香港的评价都这么好，我们就决定重印这本书，结果征订数上来，只有 2500 册。

暴永宁：还有一个好消息。听说目前科学出版社正准备重印这本书，相信不久国内年轻的读者也可以读到这本书了。

伽莫夫在今天也会考虑视觉效果

刘兵：经过这么多年，您从国外回来，又参与到科普书的翻译工作中来，看到了国内科普图书出版的情况，您有什么感觉？

暴永宁：这次回来，感觉国内的变化确实很大，颇有点"山中方一日，世上已千年"的感慨。我到北京王府井书店、西单图书大厦都看了看，发现现在出版的书品种之多真是令人惊讶。在加拿大有一家号称世界上最大的书城，我常去，我看相比而言，规模都没有西单图书大厦大。在书店里，我看到读者很多，年轻人也特别多，看各种书的人都有。与出版《从一到无穷大》那时相比，变化很大，所以我心里感觉很热乎，有这么好的读者，我真应该为他们做一些贡献。这次被你们"考古发掘"出来，又参与到科普书的翻译事业中来，我也觉得特兴奋。

刘兵：不过与过去相比，也有一个问题，像《从一到无穷大》那时能发行 55 万册，而今天的大多数科普书销量不过一两万册，不可能达到那时的那种辉煌。

暴永宁：这个可能和国外的情况比较相似。您得承认，从国外来看，最好的头脑（best brain）都去从事电影、电视或者科幻工作了，因为这里有最多的观众和读者。当然，那边的读者也还是看书的。自 20 世纪 30 年代起，世界上涌现出许多科学大师，像爱因斯坦、玻尔等，他们不但对科学的影响很大，对哲学、社会也有很大影响，很多人非常爱看相关的图书。到 60 年代，电视的兴起有点取代了图书的地位，很多人开始通过电视、电影、录像带了解许多东西。

刘兵：那么我们设想，如果伽莫夫写作的年代已经像现在这样，那么他写《从一到无穷大》是否还会采取原来的形式，是否他会写一本电子化的书，或者干脆制作一盘录像带呢？

暴永宁：他倒未必会这样做，但肯定会使自己的书成为有视觉效果的。

比如卡尔·萨根,他是很著名的科普作家,但他最知名的、千家万户都知道的是他自编自导的电视系列片《宇宙》。该电视片在 60 多个国家和地区播放,观众达 5 亿。克莱顿的科幻小说《侏罗纪公园》《失落的世界》在国外之所以有那么大影响,也是在改编成电影之后。像著名的小说家史蒂芬·金,他的作品也是每写一部,很快就会被拍成电影。这里就有一个图书与现代传媒结合的问题。可惜的是,史蒂芬·金的作品引进国内以后,缺少一个好译本,大家的胃口被糟糕的翻译给倒了,所以史蒂芬·金没能在中国热起来。

刘兵:我想《从一大无穷大》如果像今天这样被有的译者乱翻一通,也可能就被糟践了。

翻译:字典不离手,冷汗不离身

刘兵:您对目前国内一些翻译图书的译文状况怎么看?

暴永宁:我没有很认真地一本一本地去阅读,也没有一一查对原文。我总的一个感觉是,现在的翻译大多还是比较通顺的,而且一个明显的趋势是,大家较多地采用直译,不太强调文字上的雕琢。我想直译是有道理的,一是能够保证翻译的速度;二是现在很多事情发展比较快,过于雕琢的译法其实也容易过时。比如 tattoo 译作“刺青”,可是过些时候别的颜色的文身也出来了,再讲“刺青”可能就有些不合适了。像现在 platform 直译为“平台”,计算机的 menu 直译为“菜单”,我想都还是可取的。我认为,在这种只求“信”的直译与追求“雅”的雕琢之间如何寻求一个恰当的平衡点,是很值得研究的。

刘兵:我现在有时自己也从事翻译工作,我的一些学生也翻译一些东西,因此我想请教您一个很细节的问题:您在搞翻译时是怎样使用字典的?

暴永宁:这就是鲁迅先生说的“字典不离手,冷汗不离身”。第一是选择版本的问题，像我当时查字典首先选择科学出版社、上海辞书出版社出版的，它们出版的字典的权威性高，其次才是别的一些字典。第二是拿到一篇东西，不能拿起来就译，首先是要通读，看懂，对某个词拿不准或者有怀疑时，就必须查字典，然后再根据上下文关系确定究竟应该怎么译。或许，国内现如今不容易这么从容，因为竞争很激烈，大家都在赶着出活。

刘兵：那当时译稿到了出版社之后，编辑对译稿的加工情况如何？

暴永宁：当时吴先生给改了不少地方，我拿回来一条一条进行对照，对吴先生的改动还是非常折服的。我翻译没有经验，有时前后照应不到；有时有的注释拿不准，就跳过去了，吴先生都给完善了。

刘兵：十多年前，我也曾有幸遇到过这样细心而且对年轻作者既尊重又负责的老编辑，留下了极深刻的印象。那么吴先生，您当时拿到暴先生的译稿之后，和平常接触的译稿相比有什么不同的感受？

吴伯泽：过去，我处理译稿主要是专业书，像我翻译的《量子力学原理》等，和科普书的情况是不同的。这些专业书的翻译错误是不少的，不过它是给搞物理的专业人员看的，有点错误读者也能自己看出来。但科普书就不能在科学上出问题，如果出问题就会误人子弟。当时我接触的译者中，暴先生就是最好的译者。

伽莫夫胜过阿西莫夫

刘兵：当时，《从一到无穷大》和伽莫夫的《物理世界奇遇记》联袂推出，也是"文化大革命"以后最先引进出版的两本科普书，有人说它几乎对一代读者具有决定性的影响和启蒙的作用。对此说法您怎样看？

暴永宁：在我读过的科普书中，我认为《从一到无穷大》确实是最好的。阿西莫夫的书那时也看到了，他的书像大炮轰炸似的，信息很密集，讲得很清楚，把什么都告诉给了读者，但让人思考、回想的东西不太多。伽莫夫的书更有趣，更能启发人思考。直到现在，在对伽莫夫和阿西莫夫的评价上，我认为伽莫夫远在阿西莫夫之上，尽管现在科普界对阿西莫夫非常推崇。伽莫夫毕竟是一位科学家，他是"大爆炸"理论的提出者之一；而阿西莫夫更像一位老师，他能把别人的东西很清楚地告诉读者，这是阿西莫夫的天才之处。像法拉第、法布尔等许多大科学家写作的科普书都有与伽莫夫同样的特质。

刘兵：可是同样也有许多科学家写作的科普书并不成功。那么，是否科学家要胜任科普写作要求有一定的附加条件呢？

吴伯泽：阿西莫夫是把很多很多的知识，分门别类，一条线讲下来；而伽莫夫则给人以悬念，他也讲一些知识，但他不是和盘托出，而是告诉你这些知识是怎样发明发现的，像是侦探小说似的，带领读者探索和思考。

刘兵：我想是否有这样一个因素，伽莫夫个人在文学、艺术方面的修养发挥了重要作用。早年，伽莫夫在哥本哈根学派里，本来就以幽默、多才闻名，包括他画漫画，以身边的科学家和科学家的发现为题材写模仿《浮士德》的戏剧，搞各种各样的恶作剧，等等，是否这些经历与他后来科普写作上的成功有很大关系？

暴永宁：我想是的。

吴伯泽：伽莫夫书中的插图都是他自己画的，像"醉鬼"等，很幽默，真让人佩服。

艺术与物理学：一种令人惊讶的联系

刘兵：在翻译《从一到无穷大》二十多年之后，两位老先生又重操旧业，再度合作，应邀翻译吉林人民出版社"大美译丛"里的《艺术与物理学》（该书将于近期出版），对此，我作为该套书的主编，在这里要再次表示感谢。请问，您对这本刚刚译完的新书有什么感想？

暴永宁：这本书我觉得与《从一到无穷大》有所不同。《艺术与物理学》的作者是一名医生，他对艺术与物理学都有很深的造诣，他认为两者是相通的，他从这个角度去找各种各样的证据。不过两本书都给人以启发，让人感到很有趣，从这个角度看，这两本书都达到了科普的最高目的。科普不是给出一些定论，而是让人对科学感兴趣，让读者读完之后感到：原来科学是这样的，我长大以后，也要去从事科学研究，或者我虽然不搞科学，但我应该对它感兴趣。这是最好的科普。

刘兵：现在国内对于艺术与科学的问题也开始越来越关注了，而《艺术与物理学》恰恰是这方面有趣的新书。作为该书的译者之一，您对作者关于艺术与物理学之联系的看法有什么评价？

暴永宁：这本书的作者对艺术涉猎很广，对科学也很懂行，他的核心思想是，认为艺术与科学这两个南辕北辙的东西是相通的。艺术上不同的流派，与科学上不同的研究都有一些对应的共同的思想。这实际上有点像哲学，哲学认为，各种事物都是有关联的。这本书很好，很新颖，很好玩。读者读这本书，可能会有些吃惊：原来物理学与艺术有这么多的关联。

暴永宁、刘兵对谈录

对话《从一到无穷大》*

主持人（王巍教授）：尊敬的暴永宁先生、刘兵教授，各位来宾、老师、同学，大家晚上好！

我是清华大学国家大学生文化素质教育基地常务副主任王巍。非常欢迎大家出席今天晚上"邺架轩读书沙龙"第12期的活动，本期沙龙我们非常荣幸地邀请到暴永宁先生与刘兵先生对谈《从一到无穷大》这本书。

暴永宁先生1968年毕业于北京大学物理系，1981年获得中国科学技术大学理学硕士学位，1976年以来一直业余从事科学与科普著作的翻译工作，《从一到无穷大》就是他的经典译著之一。同时，他在《科学年鉴》《科学美国人》等著名科普杂志上发表多篇译文，并且将相当一批中国科学家的学术专著译为英文，介绍给国际学术界。

另一位嘉宾刘兵教授毕业于北京大学物理系，现在是我的同事，平时

---

* 此文系根据2019年5月7日晚在清华大学第12期"邺架轩读书沙龙"上的对话录音整理而成，收入本书时内容有修改。

我"怼"他也是"怼"惯了，所以一本正经地介绍他感觉怪怪的，常言讲"口服心不服"，实际上我对刘兵教授正相反，是属于"心服口不服"，所以我经常挤对他。刘兵教授出版有 16 本专著、10 本个人文集、6 本科普著作、8 本译著，发表学术论文 300 多篇，其他报刊文章 400 多篇，是非常多产的，所以很难得借此机会公开表扬一下他。

我们今天讨论暴永宁先生的经典译著《从一到无穷大》，这本书影响非常大，一言以蔽之，清华大学校长邱勇院士就是这本书的忠实读者，而且去年这个时候专门向清华大学所有新生赠送了这本书，据我所知，这一年来这本书在邺架轩书店也是高居畅销榜的前列。暴先生旅居加拿大，这次趁着暴永宁先生回国时我们特邀他参加这样一次活动。接下来，我们把时间交给本次沙龙的主讲嘉宾暴永宁先生和刘兵教授，大家欢迎！

访谈中的暴永宁（左）与刘兵

刘兵：今天这个活动非常难得，因为暴先生平常不在国内，正好我们赶在暴先生回国的时候举办这个活动。这本书应该说是很老的一本书了，它的原著出版距今应该有半个多世纪了，中译本的出版到今天也有40多年了。这么长的时间里，这本书是经得起考验的，是极其经典的。它是科普著作，其实现在我们往往对于"科普"这个说法有一些误解，觉得科普著作一般都是比较"小儿科"的、简单的，没有什么学术含量。这本书恰恰可以改变人们的这种观念，应该说它是中国改革开放以来最早出版的非常优秀的科普著作，我们今天读这本书仍然觉得它很有价值、很有启发性。

这本书在当时特定的历史条件下出版又有另一层重要的意义。在座的来宾如果看过这本书，就会看到我在序里写的一段感言。当时我像在座的很多同学一样是大一学生，几乎没有什么书可读，碰巧一位教高等数学的老师在大课上推荐了这本书，说这本书如何如何好，让我们找来读，我对此印象特别深刻。真正"操刀"翻译这本书的就是暴永宁先生，我觉得是不是让暴先生先讲一讲翻译这本书的缘起和当时的选择，这样一些历史故事甚至有点儿口述史的意味，过些年大家可能很难把握、追溯和了解这些情况了，我们借此机会也是一个回顾，也是一个记录。

暴永宁：谢谢刘兵先生，谢谢大家。先说一点题外话，因为不经常回国，回来就想去很多地方走走，见很多朋友，但受邀让我给清华的学子们讲一讲这本书，我没有犹豫就答应了。原因之一就是，我差点儿成为诸位的校友。我是天津人，上小学时第一次到北京来，去颐和园时路过北京大学，一看到北京大学的大红门我就被"俘虏"了，我说我将来得上这来。可惜当时没有看到清华大学这个门，很遗憾。到北京上了大学以后才知道当时清华大学有个主楼，现在看起来是很一般的了，但是在当时的大学里只有清华大学有那么一个大主楼，非常气派，我们从北京大学宿舍楼就能看到这个主楼，当时不光是我，很多同学都说应该上清华大学的。

说起这本书，时间就比较长了，我想到哪儿就说到哪儿。我上大学的时候也没有想过要搞翻译，那时候上物理系，脑子里想的都是物理、诺贝尔这些东西，而且我英语并不好。我上小学的时候看不懂《红楼梦》，英语也很初级，上了大学做吉米多维奇 3000 多道题就把我"俘虏"了，不知道现在还有没有。

刘兵：经典一直是经典，几十年前我在北京大学念书时也做吉米多维奇题。

暴永宁：所以就没有功夫弄外语。赶上"文化大革命"几年都没有念书，后来我到辽宁的黑沟公社中学教书。我在那里时，已经觉得物理搞不下去了，电都没有，更不用说实验室了。我白天教书，晚上回家，在办公室一角弄了一张床，烧柴火，学生拿的柴火很多是湿的，半夜冻醒了，就起来点油灯看书。我当时最贵的一本书，是郑易里的《英华大辞典》，5.2 元，就看那个，一页一页地翻，看完了没有其他书看，就再翻看这本书，结果就这么着把英语学起来了。

当时要说起来在山沟里有个好处，那个山沟里没有人干涉我，我要是在工厂里看两年书说不定还会惹来麻烦，可是山沟里顶多有人问你看什么，这是什么东西，他并不认识，所以我很安全地把这本辞典看了几遍。但是我发现，学生们、一般农民都有一种求知的欲望，需要文化生活。但是那个山沟里没有别的文化生活，只演样板戏，但是农民就是爱看。县里有个样板戏团下来演出《红灯记》，我们一看李铁梅和李奶奶都比李玉和高一大块，但是大家非常积极地看，骑着自行车或者走路，打着火把，到下一个演出地方去看。学生们很喜欢外面的世界，偷偷问我很多东西，比如那时候"阿波罗 11 号"上月球了，当时也许《人民日报》登了，但是很多小报不登，他们偷偷问我人怎么能上到月亮上去。还有很多其他问题，比如尼克松被弹劾了，他们也问我，当然他们不说"弹劾"，也不知道这个词，而是说"美国的主席不当了？谁能够不让主席当主席啊？"他们就有这种好奇的心理。

1974年我调回天津，也是在学校里教书，那时图书馆开始对公开放，每个学校发两张借书证，中文的和英文的各一张，英文的只有我一个人用，于是我就去天津图书馆翻，最后发现了这本书，一看就觉得这书挺好，就开始看。后来学生问了我很多东西，我也给他们讲了一些东西，看见他们听后眼睛都发亮。有一次写论文，让学生写自己最熟悉的老师，不少学生写的是我，都写"暴老师上课不拿讲义，拿粉笔就来了，写一黑板"。有一个学生写到"我没有想到物理那么有趣"。我当时觉得应该给这些孩子写一点东西，就想到搞翻译，但是没等到我开始动手翻译，图书馆又关了。现在想起来真不容易，很羡慕你们现在有这么好的一个读书环境，我有很多时间都浪费了，所以大家千万不要浪费时间。

1976年我把这本书拿出来翻，当时唐山发生大地震，天津被波及，大家都住地震棚，没有电，工厂、学校就自己发电，一会儿亮一会儿暗。我就在地震棚里翻译书，我还记得有好几页纸都滴上蜡油了。当时也没有想到自己的译著能出版，英文看是看懂了，但是翻译时确实理解程度大不一样的，翻译时就逼着自己深入思考，想各种可能性，找出逻辑上的关系，不一定对，但是你起码得有一个解释，这是我翻译书的基本原则。我不敢说自己翻译的东西都是对的，但是起码每一句话我都有一个解释，这是我给自己定的一个标准吧！翻译后我就发愁了，这本书给谁啊？我够不够水平？我当时在天津，天津出版社根本不出，当时我就想到科学普及出版社，一到北京发现科学普及出版社关了，我就想到科学出版社，但是它们能要我这种书吗？左想右想，硬着头皮，我从40多块钱工资里拿出2.9元坐火车来北京，把译稿送到科学出版社（出版社的大门跟北京大学一样也是大红门）。没想到两三个星期以后，这本书的校者吴伯泽先生（他现在故去了，我认为他是中国科普翻译的第一人）给我写了一封亲笔信，说你这本书经过我们研究，觉得修改以后可以达到出版水平，还给我寄了很多《科学年鉴》，我当时觉得比考上北京大学还要高兴，之前我考上北京大学也没有太当回事。可是我在山沟里熬了那么多年，又在地震棚里翻译了那么多年，这本书几经反复才有了今天的模样，我才觉得它特别珍贵。从那以后，我真正走上了科普翻译的道路，这本书是一个开头，而且我还认识了吴伯泽等这些老先生。当时大家几乎没有什么可看的书，在我之前出了阿西莫夫的《自然科学基础知识》，原来是一本，分成了四本出版。当时，出版社正在研究出版一些书，我正好"撞在枪口上"了，正想着书呢，你这就来了。但是我也知道自己的水平不高，因为这本书里牵涉的知识点非常多，比如像《圣经》的故事我根本不懂，不知道怎么回事，查也查不到，当时不太敢问别人，心有余悸，别问起来人家一板脸说"你这搞什么东西"，所以我挺为难。吴先生就说，放心，这点我给你把关。我确实佩服这些老先生，他们的功底比我强多了，我是业余的。跟这些人建立起联系后，我就将翻译一直搞下去了，还有点欲罢不能的意味。后来和很多人就一直合作，到现在我也在翻译一些书，觉得自己这一生没有虚度。

刘兵：谢谢暴先生这段很有特色、很有意思的回忆，我也没有想到，我刚才引起这样一个话题，原本是想简要了解一下相关背景，虽然国内刚出版这本书时我就读到了，但是此书出版前的那段历史我并不是很了解，今天也是第一次听说，我觉得这也是一个"意外"，甚至这个故事将来有可能会被写进中国科普史中，因为这本书特别经典。

我补充一点，暴先生的这段经历，在今天的大学生看来，会觉得很陌生、很奇异，比如那会儿到天津图书馆看书只有两张借书证。我们以前都有过这种经历，图书馆不是随便能进的，是受限制的，更不用说24小时开放了。我读研究生的时候是20世纪80年代初了，那会儿上图书馆也没有现在这样方便，当时我从南城骑车到位于中关村的中国科学院图书馆，还有北京图书馆，也就是现在的国家图书馆，查一大堆卡片，填一个借读条，然后递进去三个，开始等，一会儿出来说：有两本没有找到，一本你借吗？这一上午就没了，而且只能在那里翻，不能将书拿走，还得有借书证这类证件的许可，都是很难的。所以，那时跟大家现在的读书环境非常不一样。

吴伯泽先生对这本书做了校订，作为编辑他做出了很大的贡献。这本书的原作者是一位俄裔美籍物理学家，他写过不少书，都挺有特色。比如另外一本书叫《物理世界奇遇记》，也是科学出版社出版的，就是吴伯泽先生翻译的，是一本非常难得、很好看的书，在今天仍然具有相当的可读性。

我当时在大学刚选择读物理的时候，这个物理到底怎么样，我也是稀里糊涂的，那时候看到这样的作品，读到这本书，而且有这样好的翻译，改变了我在那个时期对物理学的理解，原来物理是这样的有趣，不像做习题那样枯燥。我当时曾有种冲动的想法，觉得也许将来读完大学要做一个编辑，出版更多这样好看的书，但是后来非常遗憾没有从事这个职业。尽管后来一直在大学里教书，但我还是尽量靠近这个职业，参与了一些出版工作。在这个过程中，又跟暴先生、吴先生打了很多交道。

我们再回过来，暴先生，现在又过了40年，现在上图书馆不用借书证了，我们可以看更多的书了，视野也更开阔了，人生的经历也丰富了，经过这段时间回过头再看这个书，您还有什么新的评价？

暴永宁：我在这本书某一版的译序里说了一句话，一本书好在哪？大家有不同的见解，有的说好在非常深，难懂，这是有水平的；有的说看了以后还想再看的，说得比较泛了。后来大家得到一个比较普遍的说法，真正的好书是越读越薄的。大伙儿看到开头一笑，觉得这怎么可能，但是后来就越来越觉得有道理，因为这本书读了多少遍以后你吃透了这个逻辑，这个线索一拎起来一串就出来了。从这点来说，《从一到无穷大》确实就有这个特点，别看它什么都谈，宇宙也谈，基本粒子也谈，数学也谈，海阔天空，但是都有内在的逻辑。这本书看完了以后过几天再来看，看到前面那个就能想到后面说的是什么，这本书就真正"读薄"了。

我觉得科普书有两大类，一类是以阿西莫夫为代表的，他的书很好，但是他的书就不能"读薄"了，因为他讲了很多知识，说得非常透彻，很通俗，但那不是他自己的研究成果，所以没有内在的逻辑性。《从一到无穷大》有逻辑性，有推理，涉及知识面特别广。我在国外待过一些年，觉得国内外教育有很大的不同。你看《从一到无穷大》这本书，作者的知识面太宽了，我想这个知识面，一个是他自己努力的结果，再一个是他受教育的结果。他在俄国长大，俄国有浓厚的文学氛围，出了多少作家和诗人啊！有这种基础，才能触类旁通，我觉得触类旁通很重要。如果有这种条件，特别是清华大学也有文科、艺术科了，我觉得应该多利用这些条件。当时在北京大学，我偷着上中文课、古典汉语课。以前清华是工科院校，现在几乎什么科都有了，有可能就多去听一听其他学科的课，有时候你真不知道自己将来能在哪个领域走通。当然有些人，比如小提琴家，我忘了是斯特恩还是海菲茨，小时候喜欢拉小提琴，他母亲带着他去见一位教授，他就给那位教授拉小提琴，教授觉得他拉得太好了，太喜欢他了，觉得他是个天才，就过来抱这个孩子。结果这个孩子拿胳膊肘一推，说道：你别妨碍我拉琴。这是天才。但是这种天才比较少，而且说实话，如果他没有碰到这个恩师，可能到死人家也不知道他是拉小提琴的天才。陈景润就是一个例子，他教书时学生不听他的，那是 20 世纪 50 年代，结果学校把他解雇了，他穷的没饭吃了，在街上摆摊卖旧书，熊庆来看到了他，想方设法把他弄到数学机构去，这才有了"1+2"，这种人是有，但是说实在的概率不太大。

另外一种人就适合面比较大，什么都感兴趣，不知道哪条路就走通了，我觉得这个概率还是比较大的。

刘兵：虽然前面跟暴先生也有很多合作，但是这样一种方式的交流今天还是第一次，我发现很有意思。您当年在物理系念书，听王力的古代汉语，当时我也挺"不务正业"的，我记得在北京大学听了几门课，我说的听课不是"蹭"一次课，而是从头到尾听。有叶朗讲的中国古典小说美学，谢冕讲的中国当代新诗，张世英讲的黑格尔《小逻辑》，哲学系的、中文系的课都听。当时我觉得在北京大学那个情形下，大家有兴趣去听课，那个机会很难得，但是现在要了解这些大人物只能看他们的书了。可能跟这种经历也有关系，后来我转行做科学史了，科学传播、科普研究等成了我的专业方向之一。我在这本书的序里写了一句话，"这是我看过的最好的一本科普书"，我觉得这句话到今天为止差不多还成立。刚才暴先生举了一个阿西莫夫的例子。阿西莫夫是美国非常著名的科普作家，也是一位科幻作家，他还写了很多科幻作品，包括《机器人学三定律》，阿西莫夫也在他的科幻作品里提到过，后来大家都当成准则式的理论了，包括我们讲恐怖组织基地什么的，基地那个名称就源自阿西莫夫的《基地》小说系列。当然阿西莫夫写了更多的科普著作，他一生写了几百本，他的书影响很大。跟伽莫夫相比，这两个人有什么差别？阿西莫夫是在把别人的知识真正理解，而且比较成功地通俗化普及，像上课一样教给你，让你很容易懂；伽莫夫在做科普的时候本身就有一种创造性，他不是简单地把已有的知识通俗化，即使在写科普表达的时候也可以把高深的知识以一种更有创造性的方式，而不是简单普及的通俗的方式向读者展示出来。我印象很深刻，刚开始读这本书的时候，我的基础知识学得不是特别多，一直特别纠结，比如这本书讲空间，讲拓扑，这是数学，到今天科普里偶尔还有这样一种说法，但是一直没有一位物理学家讲人体的拓扑。今天搞生物的人都知道，我们的人体其实是一个特殊的拓扑结构，你看着是一个整体，其实如果从你的嘴到食道到排泄口来看，这是另一个独立的空间，他甚至可以把这样一个连通的空间设想给反转过来。

暴永宁：这本书里的那些画，如果不是物理学家是画不出来的。

刘兵：他画的是基于对人体生理结构的理解，用拓扑学的方式描述人体生理结构的方式，用物理学家的眼光，再用艺术家的呈现方式表现出来。我当时看的似懂非懂，但是我觉得很有意思。他的知识面确实非常广，好像是信手拈来，他不是人云亦云，不是只把教科书一章一节的一个主题讲得通俗化，他是打破了那个东西。这样一种体现了一个大家、一个有思想的科普作家的创造性的科普写作，我觉得特别难得。在阿西莫夫和伽莫夫之间做比较的话，我肯定会优先选伽莫夫。

不仅这部作品，《物理世界奇遇记》也是一样。伽莫夫似乎在讲一个故事，要介绍一些微观世界的、高速世界的、相对论的、量子世界的东西，这些东西不好讲，他干脆就让一个被称为汤姆金斯先生的迷迷瞪瞪的小伙子爱上了教授的女儿，怎么才能追求到她？这是一位物理学教授，经常到各地做讲座，所以汤姆金斯先生就表现得很积极，跟着理想中的老丈人，去听他的讲座，但又听不懂，每次听讲座必打瞌睡，然后就开始做梦，在梦里把那些微观的世界放大，把高速的运动拉慢。按常规讲述这些东西是很难讲清楚的，因为我们知道宏观的东西在微观世界中不太适用，那些高速的东西也很难想象，伽莫夫把它放在这么一个场景里，又是有趣的东西，又可以在梦里很自由地处理，进行非常形象化的展示，那也是非常有创意的。当然每次讲到最后迷迷糊糊、似懂非懂的时候，讲座完了，他也醒了。

他写这个东西是有自己的创造性的，有大家的思考，而不是简单的"小儿科"的科普，我觉得这是有思想的科普，我不知道您是否同意我这样的感觉。

暴永宁：我觉得伽莫夫能做到这一点和他的经历很有关系，他在尼尔斯·玻尔的哥本哈根学派待了很长时间，玻尔看中了他的才气，他本来在列宁格勒大学，他的才能被玻尔发现了，玻尔出钱把他留下来，他说我简直上了四重天了，就没有回去。玻尔原子大家都知道了，玻尔领导了一批人，跟他们非常亲近，关系非常融洽。20 世纪 30 年代诺贝尔奖几乎都被哥本哈根学派的人拿了，狄拉克这些人都是在他那里，他那里有一个特点，大家在一起海阔天空的什么都聊，其实不光是聊物理，什么都聊，还开玩笑，比如泡利这个人理论非常强，但是手非常笨。

刘兵：物理学有个泡利效应，就是说他不仅自己做什么这样，甚至于说如果别人做一个实验，他经过这个旁边都会对那个实验产生干扰，所以有时候科学家做一个实验没有做好，就先考虑是不是泡利从这儿路过了。

暴永宁：有这种气氛，比如说牛仔都要在决斗中出枪，为什么好人总是后发先至把对方干掉了，他们都要讨论，这种气氛下，我的无心之说也可能对你就有启发，这点我们也应该考虑。我上研究生的时候，我那几个北大的同学，也有人提过我们也要搞一个讨论班，但是搞了几个星期搞不下去了，不管什么原因吧，我希望咱们这儿能有。有一个电视剧，叫《生活大爆炸》。你看他们几个志同道合的总坐在一起，什么都聊，聊科技，也聊其他的。我觉得真是很不错的方式。

刘兵：暴先生又提到一个有意思的背景，作者伽莫夫的出身跟哥本哈根学派有关系，这又回到物理学史的一个背景，如果你们关心这段科学史的话，比如今天的嘉宾方在庆教授也是研究这段量子物理学史的。这段也跟科学史有关系，玻尔是哥本哈根的精神领袖，历史上有很多关于他的记载。举例来说，量子力学特别关心的问题，就是观测者的存在对于结果的影响，包括不确定性原理，都离不开测量和观测者。当时玻尔有一个很有意思的故事，他跟弟子们一块去看西部片，他对这个电影的评论渗透了他对物理学观测类似问题的理解，他说那个西部片很烂，为什么？情节不可信，为什么总是好人先发后至把对方干掉了？为什么美女落难时出现英雄的牛仔？这些都不可信，他说这些我还都认了，最让我无法相信的是，当这一切发生时，怎么会有一个人拿着摄影机把这个东西拍下来，他评价这个牛仔电影，其实是渗透着物理学的观察。伽莫夫是多才多艺的，比如他自己画漫画，画得非常漂亮。

我认为，这本书写得好，不是因为他的原创性的科学成就，那个是他成就的一个背景、一个标志，更多的是由于他非原创的科学成就的很杂的视野、兴趣。这对于写科普书来说更加重要，因为科普书要求的创新性跟科学成就在一个尖端的问题上，不管是大爆炸还是生物密码，要求是不一样的，我觉得科普书的成功，是因为这些。比如伽莫夫画的漫画很有特色，他的漫画其实在科学史上也可以有一席之地的。苏联有一位大科学家朗道，他的一幅特别著名的漫画，就是伽莫夫画的。朗道就以讲课别人都听不懂而闻名，伽莫夫画的朗道站在那儿，像天使一样闭着眼，后面点着油灯，底下一群人稀里糊涂的，这都是伽莫夫的杰作。

暴永宁：平心而论，像《从一到无穷大》和《物理世界奇遇记》，你们提到的物理相对论方面，有写得比他好的，但是在整个贯通方面，特别是数学方面，我是太佩服他在这些部分的才能了，一般人做科普都是躲开数学来谈科普，而这本书就谈数学，而且像无穷极数这些东西，我真没看过比他写得再好的了，而且水平差一大截，这点非常令人佩服，后来能出来谈数学的科普好的，华罗庚写过，而且以前出过一套丛书。其他的科普就得躲开数学写，其实数学太重要了，倒不是说数学教你怎么把微积分算出来，现在我可能做不出几道微积分题来了，但是这给了我一套思考的逻辑，我不敢说别的，我的文学根底不强，完全是自学，但是我觉得自己的特长就是逻辑性比较强，这就是数学弄出来的。吉米多维奇题做了一大半，现在做不了，但是逻辑留下来了，青年学子们真应该培养逻辑性。现在有人写的东西，写到后面自己都不知道跑哪儿去了，这是一个遗憾。

刘兵：这个也有人曾经有过类似的总结。这种所谓的逻辑性很强的思维模式、表达模式，其实恰恰可能是一个物理训练的特点之一吧！我们现在看到的这本书的这个版本，后来李言荣院士写的序里有一点可以商榷。他说适合中学生看，我个人觉得，虽然现在中学生比过去更聪明了，这个无可否认，他们比我们那个时代聪明，习题做的也多，恨不得中学就开始做吉米多维奇题了，但是我觉得中学时就看这本书还是有相当的难度的。换句话说，往上移一点，如果是到大学的水准，到大学二三年级再看这本书也许更适合一些，从这个意义上来说，他对这个阶段读者的思维方式的影响也可能更大一些。

换句话说，因为陆续有关于这本书的很多回忆，有很多的反响，包括到今天五六十岁这波人，就是像当年我上大学开始读这本书那样，对这本书有很多的回忆性评价。但是这些人为什么有这么深刻的印象，他们在读这本书时是什么样的水准层次？所以清华大学校长送给大一新生这本书，让他们读这本书，我觉得是很好的，恰恰是这个阶段想法和视角的关联，也体现了今天强调的通识，换句话说，在科学各个交叉学科之内打通的意识。

暴永宁：中学生当然也可以看，但是看的层次不一样。

刘兵：咱们今天聊了不少这本书了，我再补充一点，如果找一些跟伽莫夫类似的作家，比如我可能会想到费曼，但是遗憾的是二人还是有点差别，费曼除了他那两本自传以外没怎么写科普，或者说他写的科普太高端了，要看《费曼物理学讲义》，上大学物理课都是挑战性的课程，但是那种创造性思维有点像。

暴永宁：苏联的别莱利曼，他写得有点像《十万个为什么》，但是他叙述的我挺喜欢，还有《物理学之"道"》。

刘兵：你讲到这个就属于另类的物理学科普，除了《物理学之"道"》，还有《物理之舞》。

暴永宁：还有《飞行马戏团》我觉得还是可以的，但是好像都跟这个不完全等量齐观。

刘兵：所以这本书在科普史上占有很难逾越的、很经典的地位。你翻译这本书就更是仔细阅读的过程了，这个过程对您自己有什么影响？因为那时候您也还年轻，现在已经年事很高了。

暴永宁：76 岁。

刘兵：有没有可分享的，读了这样的书，对您有什么意义或者改变？

暴永宁：当时想法很多了。印象最深的是，我急于把这本书介绍给我的学生，让他们来看。有几个学生看了以后决定要学物理，我跟他们说别学物理，你去学工科，确实他们也都去学了工科，有几个学得还不错。理论这个东西真得从小有这么一个基础，我看了这个书以后，当时就是想要让学生和朋友都喜欢科学，我自己也喜欢科学，后来等于学文了吧，但是弄了这本书以后我自己弄清了很多东西，特别是对物理和数学，甚至生物学，我特别佩服伽莫夫对生物学内容的叙述。实际上他要是能得诺贝尔奖很可能不是得物理学奖，而是得生物学、生理学或医学奖，因为他那个密码理论就等于现在的遗传密码。我认识到，物理和其他东西，包括数学，整个物理世界是贯通的，我自己通过将这本书"读薄"，把其他很多书也"读薄"了。上大学时记了很多笔记，到后来看起来真的有大概 1/3 就够了，没有必要记那么多，但是当时没有掌握那么多东西。

刘兵：我觉得这个也不一定，有时候事后看，举例来说，一顿饭吃三个馒头，不能说头两个白吃了，这个过程还是必要的。有些东西你读了以后对你思维的想法上的影响可能是潜移默化的，但你还是可以感觉到它是有形的烙印，记忆的影响跟更加无形的、更加潜移默化的影响比起来，可能后者的意义更大、更深刻一些。

刘兵：今天很多人来这儿，对这本书、对作者还是有兴趣的，我觉得让他们交流提问吧！

主持人：非常感谢两位嘉宾的对谈。两位嘉宾讨论中间都分别提到本书作者伽莫夫怎样触类旁通和通识教育的重要性，我们听了特别高兴，因为清华大学国家大学生文化素质基地就是负责清华大学通识教育的，刚才两位校友都回忆了在北京大学怎么"偷偷摸摸"上王力先生的课。

刘兵：不是偷偷摸摸，我当时为了上张士英的"小逻辑"，逃了一门专业必修课"固体物理学"，"固体物理学"我完全是自修后去考试的，这个不是偷偷摸摸的。

主持人：至少是旁听的。在清华大学正好相反，对所有本科生来讲，文化素质课不修满13学分就没法毕业。在清华大学，不会游泳也不能毕业，所以两位北大校友的孙子辈考大学时可以考虑一下清华大学。我们今天这个机会非常难得，所以还是把更多的时间留给现场的嘉宾，先看哪位同学或者老师有问题。

提问 1：刘兵教授您好！您刚才提到伽莫夫有可以把不同知识串联起来的非常神奇的能力，还能把这个表达出去，可以让别人感受到这种串联。如果想要自己建立这种串联并表达的话，怎样培养这样的能力？

刘兵：这个问题很具体，恰恰是应该展开来说的，也是我一直对类似这种书推荐所关注的。我觉得所谓创新，现在有一些误区，个人观点仅供参考。我们以往过于注重方法论，好像一讲创造就有一个路径依赖，比如说写一个课题报告，你要写研究的路径，搞什么思维导图；比如一些同学听人文类的课，被过去训练的专业化不感兴趣，但是一听方法论就感兴趣了。其实我觉得这是一种幻觉，创造性之所以难和有意义，就在于它没有一套标准的程序化的方法可以依赖。但是有更宽泛的东西，换句话说，这种创造性是在各种可能性之中实现的，不是人人顺着这个路径都能创造出来的，有偶然性、有可能性，但是大致是这个方向，比如刚才讲的通识。

讲到伽莫夫我补充一下，其实伽莫夫还有一本自传，很有意思，很重要。通过书名都能感觉到他思维上的蛛丝马迹，他是物理学家，他的自传用了一个物理概念，叫作"世界线"。他用"我的世界线"作为自传的名字，很贴切，因为每个人的世界线都是独一无二的，他恰恰用这样的概念串起来，来描述他自己的东西，这都是有象征意味的。换句话说，可能你有意识地不把自己的视野局限在特别狭窄的范围，你尝试着总是在关联的网络中进行思考，为什么我们强调通识？通识就是给你铺垫一个更宽阔的视野、一个网络、一个基础，没有这个基础，你就只能在很窄的尖里钻来钻去，那非常有限。

伽莫夫的成就是一流，你看这本书好看，但是这本书并没有真正突出讲他自己最一流的、直接的贡献，他是有了这样一个视野去思考其他的东西，在科普的意义上也给出一个像他在科研意义上的创造。我觉得这是一个很思维模式化的、有特点的东西。我有时候上课会举一个例子，我们说以往人要有创造性，什么叫规则？大家看金庸的小说，很好看，但是金庸的小说不是按照惯常的规则写的。按照惯常的规则，武林高手一定是练到白胡子老头才能积累起内功，但是那样的话，没有年轻的主人公谈恋爱争风吃醋的剧情，就不好看了，年轻人看小说得需要这样的，他又得是武林高手，怎么办？这些人都得有异常的奇遇，要不然掉哪个坑里，要不然让谁灌了一肚子内力，要不然找到秘籍，其实这是一种取巧的想法，在小说里可以。现实中，如果我们想在学习方法上找到一个诀窍马上怎么样，实际上恰恰现实中没有这种诀窍和方法，要是练武功奔着金庸小说的套路，逮着坑就往里跳，那么即使摔死了，秘籍也没有找到。但是可能有的方式，就是大家经验的积累，就是更广的视野打通，我觉得通识教育本身就是跨学科的。因为本来自然界没有学科，伽莫夫写这本书也是，有物理学、化学、生物学，你看图书馆外面有棵树，哪个学科都不是，但是物理学家从物理学的视角研究，化学家从化学的视角研究，对象都是那棵树，伽莫夫为什么能够打通？他打破了过去人们习惯的权宜性的学科壁垒的意识，这种模式可能恰恰跟你说的想法的追求有一定的关联。

暴永宁：前几年流行过一套叫"科学学"，现在好像大家对这个都不太感兴趣了，因为你要真正研究科学往往都是别人没有做过的，要别人做过的你可能是个好老师，但未必是科学家。

提问 2：我有两个问题，第一个问题问暴老师，国内引进版的科普图书数量越来越多，规模越来越大，翻译质量是非常重要的，您作为科普图书的译者，对有志于从事这方面的人有什么意见或者建议？

第二个问题是问刘老师的，现在引进版的科普图书越来越多，从某种程度上是指原创科普图书乏力，而且今年全国两会上有代表给全国人大提议呼吁我们重视原创科普图书的创作。他去调查的时候说，原创科普乏力有很大一部分归结于高校并不把这个作为教师的课题成果，不作为考核的目标，也跟翻译的稿费过低有关。您能否从扶持原创科普图书创作的角度谈一谈自己的看法？

暴永宁：我先谈谈我的几点看法。现在翻译的书比以前多了，但是我的感觉是良莠不齐，我回国后很多的时间都去图书馆看，觉得很多书看几页就看不下去了，特别是翻译书。我不知道大家的情况怎么样，也可能是因为我出国的时间比较长，语言有点脱节了，看现代语言什么"卖萌"之类的我都不懂。这可能也是一个原因。但另一个原因，是不是也源于大家急功近利？出版社要出好书，但是出版社要盈利、要生存。现在很多人抱怨稿费太低，所以我就只好快点，"萝卜快了不洗泥"。现在完全靠写作或翻译生存的人恐怕不太多，我问了几个人都是业余在搞，什么原因？不说自明。我觉得出版社要以书养书，做一些普通书，但是有市场效应，我拿这个钱不是完全为了发工资、奖金，我还要出几本好书，这个现在恐怕是比较现实能够解决的办法。不是说提高稿费，提高稿费也可能只是一部分人能够好，也未必每个人都这样，因为现在有这个心态，养廉人，银子发了他还不廉。出版社比较现实的就是以书养书，也许能够行。另一方面要加强宣传，起码物质上满足不了精神上也要满足。当时译《艺术与物理学》这本书时我在加拿大，找到吴伯泽先生翻译，他年纪大，翻译速度比较慢，他说我推荐一个人，就推荐的我。当时出版社说他在加拿大还能翻译这个书吗？言下之意就是这边钱给的太少，加拿大那边工资比较高。

吴先生说，我估计他能回来翻译。我扪心自问，因为我当时已经不愁经济了，孩子也工作了，有收入了，我就回来了，而且回来这边我还做外交工作，也有收入，虽然没有加拿大高，但是我已经无所谓了，没有后顾之忧了，不像你们又要养房子，还得留钱看病，还有教育问题。

我译那本书挺吃苦的，特别是地震棚里点着蜡烛，除了这种感情别的都是其次。但先决条件是我不靠它养活自己，如果真靠这个吃饭恐怕我也不干了，因为活不下去了怎么干？这是一个系统工程，涉及国家政策等，再有就是译者自己的意识。

刘兵：您刚才讲这个让我又想起来了，其实是多种因素，包括译者的情怀，包括您讲的地震棚，让我想起我的导师的译作《爱因斯坦文集》，就是他当年在农村的油灯下译出来的，三卷本。

我倒是想给暴先生提个问题，我从另外一个角度说一下翻译的水准，不考虑经济的和其他的因素，只是从翻译的背景、能力、技巧来说。第一跟人才培养有关，就是跟人才的通识性、打通的那种欠缺关系很大。换句话说，翻译这个有科学的东西，你就得了解科学的东西，还有外语问题，其实翻译是很复杂的事情。我们现在有时候组织策划，找译者，至少找我心目中理想的译者特难。但是你看今天培养了多少外语人才，为什么那些专业学外语的人译出来的并不理想，我觉得一个原因是他们中文不好。跟联合国现场的同声传译不一样，你不懂这个问题，你有这个兴趣可以查阅各种材料，这个问题就有可能解决，但是即使解决了，你能不能用地道的、准确的、合理的中文表达出来，这跟你译本的好坏质量关系很大，而现在大量学外语的人中文不行，光懂外语没用。

第二个你刚才说的问题，我略微唱点儿反调，我有不同的说法。确实我们引进的东西很多，原创很弱，我同意，原创为什么弱？也跟我们的通识教育、专业化背景等有关。应该改进，但是怎么改进？比如刚才说用政策性文件要求科研人员必须做什么，我对这个事儿略有不同的说法。我觉得科研人员可以不写科普，为什么？他不是那个专业，写也写不好，应该强调的是建立专业化的科普创作的训练，而不是强行让科研人员以业余的身份被迫地去写。院士该不该写科普？当然，你有社会责任承担，又有能力写得很好，但是没有那个能力，你非让他写，写出来不好看，他难受你也难受，出版社又赔钱，干吗啊？国外有个职业是科普作家，我们这儿没有这个职业，这些人才是真正能写好科普的人，其实从这个意义上来说，伽莫夫是个例外，你看国外的顶级大科学家也不是人人都写科普，他们没有要求所有的大科学家都写科普。所以，我对强行要求科研人员必须写科普这个事儿，无论从操作上还是效果上都有一点质疑。

提问 3：我没有具体的问题。两位老师讲的我很喜欢，所以我就想讲一下我现在印象比较深刻的想法，两位可以就我的想法提出任何的疑问或者你们的见解。

首先比较感动的是暴先生做翻译的初衷是想把这个传递给学生，自己懂了有很想传递下去的心，开始了这个事业，初心和后面所做事情的结果最起码自己心里很满足。因为两位老师刚才讲到了伽莫夫，我的理解是，他可以把自己理解的科普在写作过程中又创作了一遍，这是和阿西莫夫不同的地方。他可能懂的很多，刚好都有接触，所以在融汇的过程中，他把自己的思路创造了一遍，这个写作过程是他再开发自己的过程，我觉得这是他和其他作家不一样的地方。

刘兵：我觉得你表达得挺清楚的。

提问 4：我记得一位老师以前给了一个建议，如果你想做翻译最好不要去学英语专业，他说你学其他专业，他指的是要了解更多其他专业的知识然后做翻译会做得更好。刘老师讲到让科研人员写科普文章，我以前没有想到这点，我突然察觉到原来大家都有科普的需要，非得让人去写是一回事，他不是自己愿意去做的。我觉得如果他自己有这种想法，或者是他学识到了，或者在中国的体制下大家不是专门研究一点，各方面都涉猎，这个科普书会写得更好看。两位老师有想法吗？

暴永宁：我这说的未必跟你的完全合拍。一个人要尽量多接触，现在这个条件是有的，但是还得舍得放下。我刚上大学吃过这个苦，因为一进大学一个个都挺厉害，有一个广州来的，能下盲棋，就是走路车几进几啊，我说真不错，忽悠拿着几个棋谱看。另外一个人讲军事，讲得头头是道，我不懂啊，也去图书馆借这些来看。结果另外的一个人，高考成绩大概是全国第二名吧，来两个星期了我都不知道他长什么样，为什么？天没亮人家就念书去了，晚上十点熄灯，熄灯以后才回来，我想我也得这样，结果累的够呛。后来我发现不行，这么搞下去不行，放下，舍得放下，然后觉得这个东西我喜欢，而且确实有一定的天赋，还得讲有天赋的，然后这条路我就走下去，当然我最后走得不对，后来在"文化大革命"期间把那本英语辞典看下来了。现在条件好了，多去学，什么课都听，清华那么好的条件，再有就是不要什么都学，不可能的，就是得放得下。

再有写作跟翻译有很大的区别，当然都需要下苦功夫，写作难得有一个思维能捕捉到好的题材，别的人没有想到，或者想得没有那么深，这是作家的特点。翻译是一定要坐得住，有知识面，而且要会查资料，比如小说，老舍就写北京人，写上海人肯定写得不像样，上海人就是王安忆这些人来写适合。但是翻译不可能什么都做得到，这边来段《圣经》，那边来个莎士比亚，你不可能都知道这个知识，真得坐得住。作家可以没事儿到公园去坐坐，到茶馆去坐坐，不是去喝茶，而是去找素材，但是翻译坐茶馆未必能坐得出来，你得知道自己的特点，一旦认准了就别后悔了。

刘兵：你前面先讲了钦佩暴先生的动机，跟学生分享这样一个好的东西。我觉得分享这个事儿可以是很高尚的，也可以是很正常人的心态。比如你发朋友圈也是一种分享，但是这种分享你也有获益，你得到几句赞扬，吐槽几句，刷一刷存在感，别人也看到一些信息。人无远虑必有近忧，人的目标不是光放长线只钓一条鱼，只有一个远期的莫名其妙的目标，其实具体为了达到那个目标，人们还是要生存的，还是要有近期的现实的东西，这里关键是一个人处理的妥协度和分寸在哪里。如果把全部赌注都押在近期没有远期的，那么即使有了近期的选择也不长远，但是光有虚无缥缈的远期的东西，你还没到远期就饿死了，我觉得这不矛盾。但不是说只有一种模式，只是一根筋，要不然全部功利，要不然全部不功利。通识不等于无限，我们的精力和时间不能把所有的书都读了，在图书馆博览群书，清华大学图书馆里的书你能读百分之几，一辈子只读书也读不了多少，因为书太多，知识太多，但是在这里也有选择和搭配。但是这并不意味着我只钻一个牛角尖，还是一个妥协和调整。最重要的是，当你看这本书看那本书，我觉得现在的一个目的是，我们因为生存和工作需要看书的动机没有问题，我们缺的是非功利阅读的时间和投入。对一个读书人来说最幸福的，应该是不为了什么，我只为了高兴，我看见这个好事儿，我不是拿这个卖钱、发文章、交课题，我只是读着高兴，这样的阅读其实是对心灵的滋养。休闲是为了什么？是舒服、是调整，当然把休闲拿去工作不是可以做更多工作吗？那是另外一件事了。但是这种非功利阅读的时间越来越少，这是整个大环境，也是现代化让生活节奏更加快的弊端。包括读伽莫夫这本书能不能当成非功利性地读，不是为了学习科学精神、科学方法、科学知识，我只是为了享受那样一个大家创造性的启发，一种奇特、一种美感或者一种什么，这样读也许是一种更好的阅读状态。

暴永宁：即使是这样，也是凡有所学皆成性格，但不是一朝一夕就成了性格的。

主持人：再次感谢两位嘉宾的精彩分享，我们今天的讨论不仅是深入分享了《从一到无穷大》这本书，而且两位嘉宾花了非常多的时间讨论通识教育。我个人觉得他们对通识教育理解之深和讲得之好超过我这个常务副主任，尤其是刘兵主任，可以考虑把他作为我的接班人培养。当然两位嘉宾更重要的身份，就是他们是为中国科普事业做出了重要贡献的两位学者：暴先生做了大量的翻译工作，刘兵教授本人进行了大量创作，他也是中国科协-清华大学科学技术传播与普及研究中心主任，在这里我们再次以掌声向两位科普工作者表示敬意。

我们今天的沙龙到此结束，谢谢大家！

纪念吴伯泽

我与一位可敬前辈的交往点滴*

4月13日晚，本来在与朋友聚会，兴高采烈之际，忽然收到一条短信，告诉我吴伯泽先生去世的消息，心情一下子悲伤沉重起来，过去与吴老先生交往中的一些事情，也一幕幕地浮现在脑海中。处理完日常杂事之后，虽然已是凌晨，但还是止不住写下了这篇回忆文字，以寄悼念之情。

我真正见到吴老先生（而且是一见如故），其实也只有几年的时间。但回想起来，最初与吴老先生有关的事，却可以追溯到二十多年前：在那时，我读到了吴老先生编辑和翻译的两本书，而且两本书都令我终生难忘。一本是《从一到无穷大》，由暴永宁先生翻译、由他编辑（但当时我并不知道这一点，因为当时连责任编辑的姓名都没有印在书上）；另一本是由他本人翻译的《物理世界奇遇记》。至今，我仍保留着这两本书的初版本。后来，曾与许多朋友谈到这两本书，不少人都认为，这两本科普书几乎影响了那一代人。因为特别喜欢这两本书，我当时甚至曾萌生过以后要当一个编辑，编出更多像这样的好书的想法。

---

* 本文原载于 2005 年 4 月 27 日《中华读书报》第 15 版，收入本书时标题有调整。

从左至右：刘兵、胡亚东、吴伯泽

不过，我最终没能成为职业的编辑。一晃许多年就过去了，到 20 世纪 90 年代末期，我自己也开始从事一些科普书的出版策划工作，终于有机会结识了吴老先生。那是在 1999 年，当时我为吉林人民出版社主编了一套有关科学美学的丛书"大美译丛"，这套书中最重头的是一位美国学者写的《艺术与物理学》。此书涉及物理学、艺术、文学等诸多方面的内容，很难翻译。在寻找译者的过程中，经人介绍，我和出版社的责任编辑找到了吴老先生，并联系到了他当年发现培养的《从一到无穷大》的译者暴永宁先生。此时，吴先生年事已高，而暴先生也不算年轻了，但两位先生竟答应了译书的请求，并按时高质量地完成了书稿，中译本的《艺术与物理学》也在 2000 年正式出版。

自此，我便经常与吴老先生通电话，见面聊天。老先生平易近人，我们聊天的话题很多，彼此的趣味也很相投，颇有种忘年交的感觉。直到今天，我在工作到午夜之后不想马上睡觉之时，还会将电视调到安徽卫视，那个频道在那个时间段经常会播出一些侦探、警匪类的译制片，而这个信息，最初还是 5 年前从吴老先生那里得来的——吴老先生告诉我，他也经常深夜不睡，而且也喜爱看这类译制片。

大约在那时，吴老先生又根据剑桥大学出版社《物理世界奇遇记》1999年的新版重新翻译了这本书，并由湖南教育出版社收入"世界科普名著精选"丛书出版。我很热情地为这本书写了不止一篇书评，还客串了一回记者，采访了吴老先生和暴永宁先生，发表在《中华读书报》上。在这个过程中，我多次和吴老先生见面和交流，得以了解到他对科普及翻译工作的一些看法，这些看法往往切中要害，而且并不滞后于时代，使我佩服于吴老先生头脑的开放和敏感。

2001年上半年，在第四届全国优秀科普作品奖的评选过程中，我任翻译评审组的组长，前辈吴老先生是组员，在工作中我们合作得非常愉快。当时我们同住一个房间，聊天中也听他叙说了自己的一些经历，比如他当年困难时期在东北读书，为了祛寒，偷偷喝白酒取暖，由此养成终身不就酒菜海量干喝白酒的习惯。我也曾与他一道半夜里喝二锅头，因熬夜早上起不来而迟去吃早餐，一老一少成为让大家经常开玩笑的"另类"组合。

2001年年底，我正在英国剑桥大学做访问学者，吴老先生作为校者校订了暴永宁先生翻译的《从一到无穷大》修订版。在由科学出版社出版前，承蒙他老人家的赏识，特别向编辑提出，要请我为此新版写一篇文章，并约稿到剑桥。最后，这篇文章作为代序印在了书上。在序中，最后一段我是这样写的："在国内出版的科普译作中，此书完全可以当之无愧地说是名著名译的典型代表。"如今想来，这个评价是恰如其分的。

再后来，在北京召开的吴大猷科学普及著作奖的颁奖会上又见到吴老先生。他翻译的《物理世界奇遇记》得了奖，但他的身体却不太好，甚至未能前去参加在台湾举行的领奖仪式。

此后，因为工作忙等缘故，一直再没有见面的机会，只是偶尔通个电话，还有好几次是吴老先生打过来的。此时听到他去世的消息，想起真应该更多地和他见见面，聊聊天，只是悔之晚矣。

说起来，吴老先生对于科学、科普出版的贡献，包括翻译和编辑，远远不止这里简要地提到的这些。如今像吴老先生这样严谨、认真、热情、执着、中外文功力深厚的高水平译者和编辑，实在是很难见到了。由于我等学识的有限，再加上各种其他外部因素的影响，也实在是很难达到他工作的那种境界。但他翻译和编辑的作品，实实在在地为我们树立了榜样，也让我们在因水平、因匆忙、因许许多多其他原因而在写作翻译等工作中想要偷懒时，有所警醒。

人们是不会忘记吴伯泽先生的贡献的。他留下来的作品，就是对自己不朽的纪念。

科学史家、清华大学教授

读者感言摘录

- 你无法不承认，这世界充满巧合。当我翻开今天刚买的《从一到无穷大》时，居然发现这正是我儿时的最爱！书中的每一页、每一行、每一句话都是我所熟悉的。我甚至知道哪些注解是这个版本新增的。多么神奇的巧合！十多年的时空距离似乎重合了……这是一种难以言表的心情，是快乐中的最快乐者。

- 从小到大，从没有哪本书像《从一到无穷大》那样对我产生（这么）巨大的影响。这本书不知看了多少遍，当时甚至立志要当个物理学家……现在的工作与自然科学也毫无关系，但这本书让我尝到获取知识时那种难以言表的喜悦，至今仍不能忘。

- 我想如果当初我更早地读了这本书，也许现在会做其他的事情。

- 《从一到无穷大》比起其他科普书最大的好处就是涉及面极广。打开它，你将学会怎么安排无限多位旅客住进客满的旅店以及怎么把埋在荒岛上的宝藏挖出来；你会知道无理数清清楚楚地比有理数多，英语中出现频率最高的字母是"e"；你会觉得爱因斯坦是魔术师而果蝇是很好的玩弄对象；你将认识到如果成了一个醉汉就会退化到一杯水中某个糖分子的水准，而美国国旗、π和你们班上两位同学生日是同一天之间有着神秘的联系……而合上它的时候，你会用想象一只火鸡被自己扯出喉咙并且跳回蛋壳的方式开始思考宇宙与人生……

- 那个翻译的暴永宁暴强。不过好像修订版是重新翻译的，不知道还会不会那么有趣。看网上，这本书真是好评如潮。原来我的童年并不 poor，至少有这本好书还有金庸的一系列陪伴。

- 伽莫夫不是那种习惯于在一个自选的狭小领域打深井的、学究气十足的学者，而是涉猎广泛、思维敏捷、善于遐想的科学–文学家。他不满足于给读者一堆既成的知识，而是注意展示科学世界未来的广阔天地。